二氧化碳封存及利用
研究进展丛书 CO_2

Multi–Mechanism Coupling for CO_2
Capture and Utilization

多机制耦合捕集CO_2与利用

刘煌 陈光进 杜建芬 著

化学工业出版社

·北京·

内容简介

本书以多机制耦合捕集 CO_2 及其提采低渗油气藏等利用为主线，全书共 10 章，重点介绍了基于多孔介质 / 液体介质悬浮浆液的吸收 - 吸附耦合法捕集 CO_2 的技术建立流程、效果评价及相关作用机理；阐述了注 CO_2 开采致密气和低渗油藏原油所涉及的相态、驱替特征及相关机理等，并分别建立了体相和多孔介质中天然气相态性质预测理论模型以及体相和多孔介质中原油相态性质的预测理论模型；同时对吸收 - 吸附耦合碳捕集和注 CO_2 采油气两个领域的技术耦合进行了展望。

本书着眼于新型 CO_2 捕集技术开发以及 CO_2 在油气藏开发领域中的利用，具有较强的创新性和前瞻性，可供 CO_2 捕集、利用等领域的科研人员、工程技术人员和管理人员参考，也可供高等学校石油与天然气工程、地质工程及相关专业师生参阅。

图书在版编目（CIP）数据

多机制耦合捕集 CO_2 与利用 / 刘煌，陈光进，杜建芬著 . -- 北京 : 化学工业出版社，2025. 8. -- ISBN 978-7-122-48280-8

Ⅰ. X701.7

中国国家版本馆 CIP 数据核字第 2025SS2045 号

责任编辑：杜 熠 刘 婧 刘兴春　　装帧设计：韩 飞

责任校对：宋 夏

出版发行：化学工业出版社
　　　　　（北京市东城区青年湖南街 13 号　邮政编码 100011）

印　　装：北京建宏印刷有限公司

787mm×1092mm　1/16　印张 14¾　彩插 7　字数 289 千字

2025 年 8 月北京第 1 版第 1 次印刷

购书咨询：010-64518888　　　　　售后服务：010-64518899

网　　址：http : //www.cip.com.cn

定　　价：158.00 元

温室气体排放是全球气候变暖、极端天气频发的主要原因，CO_2 是人类排放最多的温室气体。控制 CO_2 排放、实现 1.5℃温控目标已成为全球性的气候治理格局。我国提出了"2030 年前碳达峰、2060 年前碳中和"的"双碳"目标，展现了负责任大国的担当。CCUS（碳捕集、利用与封存）技术是当前实现碳中和目标的必要手段，对减缓全球气候变化具有重要意义。

国内在碳捕集技术研究方面已有较长历史，形成了以化学分离为主，吸附分离、深冷分离法等快速发展的局面，目前仍在降低化学法分离能耗、提高物理法分离效果以及降低分离材料合成、应用成本等方面持续发展。耦合不同分离技术实现分离效果的复合强化是当前的一个重要发展方向。只有将捕集的 CO_2 利用或进行封存才能实现 CCUS 闭环，CO_2 在物理、化学、生物等领域应用广泛，其中将 CO_2 注入油气藏不仅能提高油气采收率同时还能实现碳封存，该方法被认为是最可能规模化实现碳封存的主力技术。注 CO_2 是北美洲地区主要的油藏提采方式，截至当前已进行的项目超过 200 个。国内从 20 世纪 60 年代开始在大庆油田葡 I4-7 层和萨南东部过渡带进行了注 CO_2 采油矿场试验；进入 21 世纪后发展越来越快，但受储层特征、气源或成本等因素的影响并没有取得全面推广，部分机理尚未完全揭示；注 CO_2 提采天然气技术虽已提出超过 30 年，但实际应用寥寥无几，低渗、致密气藏的开发为该项技术的应用提供了契机，揭示相关机理、探究如何有效提高驱替效果等仍是当前的研究重点。本书可供 CCUS 领域科技人员、油气田现场工作人员等参考，也可供高等学校化学化工、石油与天然气工程、地质工程等专业的师生参考。

本书共分为 10 章，第 1 章是绪论部分，主要简述现有碳捕集技术和 CO_2 利用、封存等方面的发展现状。第 2 章～第 5 章瞄准新型 CO_2 捕集技术开发，其中第 2 章展示了基于柴油 / 水乳液体系的吸收 - 水合耦合法分离 IGCC 混合气和沼气的效果，该技术是吸收 - 吸附耦合碳捕集技术建立的基础；第 3 章～第 5 章展示了基于多孔介质／液体介质悬浮浆液的吸收 - 吸附耦合法捕集 CO_2 的方法建立流程、效果评价及相关作用机理。第 6 章～第 9 章瞄准 CO_2 在油气藏开发领域中的利用，其中第 6 章和第 7 章展示了注 CO_2 开采致密气所涉及的相态、吸附、扩散和驱替特征及相关机理，并建立了体相和多孔介质中 CO_2- 天然气混合气相态性质预测理论模型；第 8 章和第 9 章展示了注 CO_2 开采低渗油藏原油所涉及的相态和驱替特征，同样建立了体相和多孔介质中原油溶解 CO_2 前后相态性质预测理论模型。第 10 章对吸收 - 吸附耦合碳捕集技术在油气开发中的应用前景进行了展望。

本书由刘煌、陈光进、杜建芬著，内容基于笔者及团队多年在碳捕集技术开发、注 CO_2 提采低渗油气藏机理研究方面的科研成果，其中碳捕集技术开发在中国石油大学（北京）陈光进教授指导下完成，注 CO_2 提采油气机理研究在西南石油大学郭平教授和杜建芬教授指导下完成。在本书编写过程中，唐林伟、黄豪、王麒淋在资料收集及校对等方面给予较多支持；陈思女士对图书绪论部分给予较多指导和润色等。在此，对本书内容形成过程中给予支持的各位指导老师、编写人员表示衷心的感谢！

限于著者水平及编写时间，书中不足及疏漏之处在所难免，敬请读者批评指正。

著 者

2025 年 3 月

第 5 章　ZIF-8 浆液捕集 CO_2 机理研究 ———————— 085

第 8 章 注 CO_2 对原油相态性质影响实验与理论研究⸺151

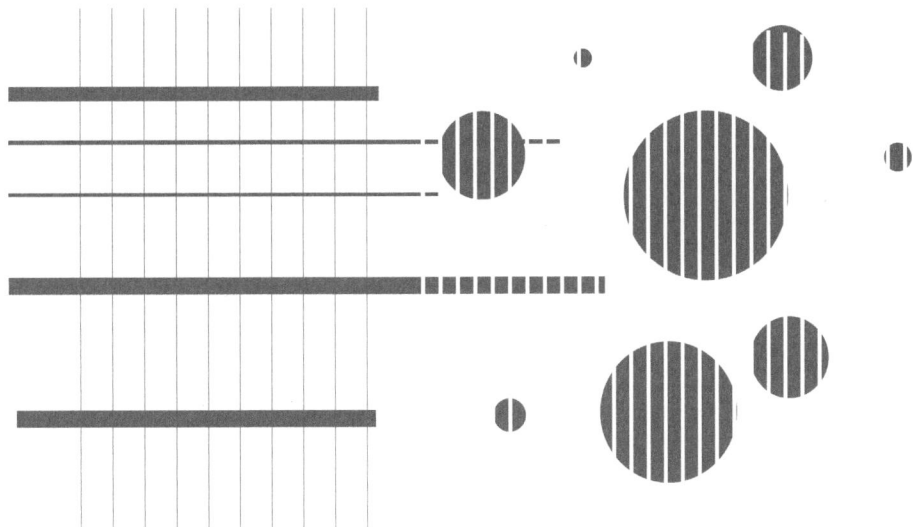

第 1 章

绪论

1.1　CO$_2$排放及捕集技术研究现状

1.1.1　CO$_2$排放现状及减排行动

工业革命后，全球化石燃料的消费量快速增长，使得 CO$_2$ 的排放量也急剧增加。从 1959 至 2030 年不到 75 年的时间里，全球 CO$_2$ 排放量从 89.9 亿吨增长到 361.3 亿吨，增长幅度超过了 300%，其中由化石燃料使用所排放的 CO$_2$ 占据了总排放量的 70% 左右[1]（图 1-1）。全球化石燃料的消费主要集中在电力、工业和交通三大领域。我国作为世界人口大国之一，随着国民经济的快速发展，CO$_2$ 的排放在近些年急剧增加，特别是多煤、少油、贫气的能源格局决定了煤炭在我国化石燃料使用过程中占据了主导地位，其中燃煤发电又被认为是化石燃料应用过程中 CO$_2$ 的主要排放源[2]。截至 2010 年，我国的 CO$_2$ 排放量就已经达到了 70 亿吨以上，超过美国，居全球第一位。

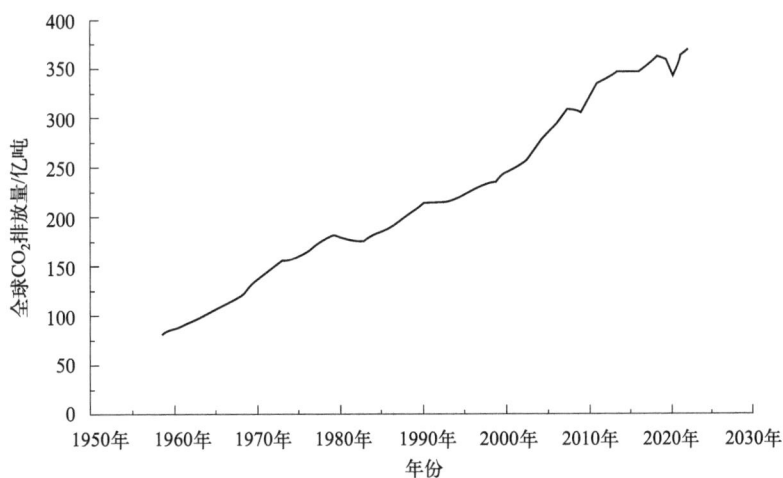

图 1-1　1959 至 2030 年全球 CO$_2$ 排放总量变化[1]

气候变化问题在 1979 年的第一次世界气候大会上被提上了日程，并于 1992 年达成了《联合国气候变化框架公约》（简称《联合公约》）。我国作为《联合公约》的缔约方近年来在 CO$_2$ 等温室气体减排方面做了很多工作：建立了国家级的清洁发展机制（CDM）主管机构，并批准设立了一系列涉及水电、生物质发电、燃料替代等 CDM 项目[3]。2022 年 9 月习近平总书记提出了我国的"2030 年前实现碳达峰，2060 年前实现碳中和"重大战略目标，全国各领域对实现"碳中和"制定了一系列政策和方案。

1.1.2 CO_2 捕集技术

CO_2 捕集和封存（CCS）技术被认为是短期内应对全球气候变化的一个择优方案。CCS 技术主要包括 CO_2 捕集、运输和封存三个环节[4, 5]。但不得不承认的是 CCS 技术同样也是一个比较昂贵的折中办法，其中 CO_2 捕集是 CCS 技术的第一步同时也是耗能最高的一步。如美国能源部（DOE）所述，CO_2 捕集会使电力生产成本提高约 50%[6]。因此开发高效、低能耗的 CO_2 捕集技术对 CCS 方案的实施非常重要。目前 CO_2 的分离方法主要包括吸收分离法、吸附分离法、膜分离法和低温蒸馏法等。

（1）吸收分离法

根据分离原理的不同，吸收分离法分为物理吸收法和化学吸收法两种。

① 物理吸收法是利用 CO_2 相对于其余气体组分在吸收剂中溶解度大而实现对 CO_2 捕集的技术。目前常用的物理吸收剂包括甲醇、乙醇、聚乙二醇二甲醚、碳酸丙烯酯等高沸点物质。代表性的方法包括 Sulfinol 法、Rectisol 法、Selexol 法、Purisol 法和 Flour 法等[7, 8]。由于物理吸收过程 CO_2 在溶剂中的溶解服从亨利定律，因此物理吸收法主要适用于 CO_2 分压较高的混合气的分离。

② 化学吸收法是利用 CO_2 和吸收剂之间的化学反应来实现对混合气中 CO_2 的捕集。目前，工业上广泛采用的化学吸收法主要有醇胺法和热碳酸钾法两种。其中热碳酸钾法包括本菲尔德法（Benfield）、砷 - 碱法（Vetro Cokes）、卡苏尔法（Carsol）等，其吸收剂均是由 K_2CO_3、V_2O_5 和少量不同的醇胺物质（二乙醇胺、胺、乙醇胺盐等）组成，能够实现对混合气中 CO_2 和 H_2S 的有效分离[3]。

相对于热碳酸钾法，醇胺法在 CO_2 捕集过程中的应用更为广泛，该法一般是将醇胺类物质与水混合以用来捕集 CO_2。化学吸收法由于分离效率高、技术成熟、运行稳定，是目前应用最广的 CO_2 捕集技术，但其同样存在诸多不足：首先是吸收剂再生能耗高，并且再生时大部分的热量都是用来使溶液中水沸腾，使得热量利用率低；其次是大部分的化学吸收剂都具有腐蚀性，对设备的损耗和操作要求都很高等。

（2）吸附分离法

该方法是利用 CO_2 分子相对于其他气体分子在固体吸附介质上的吸附能力更强而达到分离目的的方法。吸附分离法主要有变压吸附分离（PSA）和变温吸附分离（TSA）两种，其中 PSA 过程一般是在高压下实现吸附分离，低压下实现气体解吸和吸附剂再生；而 TSA 过程一般是在较低温度下实现吸附分离，高温下实现气体解吸和吸附剂再生。

相对于 TSA，PSA 过程能耗更低，应用更多。由于传统活性炭、分子筛随着分

离温度的升高 CO_2 捕集能力持续降低，针对如电厂高温尾气中 CO_2 的捕集，除了降温分离外，开发新型高温吸附剂是另一种可取方案。吸附剂种类已从传统的活性炭[9-11]、分子筛[12-14]等发展到了功能型有机材料、无机材料[15, 16]。

（3）膜分离法

利用不同气体组分在膜材料中的溶解和渗透性能、速率不同而达到气体分离的效果。目前气体分离膜材料主要分为有机膜和无机膜两种，其中针对 CO_2 的分离采用高分子有机膜研究相对更多[17]。

与高分子有机膜相比，无机膜由于具有更好的耐高温、抗腐蚀等性能正受到越来越多的关注。Fuertes 等[18]研究了以两种不同聚合物为载体的碳膜 CO_2 分离能力，发现碳膜中的 CO_2 渗透能力和所对应的 CO_2 分离因子成反比，其中 CO_2 渗透速率相对较差的碳膜上所表现出的 CO_2 相对 CH_4 和 N_2 的分离因子分别高达 33 和 15。国内华南理工大学的黄肖容等[19]研究了硅藻土膜对 CO_2/N_2 混合气的分离效果，指出膜材料分离能力随孔径的减小而增强，当孔径为 $0.1\mu m$ 时，所得 CO_2 相对 N_2 的分离因子可达 43。此外，Y 形分子筛、ZSM-5 分子筛膜等均表现出了较高的 CO_2 分离因子[20, 21]。膜分离技术由于自身的稳定性等原因，针对混合气分离时离实际的工业应用还有很多工作要做。

（4）低温蒸馏法

利用 CO_2 相对于其余组分的冷凝点不同，通过控制实验温度和压力实现对混合气中 CO_2 的分离。表 1-1 给出了常见的 CO_2 混合气中各气体组分的临界温度和临界压力值，可以看出在确保混合气温度低于 $31.1^{\circ}C$ 条件下，只要使混合气中 CO_2 分压高于 $7.43MPa$，CO_2 就会相对于 H_2、N_2 等组分冷凝下来。该方法具有分离效率高、能耗高的双重特点[3]。

表 1-1　常见气体组分临界性质

参数	O_2	N_2	NH_3	H_2O	H_2	CO_2
临界温度 /℃	-118.4	-146.9	132.4	374.15	-239.6	31.0
临界压力 /MPa	5.25	3.511	11.73	22.86	1.337	7.63

美国 Davy Mckee 公司开发设计的分离 CO_2/N_2 混合气低温蒸馏法表明，经过单级冷凝分离，超过 50% 的 CO_2 能从气相中被液化出来；如果再串联一级吸收分离，CO_2 的回收率可超过 90%，同时纯度达到 97% 以上[3]。

由于低温蒸馏法需要确保气相中 CO_2 具有足够的分压，为了减少压缩成本，该法比较适合于含高浓度 CO_2（> 60%）混合气（如油田现场）的分离，但该法因设备庞大、能耗较高而应用较少。

1.2　CO_2 利用概述

从碳源捕集的 CO_2 通常被工业利用或者长期封存，其中 CO_2 利用技术是指将捕集的 CO_2 转化为有用的产品或资源，是实现减排目标的重要手段，主要包括 CO_2 物理利用、化学利用和生物利用等多种方法。

1.2.1　CO_2 物理利用

CO_2 的密度在标准条件下大于空气的密度，能够溶解于水中，具有很高的热稳定性，作为一种酸性氧化物，它与水接触时会形成碳酸。不同状态的 CO_2 在工业、食品、医疗领域具有广泛用途[22]。例如，固态 CO_2，也称干冰，在青霉素的生产过程中发挥重要作用；同时在食品行业，如奶制品和肉类的冷藏以及冷冻食品的运输中也不可或缺。高纯度的二氧化碳在电子工业中用于制造半导体和其他电子元件，医学研究和临床诊断中作为反应介质或分析试剂。液态 CO_2 在焊接行业中作为冷却介质，发酵和制糖工艺中作为关键成分，以及在医疗领域中作为局部麻醉剂。此外，它还被用作大型铸钢过程中的防泡剂、植物生长的促进剂、抗氧化剂和灭火剂等。CO_2 气体被广泛用于制造碳酸饮料、调节水处理过程中的 pH 值、食品保鲜等行业。

1.2.2　CO_2 化学利用

CO_2 化学法是一种利用二氧化碳作为原料发生相关化学反应的方法。常应用于催化加氢制甲醇、CH_4、低碳烯烃等，CO_2 加氢转化为烃类化合物的过程是一种环境友好型的技术路径，其关键在于使用可再生能源产生的氢气[23]。随着太阳能、风能、核能等清洁能源技术在制氢领域的快速发展，利用 CO_2 加氢合成基础化学品的方法，在环境保护和减少对化石燃料依赖方面显示出越来越重要的价值；CO 是合成甲醇、乙烯、丙烯等有机化学品的重要中间产物，CO_2 可以通过光催化 / 电催化制得 CO；此外，还可以将 CO_2 转化为高附加值的碳基新材料，如碳纳米管、碳纤维、石墨烯等，是一项具有前瞻性的技术。这些材料因其独特的物理和化学性质，在电子、航空航天、能源存储、复合材料等领域具有广泛的应用前景，因此市场价值比较高。

1.2.3　CO_2 生物利用

CO_2 生物利用法是采用藻类的光合作用将二氧化碳转化为生物燃料或高价值副产物，常采用的高效固碳生物体有微藻、蓝细菌和厌氧光合细菌等，其中微藻对太阳光的单位面积利用率是普通高等植物的 10 倍以上[24]。转化产物包括光合作用合成蛋白质、多糖、脂质和维生素等有机物质。在无氧条件下发酵制备甲烷；通过高温裂解或催化裂解作用制备甲烷；利用光和 CO_2 合成蛋白质、多糖、脂类和维生素等有机物质目前常采用的高效固碳生物体有微藻、蓝细菌和厌氧光合细菌等[23]。该方法还利用生活及工农业废水中的氮、磷作为微藻生长所需的营养物质，实现二氧化碳固定、废水处理和生物燃料制备的多功能转化。近年来，研究发现微藻内所富含的脂质可以通过光合作用吸收二氧化碳，再经过酯交换、脱水和精制等步骤转化为油脂，其脂肪酸酯性质与柴油相近[25]。

1.2.4　CO_2 地质利用与封存

CO_2 地质利用与封存主要包括将 CO_2 注入油气藏、深部咸水层、深部煤层、海底及其浅层几种方法。

1.2.4.1　油气藏注 CO_2

该方法是将 CO_2 注入油气藏驱油 / 气或直接注入枯竭油气藏实现封存。由于注 CO_2 采油能同时实现原油提采和 CO_2 封存的双重效果，是目前 CO_2 封存中应用最广的一种方法。文献中大量的机理实验证明 CO_2 能有效溶解在原油中降低后者的黏度、密度和提高其流动性[26-28]，特别混相条件下 CO_2 驱油效率能接近 100%，这不仅能显著提高原油采收率，同时还能增大储层内 CO_2 的封存空间。矿场实践表明，与水驱方法相比，CO_2 驱气指数可提高 5 倍、启动压力降低 50%，注入能力也能显著提高，一定程度解决了低渗透油藏水驱开发存在的"注不进、采不出、采油速度低、采收率低"等难题[29]。

由于碳储和用碳规模巨大，CO_2 驱油（CO_2-EOR）也是公认的最能规模化实现 CCUS 的主力技术。目前全球碳减排项目共 28 个，其中 22 个为 CO_2-EOR[30]；全球油气藏能封存 9.23×10^{11} t CO_2，其中中国石油油藏封存碳潜力超过 1.4×10^{10} t[31]。

1.2.4.2　咸水层封存 CO_2

该方法是将 CO_2 注入地下咸水层实现对 CO_2 的封存。陆地、海洋沉积盆地内广泛分布咸水层，咸水层中水体一般既不适宜用于农业和工业，也不适宜人类和动物饮用，但具有很大的 CO_2 封存潜力。咸水层封存 CO_2 主要包括 4 个方面机理[32]：

① CO_2 在咸水层水体中溶解，实现溶解封存；

② 注入的 CO_2 在浮力作用下上升至盖层之下，实现构造封存；

③ 注入的 CO_2 在地层温度、压力下与储层岩石发生化学反应，实现矿化封存；

④ CO_2 进入咸水层后先取代原来的盐水，然后在浮力和压力梯度的作用下迁移，

当原本占据盐水的 CO_2 气体迁移后，储层咸水又被重新吸收回孔隙空间，此时 CO_2 羽流被分割成气泡，在毛细管力作用下固定在岩石孔隙的网络中，实现束缚封存。

咸水层封存 CO_2 技术已在陆地和海洋两个领域均实现了应用（表1-2）。但该方法长期封存的安全稳定性评估、有效监测手段开发等仍是当前的研究重点。

表1-2 全球代表性咸水层封存 CO_2 项目

序号	名称	注入时间	经营公司	所在地点	贮存量/(t/a)	注入方式	参考文献
1	Sleipner	1996年	挪威能源公司 Equinor	挪威北海中部	1.0×10^6	海上注入	文献[33, 34]
2	InSalah	2004年	Somatrach，BP和 Stato-ilHvdro	阿尔及利亚中部	1.2×10^6	陆上注入	文献[35, 36]
3	Snohvit	2008年	挪威国家石油公司	巴伦支海西部的哈默费斯特盆地	7.0×10^5	海上注入	文献[34, 37]
4	神华	2011年	神华集团	鄂尔多斯盆地	1.0×10^5	陆上注入	文献[37, 38]
5	Oway盆地示范工程	2007～2020年（第2阶段）	澳大利亚温室气体技术合作中心	澳大利亚南部	共15050t	陆上注入	文献[39, 40]
6	Tomakema	2016年	ICcs公司	日本北海道	1.0×10^5	陆上注入	文献[41]
7	Gorgon	2019年	雪佛龙澳大利亚子公司	西澳大利亚海岸	超过 1.0×10^8t	海上注入	文献[35, 42]
8	Quest	2015年	壳牌	加拿大阿尔伯塔省	1.2×10^6	陆上注入	文献[35, 33, 44]
9	恩平15-1	2021年	中海油	珠江口盆地	3.0×10^5	海上注入	媒体
10	Decatur	2011年	GSC、ADM公司、Trimeric	美国伊利诺伊州迪凯特	共 5.5×10^6t	陆上注入	文献[45, 46]

1.2.4.3 煤层封存 CO_2

将 CO_2 注入深部煤层，利用煤的吸附性和致密性对 CO_2 实现封存。与油气藏相比，煤层具有大量的微裂缝，且对 CO_2 的吸附能力要远大于天然气，理论上能同时实现 CO_2 的封存和提采煤层气效果。但煤层中注入 CO_2 后会使煤层发生体积变化（膨胀或收缩），影响储层封闭性；同时煤层比较致密且易坍塌，影响了 CO_2 注入效果和运移距离；此外，不可开采煤层的判定也受特定时期经济和技术条件限制，随着技术的发展，不可开采煤层可能转变为可开采煤层，但注入 CO_2 后未来就难以被重新开采利用[47]。因此，该技术目前主要停留在室内研究阶段。

1.2.4.4 海底表层封存 CO_2

该方法是将 CO_2 注入海底表面或海底浅层沉积物中，利用海底低温、高压的环境，让 CO_2 以液态或水合物固态的形式实现封存[48]。确保 CO_2 注入海底后不上浮或者在上浮之前转化成其他密度更高的物质是实现该技术的基础。因此，为了让液态 CO_2 的密度不小于海水密度，现有海底表面封存 CO_2 技术报道均瞄准3000m以及更深海域[49]。

此外，近些年学者们提出了将 CO_2 注入海底浅层天然气水合物藏中，该方法具备诸多潜在优势[50]：

① 利用天然气水合物藏的致密性能有效防止 CO_2 的逸散和上浮，不再需要 3000m 水深要求；

② CO_2 生成水合物相平衡条件较天然气水合物温和，CO_2 注入后能起到置换水合物中天然气的作用，从而实现 CO_2 固化封存和开发水合物中天然气的双重效果；

③ 生成的 CO_2 水合物固体能有效维护储层的结构稳定性，解决常规天然气水合物藏开发可能导致海底出现沉降的安全隐患。

但从当前的报道结果来看，目前 CO_2 置换开采天然气水合物法存在置换速度太低、置换效率不高、波及范围有限等问题。

总之，将 CO_2 直接注入海底表面和浅层天然气水合物藏中实现封存还处于室内实验论证阶段，其中涉及的海洋生态环保、CO_2 注入稳定性、埋存效率等问题还需解决或完善。

1.3　注 CO_2 提采油气技术发展现状

自 1952 年美国颁发世界首个 CO_2 驱油专利，1958 年壳牌公司率先在美国得克萨斯州二叠系油田开展了井组规模的 CO_2 驱油试验[51-53]。20 世纪 60 年代苏联研发了 CO_2-水交替（WAG）、混相驱和非混相驱技术，并投入了矿场应用[54-55]。1972 年雪佛龙公司在二叠系油田 SACROC 区块投产了世界首个 CO_2 驱油商业化项目[56]，初期单井产量平均提高 3 倍[57]。随着更多 CO_2 气藏的发现和原油价格的攀升，加拿大、匈牙利、土耳其和罗马尼亚等国相继开展了 CO_2 驱油现场试验。美国 CO_2-EOR 年产油量于 20 世纪 80 年代初和 90 年代初相继突破 $1.0 \times 10^6 t$ 和 $1.0 \times 10^7 t$，2012 年突破了 $1.5 \times 10^7 t$，2020 年仍保持在 $1.3 \times 10^7 t$ 以上。美国有 10 个产油区的 292 个油田适用 CO_2 驱，提高采收率 7～15 个百分点，在二叠系盆地甚至可达到 30 个百分点[58]。

在国内，1963 年，大庆油田首先进行了 CO_2 提高石油采收率的方法探索，并于 1969 年在葡 I4-7 层和萨南东部过渡带进行了矿场试验，形成了对 CO_2 驱油方法可行性的初步认识，截至 1994 年共进行了 4 次 CO_2 驱先导试验，在试验区成功提高采收率 4.67%[59]。进入 21 世纪以来，通过对 CCUS 技术的攻关，我国在 CO_2 驱油理论、开发技术、注采输工艺等方面取得了重要进展，极大推动了关键技术的突破和矿场试验的成功，初步形成了 CCUS-EOR 全产业链技术体系。截至 2021 年底，中国石油已建成大庆低渗、吉林特低渗、长庆超低渗、新疆砾岩 4 个不同类型油藏 CCUS-EOR 国家级先导试验区，其中在吉林油田建成了亚洲最大的 CO_2-EOR 项目，累计增油 $3.2 \times 10^5 t$，埋存 CO_2 $2.5 \times 10^6 t$[60]。预计 2030 年中国石油注 CO_2 规模将达到 $2.0 \times 10^7 t$，年产油超过 $6.0 \times 10^6 t$[30]。

通过 50 多年的技术攻关和矿场实践，中石化建立了 CO_2 驱适应性评价标准，丰富了低渗、致密、中高渗等不同油藏类型的 CO_2 驱油理论，在江苏、胜利、华东等油田开展了多个矿场试验[61-63]，已实施项目覆盖地质储量 2.512×10^7t，累计增油 2.558×10^5t，胜利油田高 89-1 区块 CO_2 近混相驱先导试验预测可提高采收率 17.2%。近期将建成齐鲁石化 - 胜利油田百万吨级 CCUS-EOR 项目[64]，预计未来 15 年累计注入 CO_2 1.068×10^7t，增油 2.965×10^6t。

延长油田初步构建了 CCUS 全流程一体化技术，2007 年以来，先后在靖边乔家洼和吴起油沟油区开展了先导试验，累计注入 CO_2 1.492×10^5t，增油 1.9×10^4t，封存 CO_2 1.488×10^5t，预计可提高采收率 8% 以上；2021 年 8 月还建成了杏子川化子坪 10^5t CCUS 示范工程并投注，已累计注入 CO_2 4.2×10^4t[65]。中海油于 2021 年 8 月启动了中国第一个海上 CCUS 项目，每年可封存 CO_2 3×10^5t。

相比于注 CO_2 采油，注 CO_2 采气技术虽同样被提出了很多年，但实际应用实例屈指可数。主要存在两个方面的原因[66]：一是与油藏相比，常规气藏的采收率都较高，进一步的注气提采性价比低；二是 CO_2 注入气藏后会与部分天然气混合，降低后者的热值，还涉及后续的脱碳处理。近年来随着非常规气藏（致密气藏、页岩气藏）开发逐渐成为热点，注 CO_2 采气法被认为具有较好应用前景。与常规气藏不同，这些非常规气藏渗透率低、孔隙度小，在开发过程随着储层压力降低，会出现明显的应力敏感特征，显著降低气藏采收率。与常规气藏相比，致密气藏、页岩气藏储层岩心比表面积大幅提高，吸附气含量也明显提升。特别对于页岩气藏，由于储层岩石中黏土、有机质矿物含量高，存在大量的吸附气，与游离气相比，吸附气的采出对压力更敏感。针对这类非常规气藏的开发，注 CO_2 驱替法表现出了诸多潜在优势：

① CO_2 注入能一定程度维持气藏的压力，弱化储层应力敏感特征；

② 一般情况下 CO_2 在岩石上的吸附能力要强于天然气，注 CO_2 对吸附气起到一个置换的作用；

③ CO_2 的密度要明显高于天然气，在注 CO_2 提采天然气过程如能有效利用重力分异的特征效果可能更明显。

2004 年荷兰对 K-12B 气田开展了 CO_2 埋存可行性评价并成功实施埋存，这也是世界上第一个 CO_2 分离回注入原始气藏的现场项目，注入井数为 2 口，采出井数为 2 口，在 2004 ~ 2010 年的先导试验阶段实现 CO_2 回注 20000t/a，CO_2 日注入量为 58.8t，其中 2004 年 5 月至 2005 年 1 月的 9 个月内共注入 1.1×10^4t 的 CO_2，气藏平均压力增加约 1MPa，实施阶段实现 CO_2 回注 310000 ~ 475000t/a[67]。阿尔及利亚 Krechba 气田也于 2004 年 8 月通过 3 口水平井将 CO_2 注入中渗储层。截至 2010 年，CO_2 总注入量大约为 3×10^8t，同时约 25% 的天然气被采出[68]。

总之，虽然碳捕集技术特别是化学吸收法已经普遍应用，但仍然存在化学试剂再生能耗高、设备整体投入成本高等问题，开发高捕集效率、低再生能耗的 CO_2 捕集技术仍是目前的一个研究重点。将 CO_2 注入油气藏特别是油藏已有近 40 年的应用历史，由于不同的油藏深度、储层类型、流体性质等存在差别，注 CO_2 提高油气采收率过程仍然有许多老问题和新问题需要解决：例如，CO_2 溶解和抽提引发原油固相沉积特征，非均质油藏注 CO_2 驱气窜与应对措施，致密储层中 CO_2 和天然气竞争吸附、扩散和置换特征等。本书针对上述问题开展在技术开发、方法建立、机理分析或效果评价方面的研究。

参考文献

[1] IEA（2023）. CO_2 Emissionsin 2022. IEA，Licence：CC BY 4.0.

[2] 林伯强 . 中国能源发展报告 [M] . 北京：中国财政经济出版社，2008.

[3] 骆仲泱，方梦祥，李明远，等 . 二氧化碳捕集封存和利用技术 [M] . 北京：中国电力出版社，2012.

[4] Gibbins J，Chalmers H. Carbon capture and storage [J] . Energy Policy，2008，36（12）：4317-4322.

[5] 王金良 . 化石燃料电厂 CO_2 俘获方案研究 . 生产与环境，2013，13（12）：27-29.

[6] Feron P H M，Hendriks C A. CO_2 capture process principles and costs [J] . Oil & Gas Science and Technology，2005，60（3）：451-459.

[7] 谭东 . 二氧化碳的分离提纯方法 [J] . 广西化工，1995，24（2）：22-26.

[8] 夏明珠，严莲荷，雷武，等 . 二氧化碳的分离回收技术与综合利用 [J] . 现代化工，1999，19（5）：46-48.

[9] Buss E. Gravimatric measurement of binary gas adsorption equilibria of methane-carbon dioxide mixtures on activated carbon [J] .Gas Separation and Purification，1995，19（3）：189-197.

[10] Siriwardane R V，Shen M S，Fisher E P，et al. Adsorption of CO_2 on molecular sieves and activated carbon [J] . Energy Fuels，2001，15（2）：279-284.

[11] Drage T C，Blackman J M，Pevida C，et al. Evaluation of activated carbon adsorbents for CO_2 capture in gasification [J] . Energy Fuels，2009，23：2790-2796.

[12] Na B K，Lee H，Koo K K. Effect of rinse and recycle methods on the pressure swing adsorption process to recover CO_2 from power plant flue gas using activated carbon [J] .Industrial & Engineering Chemistry Research，2002，41（22）：5498-5503.

[13] Gomes V G，Yee K W K. Pressure swing adsorption for carbon dioxide sequestration from exhaust gases [J] . Separation and Purification Technology，2002，28（2）：161-171.

[14] Cavenati S，Grande C A，Rodrigues A E. Adsorption equilibrium of methane, carbon dioxide, and nitrogen on zeolite 13X at high pressures [J] .Journal of Chemical and Engineering Data，2004，49（4）：1095-1101.

[15] Li H，Eddaoudi M，O'Keefi M，et al. Design and synthesis of an exceptionally stable and highly porous metal-organic framework [J] . Nature，1999，402：276-279.

[16] Eddaoudi J M，Kim J，Rosi N L，et al. Systematic design of pore size and functionality in isoreticular

MOFs and their application in methane storage [J]. Science, 2002, 295 (5554): 469-472.

[17] Powell C E, Qiao G G. Polymeric CO_2/N_2 gas separation membranes for the capture of carbon dioxide from power plant flue gases [J]. Journal of Membrane Science, 2006, 279 (1-2): 1-49.

[18] Fuertes A B, Nevskaia D M, Centeno T A. Carbon composite membranes from Matrimid® and Kapton® polyimides for gas separation [J]. Microporous Mesoporous Materials, 1999, 33 (1-3): 115-125.

[19] 黄肖容, 隋贤栋, 张学斌. 用梯度硅藻土膜分离 CO_2/N_2 混合气 [J]. 天然气化工, 2002, 27 (1): 9-13.

[20] 郑彤, 李邦民, 王金渠. 多孔陶瓷载体上 Y 型分子筛的气体渗透性能 [J]. 化工装备技术, 2003, 24 (4): 14-16.

[21] 赵基钢, 刘继昌, 孙辉, 等. 无机膜的制备及应用 [J]. 化工科技, 2005, 13 (5): 68-72.

[22] 张一楠, 熊小鹤, 周寅聪, 等. CO_2 捕集、利用及封存技术研究进展 [J/OL]. 煤炭学报, 1-21 [2025-01-09].

[23] 姚炜珊, 侯雅磊, 魏国强, 等. 二氧化碳资源化利用研究进展 [J]. 新能源进展, 2024, 12 (2): 182-192.

[24] 胡小夫, 王凯亮, 沈建永, 等. 基于生物固碳技术的 CO_2 资源化利用研究进展 [J]. 华电技术, 2021, 43 (6): 79-85.

[25] 郭宝文, 李煦, 宗保宁, 等. 微藻固碳实现 CO_2 减排与生物质增值 [J]. 石油学报 (石油加工), 2023, 39 (3): 668-678.

[26] 曹建, 蒲万芬, 赵金洲, 等. 就地 CO_2 提高原油采收率机理研究 [J]. 石油地质与工程, 2006, (6): 46-47, 50.

[27] 杨铁军, 张英芝, 杨正明, 等. 致密砂岩油藏 CO_2 驱油提高采收率机理 [J]. 科学技术与工程, 2019, 19 (24): 113-118.

[28] 陈世杰, 潘毅, 孙雷, 等. 低渗高凝油藏 CO_2 复合驱提高采收率机理实验研究 [J]. 油气藏评价与开发, 2021, 11 (6): 823-830.

[29] 李阳. 低渗透油藏 CO_2 驱提高采收率技术进展及展望 [J]. 油气地质与采收率, 2020, 27: 1-10.

[30] 宋新民, 王峰, 马德胜, 等. 中国石油二氧化碳捕集、驱油与埋存技术进展及展望 [J]. 石油勘探与开发, 2023, 50 (1), 206-218.

[31] 袁士义, 马德胜, 李军诗, 等. 二氧化碳捕集、驱油与埋存产业化进展及前景展望 [J]. 石油勘探与开发, 2022, 49 (4), 828-834.

[32] 马馨蕊, 梁杰, 李清, 等. 咸水层 CO_2 地质封存研究进展及前景展望 [J]. 海洋地质前言, 2024, 40 (10): 1-18.

[33] Furre A K, Eiken O, Alnes H, et al. 20 years of monitoring CO_2-injection at Sleipner [J]. Energy Procedia, 2017, 114: 3916-3926.

[34] 周银邦, 王锐, 何应付, 等. 咸水层 CO_2 地质封存典型案例分析及对比 [J]. 油气地质与采收率, 2023, 30 (2): 162-167.

[35] 王紫剑, 唐玄, 荆铁亚, 等. 中国年封存量百万吨级 CO_2 地质封存选址策略 [J]. 现代地质,

2022，36（5）：1414-1431.

[36] Ringrose P S，Mathieson A S，Wright I W，et al. The In Salah CO_2 storage project：lessons learned and knowledge transfer [J]. Energy Procedia，2013，37：6226-6236.

[37] Hansen O，Gilding D，Nazarian B，et al. Snøhvit：the history of injecting and storing 1 Mt CO_2 in the fluvial Tubåen Fm [J]. Energy Procedia，2013，37：3565-3573.

[38] Yu Y，Li Y L，Yang G D，et al. Simulation and analysis of long-term CO_2 trapping for the Shenhua CCS demonstration project in the Ordos Basin [J]. Geofluids，2017：1-18.

[39] 张二勇. 澳大利亚 Otway 盆地二氧化碳地质封存示范工程 [J]. 水文地质工程地质，2012，39（2）：131-137.

[40] Cook P J. 11-The CO_2 CRC Otway Project in Australia [M] // Gluyas J，Mathias S. Geological Storage of Carbon Dioxide（CO_2）. Cambridge：Woodhead Publishing，2013：251- 277.

[41] Sawada Y，Tanaka J，Tanase D，et al. Overall Review of Tomakomai CCS Demonstration Project：target of 300 000 tonnes CO_2 injection achieved [J]. SSRN Electronic Journal，2021.

[42] Herzog H. Financing CCS Demonstration Projects：lessons learned from two decades of experience [J]. Energy Procedia，2017，114：5691-5700

[43] Harvey S，Hopkins J，Kuehl H，et al. Quest CCS facility：time-lapse seismic campaigns [J]. International Journal of Greenhouse Gas Control，2022，117：103665.

[44] Rock L，O'brien S，Tessarolo S，et al. The Quest CCS Project：1st year review post start of injection [J]. Energy Procedia，2017，114：5320-5328.

[45] Gollakota S，Mcdonald S. Commercial-scale CCS Project in Decatur，Illinois：construction status and operational plans for demonstration [J]. Energy Procedia，2014，63：5986-5993.

[46] Senel O，Chugunov N. CO_2 injection in a saline formation：pre-injection reservoir modeling and uncertainty analysis for Illinois Basin：Decatur Project [J]. Energy Procedia，2013，37：4598-4611.

[47] 姜仁霞，于洪观. 深部煤层碳封存研究进展和面临的关键科技问题 [J]. 中国煤炭地质，2024，36，7-14.

[48] 周守为，李清平，朱军龙，等. CO_2 海洋封存的思考与新路径探索 [J]. 天然气工业，2024，44（4）：1-10.

[49] Pilisi N，Ghorbani D，Vasantharajan S. CO_2 sequestration in deepwater sediments offshore Japan[J]. Carbon Management Technology Conference，2012：CMTC-151756-MS.

[50] Hongnan Chen，Yifei Sun，Bojian Cao，et al. Enhanced gas production and CO_2 storage in hydrate-bearing sediments via pre-depressurization and rapid CO_2 injection [J]. Chinese Journal of Chemical Engineering，2024，67，126-134.

[51] 江怀友，沈平平，卢颖，等. CO_2 提高世界油气资源采收率现状研究 [J]. 特种油气藏，2010，17（2），5-10.

[52] 江怀友，沈平平，陈立滇，等. 北美石油工业二氧化碳提高采收率现状研究 [J]. 中国能源，2007，29（7），30-34.

［53］秦积舜，韩海水，刘晓蕾. 美国 CO_2 驱油技术应用及启示［J］. 石油勘探与开发，2015，42（2），209-216.

［54］李嘉豪，王怀林，肖前华，等. 全球 CO_2 驱油及封存技术发展现状［J］. 重庆科技学院学报（自然科学版），2022，24（4），103-108.

［55］江怀友，沈平平，罗金玲，等. 世界二氧化碳埋存技术现状与展望［J］. 中国能源，2010，32（6），28-32.

［56］Dicharry R M, Perryman T L, Ronquille J D. Evaluation and design of a CO_2 miscible flood project-SACROC Unit, Kelly-Snyder Field［J］. Journal of Petroleum Technology，1973，25（11），1309-1318.

［57］Langston M V, Hoadley S F, Young D N. Definitive CO_2 flooding response in the SACROC unit［C］// Paper SPE17321 presented at the SPE Enhanced Oil Recovery Symposium, Tulsa, Oklahoma, USA, April 16-21, 1988.

［58］Jablonowski C, Singh A. A survey of CO_2-EOR and CO_2 storage project costs［C］// Paper SPE 139669 presented at the SPE International Conference on CO_2 Capture, Storage, and Utilization, New Orleans, Louisiana, USA, November 10-12, 2010.

［59］谢尚贤，韩培慧，钱昱. 大庆油田萨南东部过渡带注 CO_2 驱油先导性矿场试验研究［J］. 油气采收率技术，1997，（3）：20-26，48，4.

［60］王国锋. 吉林油田二氧化碳捕集、驱油与埋存技术及工程实践［J］. 石油勘探与开发，2023，50（1），209-226.

［61］李阳，黄文欢，金勇，等. 双碳愿景下中国石化不同油藏类型 CO_2 驱提高采收率技术发展与应用［J］. 油气藏评价与开发，2021，11（6），793-804.

［62］计秉玉，何应付. 中国石化低渗透油藏 CO_2 驱油实践与认识［J］. 油气藏评价与开发，2021，11（6），805-811，844.

［63］陈祖华，吴公益，钱卫明，等. 苏北盆地复杂小断块油藏注 CO_2 提高采收率技术及应用［J］. 油气地质与采收率，2020，27（1），152-162.

［64］曹绪龙，吕广忠，王杰，等. 胜利油田 CO_2 驱油技术现状及下步研究方向［J］. 油气藏评价与开发，2020，10（3），51-59.

［65］王香增，杨红，王伟，等. 低渗透致密油藏 CO_2 驱油与封存技术及实践［J］. 油气地质与采收率，2023，30（2）：27-35.

［66］Huang Liu, Desong Yao, Bowen Yang, et al. Experimental investigation on the mechanism of low permeability natural gas extraction accompanied by carbon dioxide sequestration［J］. Energy，2022，253：124114.

［67］van der Meer LGH, Kreft E, Geel C, et al. K12-B A test site for CO_2 storage and enhanced gas recovery［J］. SPE Europec/EAGE Annual Conference，2005：SPE-94128-MS.

［68］Eiken O, Ringrose P, Hermanrud C, et al. Lessons Learned from 14 years of CCS Operations: Sleipner, In Salah and Snohvit［C］// 10th International Conference on Greenhouse Gas Control Technologies. 4. Amsterdam，NETHERLANDS；2010：5541-8.

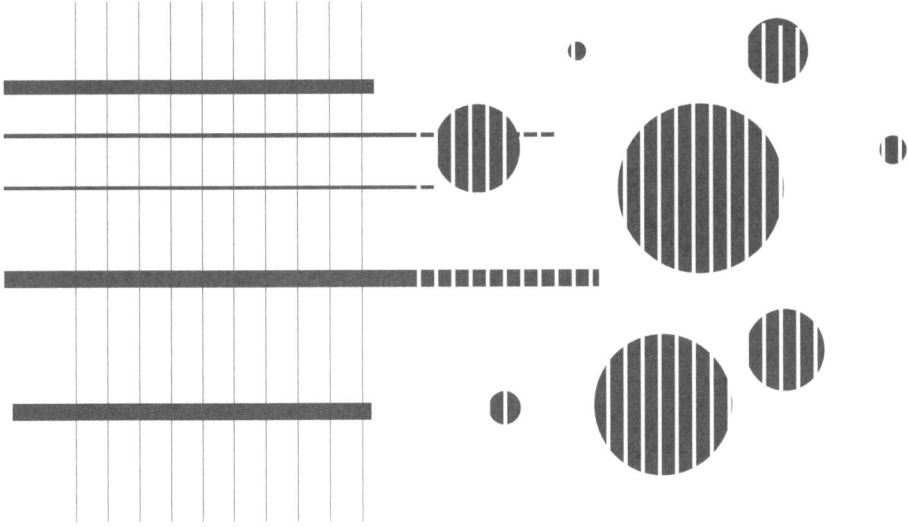

第 2 章

吸收 - 水合耦合法捕集 CO_2 效果评价

IGCC 发电技术是 20 世纪 70 年代石油危机的推动产物，被认为是提高能源利用率的有效举措之一，该技术是把煤气化和高效的联合循环系统相结合的先进动力系统。相对于传统的 PC 发电，IGCC 发电技术具有高发电效率、低污染物排放等特点，其发电的净效率可达 43% ～ 45%，污染物的排放量仅为常规燃煤电站的 1/10，因此 IGCC 发电被认为是传统 PC 发电的有效替代者[1]。在 IGCC 发电过程中，煤气化是首要环节，其所得混合气（CO_2/H_2）中 CO_2 的含量高达 40%，为了提高混合气的燃烧热值以获得高纯的氢原料气，首先需要对混合气进行脱 CO_2 处理。

相对于提高传统能源利用率，沼气作为一种可再生能源近年来同样受到了越来越多的关注[2]。沼气是有机物质在厌氧条件下，经过微生物的发酵作用而生成的一种可燃气体，其主要成分为 CH_4（50% ～ 70%）和 CO_2（20% ～ 40%），同时含少量的 N_2、H_2 和 H_2S 等。与 IGCC 混合气（CO_2/H_2）一样，CO_2 的存在会大幅降低沼气（CO_2/CH_4）的热值，因此应用前同样需要对其进行 CO_2 净化。

鉴于单独水合物分离法所表现出的局限性，笔者团队近年提出了一种吸收 - 水合耦合气体分离方法[3-5]，该方法是采用水 / 油乳液在水合物生成条件下来分离混合气，利用不同气体组分在油相中溶解能力不同，油相首先对混合气进行一次吸收分离；然后油相中溶解气再与分散的水滴选择性生成水合物，从而实现一个吸收、水合叠加分离的效果。我们之前采用吸收 - 水合耦合法对裂解干气开展了一些研究，对混合气中 CO_2 的捕集尚未涉及。考虑到 CO_2 在柴油中的溶解度要远高于 CH_4 和 H_2，本章拟采用吸收 - 水合耦合分离方法对沼气[6]和 IGCC 混合气进行分离研究[7]，一方面为沼气和 IGCC 混合气的净化开发新型分离技术，另一方面进一步拓展吸收 - 水合耦合分离法的应用范围。

2.1 吸收 - 水合耦合法分离沼气效果评价

2.1.1 实验材料及配制

（1）实验材料

本部分实验所用材料的规格和来源见表 2-1。

表 2-1 实验材料

名称	规格	来源
柴油	$-10^\#$	中石化北京昌平华昌加油站
去离子水	电导率＜ 10^{-4}S/m	实验室自制

名称	规格	来源
Span20	分析纯	北京化学试剂公司
CO_2	＞99.99%	北京氦普北分气体工业有限公司
CH_4	＞99.99%	北京氦普北分气体工业有限公司

（2）混合原料气配制

选取表 2-1 中气体组分自行配备了两个不同组成沼气（CO_2/CH_4）模拟气（表 2-2），混合气组成采用 HP7890 型色谱仪分析获得。

表 2-2　混合原料气组成

组分	M1（摩尔分数）/%	M2（摩尔分数）/%
CO_2	30.89	19.22
CH_4	69.11	80.78

（3）乳液配制

实验选用乳化剂为 Span20，虽然 Span20 同时具有亲水、亲油性，但其在水中的溶解度很低，而易溶于柴油，根据此特性，水 / 柴油乳液配制过程如下：

① 称取一定量的 Span20 于烧杯中，加入给定体积的柴油，用玻璃棒搅拌以使 Span20 完全溶解于柴油中；

② 量取一定体积的蒸馏水加入溶有乳化剂的柴油中；

③ 用玻璃棒将整个水 - 柴油混合体系搅拌均匀，以备实验所用。

2.1.2　实验装置

如图 2-1 所示，吸收 - 水合耦合法分离沼气效果评价实验在含高压透明蓝宝石釜的相平衡分离实验装置中进行。

该装置主要包括一个高压透明蓝宝石釜和一个高压盲釜。其中蓝宝石釜和其所连管线的有效工作体积为 64mL，最大工作压力为 20MPa，高压盲釜和其所连管线的有效工作体积为 112mL，最大工作压力为 40MPa。整个分离装置安装在一带有玻璃视窗的恒温空气浴中，后者为实验过程提供温度控制，控温精度为 ±0.1K。空气浴中配备有 pt-100 型冷光源以便更好地观察宝石釜中的实验现象。宝石釜和高压盲釜中压力通过压力传感器测定，测量精度为 ±0.1kPa。整个体系的压力数据由计算机系统自动采集。

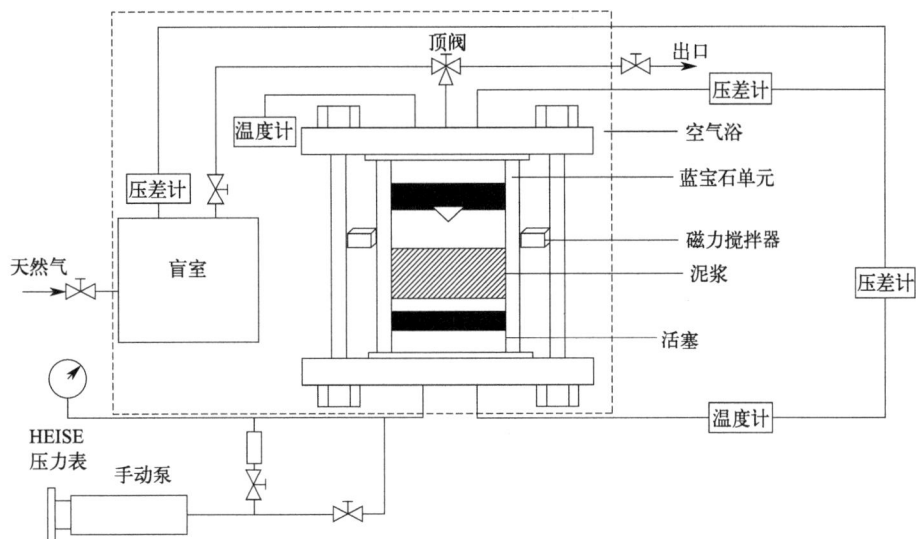

图 2-1　相平衡分离实验装置

2.1.3　实验方法

卸下蓝宝石釜，用去离子水清洗干净，擦干后加入一定量配制好的水／柴油乳液，随后将蓝宝石釜重新固定在空气浴中的水合分离实验装置上。对蓝宝石釜及其所连管线系统抽真空并用原料气置换 3 次后保持真空状态。对盲釜及其所连管线系统抽真空，同样用原料气置换 3 次后补充原料气到给定压力。启动恒温空气浴设定实验温度。待空气浴温度达到实验温度且高压盲釜中气体压力稳定后，记下对应压力数值 P_1。打开高压盲釜和宝石釜之间的连接阀，从盲釜中排放给定量的气体到宝石釜中后关闭连接阀。启动磁力搅拌系统促进整个分离过程的进行。待宝石釜中压力稳定 2h 以上视整个分离过程完成，记下此时高压盲釜（P_2）和宝石釜（P_E）中的压力数值。通过推动宝石釜下方所连的装有石油醚的手推泵在恒压条件下用注射器收取宝石釜上方的平衡分离气，采用 HP7890 型色谱仪分析获得平衡分离气组成。排放宝石釜中气体，再次清洗宝石釜准备下次实验。

2.1.4　实验数据处理过程

分离平衡后水合物／柴油浆液相中气体干基组成采用物料衡算法计算求得，相关计算过程如下。

宝石釜中初始进气摩尔数 n_0 和分离平衡后其上方剩余气体摩尔数 n_E 由下式计算：

$$n_0 = \frac{P_1 V_0}{Z_1 RT} - \frac{P_2 V_0}{Z_2 RT} \tag{2-1}$$

$$n_E = \frac{P_E V_g}{Z_E RT} \tag{2-2}$$

式中　P_1、P_2——高压盲釜中的初始压力和分离平衡后压力；

$\quad\quad P_E$——分离平衡后蓝宝石釜中体系压力；

$\quad\quad T$——实验温度；

$\quad\quad V_0$——高压盲釜体积；

$\quad\quad V_g$——分离平衡后蓝宝石釜上方气相体积（宝石釜工作体积和浆液体积之差）；

$\quad Z_1$、Z_2、Z_E——P_1、P_2、P_E 压力下对应混合气的压缩因子，采用 BWRS 状态方程计算求得。

由物料衡算法可得平衡浆液相中 $CO_2(x_1)$ 和 $CH_4(x_2)$ 的摩尔组成分别为：

$$x_1 = \frac{n_0 z_1 - n_E y_1}{n_0 - n_E} \tag{2-3}$$

$$x_2 = \frac{n_0 z_2 - n_E y_2}{n_0 - n_E} \tag{2-4}$$

式中　z_1、y_1——原料气和平衡气相中 CO_2 摩尔浓度；

$\quad\quad z_2$、y_2——原料气和平衡气相中 CH_4 摩尔浓度。

初始气-液体积比率（ϕ）定义为：

$$\phi = \frac{22400 n_0}{V_1} \tag{2-5}$$

式中　V_1——乳液体积。

吸收-水合耦合法捕集 CO_2 过程用 CO_2 相对 CH_4 的分离因子（S）和浆液相中 CO_2 的捕集率（R_1）来衡量：

$$S = \frac{x_1/y_1}{x_2/y_2} \tag{2-6}$$

$$R_1 = \frac{n_0 z_1 - n_E y_1}{n_0 \times z_1} \tag{2-7}$$

2.1.5　结果与效果分析

乳液中水合物阻聚剂的存在对实现整个吸收-水合耦合分离过程非常重要。阻聚剂是表面活性剂的一种，只有在油和水共同存在时才能起作用。当把阻聚剂加到水-柴油混合体系中时，阻聚剂主要溶于油相中，并分散在柴油和水的接触面上，这样大幅降低了水-油界面张力，使得水能以水滴的形式均匀分散在油相中。当水滴转化为水合物后，阻聚剂同样会覆盖在水合物表面，阻止水合物聚集，使得水合物以颗粒状态均匀分散在油相中形成具有良好流动特性的水合物 / 柴油混合浆液。文献中关于水合物阻聚剂的开发已有大量的报道[8, 9]。笔者所在课题组在水合物流动保障方面已进行了多年的研究工作，同样开发出了多种类型的水合物阻聚剂[10-12]。经过前期一系列的研究发现，少量的 Span20 即能有效分散柴油中的水滴和水合物颗粒，保障整个吸收 - 水合耦合分离过程的进行，因此这里选用 Span20 作为水 / 柴油乳液体系的水合物阻聚剂。

鉴于 CO_2 和 CH_4 的水合生成压力均不太高（274.15K 条件下的生成压力分别为1.42MPa 和 2.64MPa）[13]，采用单独的水 / 柴油乳液体系对两组 CO_2/CH_4 混合气（M1，M2）进行了分离研究。分离过程中阻聚剂 Span20 在乳液中的含量定为乳液中含水质量的 1%。系统考察了实验温度、初始推动力、体系含水率和原料气组成等对乳液体系分离性能的影响。所得实验结果列于表 2-3 ～表 2-6，其中 P_0 和 P_E 分别为宝石釜中初始压力和分离平衡压力，Φ 为初始气 - 液体积比率，T 为实验温度，y_1 和 x_1 分别为分离平衡气相和浆液相中 CO_2 浓度，W 为乳液含水率，S 为 CO_2 相对 CH_4 的分离因子，R_1 为浆液相对 CO_2 的捕集率。

表 2-3　纯柴油吸收分离 M1 混合气实验结果

T/K	P_0/MPa	Φ	P_E/MPa	y_1（摩尔分数）/%	x_1（摩尔分数）/%	S	R_1/%
272.15	3.22	113	2.59	24.35	51.14	3.25	40.4

表 2-4　不同温度下水 / 柴油乳液体系分离 M1、M2 混合气实验结果

T/K	Φ	P_E/MPa	y_1（摩尔分数）/%	x_1（摩尔分数）/%	S	R_1/%
分离 M1 混合气						
274.15		2.47	23.87	48.84	3.05	44.5
272.15	80	1.99	20.15	45.04	3.25	62.9
270.15		1.75	17.24	43.10	3.64	73.6
268.15		2.85	28.02	48.01	2.37	22.3
分离 M2 混合气						
272.15	81	2.16	12.08	30.49	3.19	61.5
270.15		1.81	10.26	28.67	3.52	72.6

表 2-5　不同初始推动力（P_0）下水 / 柴油乳液分离 M1 混合气实验结果

P_0/MPa	P_E/MPa	y_1（摩尔分数）/%	x_1（摩尔分数）/%	S	R_1/%
3.22	1.99	20.15	45.04	3.25	62.9
3.71	2.19	17.95	44.06	3.60	70.7
4.69	2.11	15.53	39.94	3.62	81.3
5.43	2.23	14.65	38.94	3.71	84.3

表 2-6 272.15K、不同含水率条件下柴油 / 水乳液体系分离 M1 混合气实验结果

W（体积分数）/%	P_E/MPa	y_1（摩尔分数）/%	x_1（摩尔分数）/%	S	R_1/%
10	2.47	21.60	53.44	4.16	50.5
20	2.18	20.56	46.81	3.40	59.6
25	2.03	20.42	46.19	3.35	60.7
30	1.99	20.15	45.04	3.25	62.9

（1）纯柴油吸收分离 M1 混合气

为了给吸收 - 水合耦合分离技术提供对比分析，首先考察了纯柴油体系对 M1 混合气的吸收分离效果。由表 2-3 可以看出，在温度（T）和初始推动力（P_0）分别为 272.15K 和 3.22MPa 条件下，经过单级吸收分离，气相中 CO_2 的浓度降低了不到 7%，对应的 CO_2 相对 CH_4 的分离因子 S 为 3.25，柴油对 CO_2 的吸收率 R_1 为 40.4%，说明仍有大量的 CO_2 残留在气相中。

（2）水 / 柴油乳液体系分离 M1、M2 混合气

对于吸收 - 水合耦合分离过程，首先考察了温度（T）对乳液体系分离效果的影响，相关实验结果列于表 2-4 中。采用 Chen-Guo 模型[14] 计算的结果表明 274.15 K 下 M1 混合气在纯水体系中的水合生成压力为 2.05 MPa，考虑到耦合分离过程柴油的吸收作用会在水合物生成前一定程度降低气相中 CO_2 的浓度和体系的压力（表 2-3），而气相中 CO_2 浓度的降低会使得 CO_2/CH_4 混合气的水合物生成压力进一步提高。同时 Chen 等[15] 的研究表明，乳液体系中气体水合物的生成存在一个亚稳态的边界条件，即相对于纯水体系需要更高的初始推动力才能生成水合物。因此为了保障分离过程气体水合物的生成，这里所选的宝石釜中初始进气压力 P_0 为 3.22MPa，同时乳液中含水率（W）定为 30%（体积分数）。对于 M1 混合气的分离，可以看出相似实验条件下，与单独的吸收分离过程相比，虽然分离因子（S）变化不大，但采用耦合分离法后气相中 CO_2 浓度（y_1）更小，浆液相对 CO_2 的捕集率（R）显著提高，体现了后者的优越性。同时在 273.15K 左右，乳液体系分离能力随着温度降低而增强（y_1 减小，S 变大），其原因是相对较低的温度更有利于乳液中水滴转化为水合物，促进了水合分离过程的进行。但当温度降到 268.15K 时，体系的分离能力反而急剧变差，甚至低于单独的吸收分离过程效果，这是由于在该温度下分离前乳液中的水滴已大部分转化成了冰粒，且所形成的冰粒在柴油表面出现聚集而使得柴油与待分离气相隔离，柴油无法对混合气实现吸收分离，同时冰粒的水合速度和水合转化率都很低。而当温度太高时（如 274.15K），在所选操作压力下分离平衡后乳液中水滴没有转化成水合物，水合分离能力没能得到有效体现，因而分离效果接近于单独的吸收分离过程。

相对于温度，表 2-4 中同样列出了原料气组成对水 / 柴油乳液分离能力的影响，可以看出原料气组成对体系的分离能力影响不大。由于 M2 混合气组成与 270.15 ～ 272.15K 范围内乳液体系分离 M1 混合气后的平衡气相组成相近，因此对 M2 的分离可以当作是对 M1 混合气的二级分离。经过两级连续分离，气相中 CO₂ 浓度能从 30.98%（摩尔分数）降到近 10%（摩尔分数），计算表明超过 87%（摩尔分数）（270.15K 条件下）的 CO₂（R_t）被浆液相捕集，大幅提高了沼气的热值。R_t 采用下式计算求得：

$$R_t = R_1 + R_1 \times R_1'　　　　　　　　　　　　　　（2-8）$$

式中　R_1、R_1'——一级和二级分离过程浆液相对 CO₂ 的捕集率，均采用式（2-7）计算求得。

考虑到浆液体系良好的流动特性，可以利用其在分离装置中实现连续的气体分离过程（气体分离 - 乳液再生 - 气体分离）。因此再经过有限次的多级分离，富含高纯 CH₄ 的混合气可以从气相中得到回收。

图 2-2 为前面所述纯柴油、水 / 柴油乳液分离 M1 混合气过程的动力学变化图。可以看出，适宜条件下吸收 - 水合耦合分离过程气体处理量远远大于单独的吸收分离过程（前者压降更大）。274.15K 下由于水合推动力过低而没有水合物生成，因此乳液分离能力与单独吸收分离过程相当（压降相差不大）。当温度降到 272.15K 时，整个吸收 - 水合过程在 1.5h 左右即可基本完成，其气体处理量是单独吸收分离过程的两倍多并且没有明显的水合诱导期，说明乳液体系分离 CO₂/CH₄ 混合气过程中水合诱导期对温度的敏感性较高。而当温度降到 268.15 K 时，由于乳液中水滴转化成了冰粒，可以看出乳液的气体处理量和分离速度均显著降低，这与表 2-4 中所列分离结果相一致。

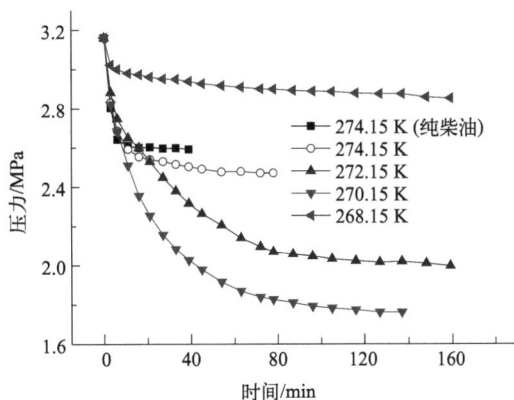

图 2-2　不同温度下纯柴油、水 / 柴油乳液体系分离 M1 混合气过程动力学变化

图 2-3（书后另见彩图）给出了 272.15K 下，含水率（体积分数）为 30% 的

水 / 柴油乳液分离 M1 混合气前后体系状态图，可以看出分离前后乳液和水合物浆液体系均分散良好，没有出现水合物聚集现象，且分离平衡后静置状态下水合物浆液上方还有少许清液（柴油）存在，说明对应的浆液体系的黏度不是很大。综合上述实验结果可以得出当采用吸收 - 水合耦合分离法捕集沼气中的 CO_2 时，270.15 ～ 272.15K 是比较适宜的分离温度。

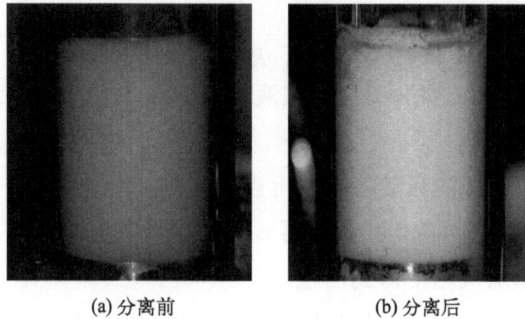

(a) 分离前　　　　　　　　　　(b) 分离后

图 2-3　272.15K 下乳液和浆液体系形态

表 2-5 为不同初始推动力（P_0）下水 / 柴油乳液体系对 M1 混合气的分离结果。在这部分实验中实验温度和初始气 - 液体积比率分别定为 272.15K 和 80，通过推动宝石釜下方连接的手推泵来改变每次分离过程的初始推动力。可以看出乳液体系分离能力随着 P_0 的增加而增强（y_1 减小，R 增大），其原因是水合推动力 P_0 的增大，促使乳液中更多的水滴转化为水合物，由于 CO_2 相对于 CH_4 更容易生成水合物，从而相对更多的 CO_2 在水合物相中得到富集，提高了乳液体系的分离能力。但需要注意的是，P_0 越大对应的操作费用也会同步增加，且分离平衡后水合物浆液的黏度也会增大。

相对于温度和压力，含水率同样对整个耦合分离过程具有重要影响，在足够大的水合推动力下，含水率决定了分离平衡后浆液相中水合物的含量，从而也决定了乳液体系的分离能力。表 2-6 给出了 4 个不同含水率（W）条件下水 / 柴油乳液对 M1 混合气的分离结果，其中温度和宝石釜中初始压力分别定为 272.15K 和 3.22MPa。可以看出在相同的实验温度和初始推动力下，乳液体系分离能力随着 W 的增加而增强（y_1 更小，R 更大），其原因是含水率越高，分离过程生成的水合物会越多，水合分离效果越显著。但当含水率超过 20%（体积分数）以后，体系分离能力增强变缓，这是由于随着水合物的生成，气相中 CO_2 的浓度逐渐降低，对应的 CH_4 浓度逐渐升高，使得宝石釜中剩余气体的水合生成压力逐渐变大。但随着分离的进行，宝石釜中体系压力却在逐步降低，进一步削弱了气相的水合推动力，使得水不能完全转化为水合物，最终分离平衡后整个体系为气 - 柴油 - 水合物 - 水的四相平衡状态。并且浆液中水合物的增多同时会增大其黏度。为了保证分离平衡后浆液具有良好的流动性，在实际应用过程中乳液合适的含水率范围为 20% ～ 25%（体积分数）。

为了进一步体现吸收 - 水合耦合分离法捕集沼气中 CO_2 的优越性，同时对比了其与现有常用的沼气脱碳方法——水洗法的分离性能。采用纯水体系作为分离介质的分离实验同样在图 2-1 所示装置中进行，由式（2-6）计算得到的 CO_2 相对 CH_4 的分离因子 S 约为 4，虽然与吸收 - 水合耦合分离方法所得 S 相当，但单位体积水的 CO_2 捕集量却远远低于乳液体系，这表明采用乳液体系作为分离介质时的液体循环量和运输能耗要远远低于前者。

综合上述实验结果可以看出，吸收 - 水合耦合分离法能够实现对沼气中 CO_2 的有效捕集。但考虑到实际应用过程中其相对较低的操作温度（272.15K 左右）和较高的操作压力（> 3MPa），对分离设备同样具有较高的要求且需要一定的制冷和气体压缩能耗。因此这里认为吸收 - 水合耦合分离方法捕集沼气中 CO_2 还有待进一步的改进，后期可以从 2 个方面展开研究：

① 选择吸收能力更强的分散介质代替柴油来提高耦合过程中吸收分离过程的分离作用；

② 开发合适的水合物热力学促进剂在保证乳液分离能力的前提下来降低整个体系的水合生成压力等。

2.2　吸收 – 水合耦合法分离 IGCC 混合气效果评价

2.2.1　实验材料及配制

（1）实验材料

本节实验所用材料的规格和来源见表 2-7。

表 2-7　实验材料

名称	规格	来源
TBAB	分析纯	北京化学试剂公司
CP	分析纯	北京化学试剂公司
柴油	$-10^{\#}$	中石化北京昌平华昌加油站
去离子水	电导率 $< 10^{-4}$ S/m	实验室自制
Span20	分析纯	北京化学试剂公司
CO_2	$> 99.99\%$	北京氦普北分气体工业有限公司
H_2	$> 99.999\%$	北京氦普北分气体工业有限公司

（2）混合原料气配制

选取表 2-7 中气体组分配备了两个不同组成 IGCC（CO_2/H_2）模拟气（表 2-8）。

表 2-8　混合原料气组成

组分	M3（摩尔分数）/%	M4（摩尔分数）/%
CO_2	46.82	15.63
H_2	53.18	84.37

2.2.2　实验装置

　　除了用到 2.1.2 部分所示可视化相平衡分离实验装置，本部分还需要用到乳液、浆液体系颗粒尺寸测定装置。

　　乳液中水滴、浆液中水合物颗粒弦长测定装置如图 2-4 所示，该装置主要包括一个钢制高压反应釜（535mL）、颗粒可视测量（particle video microscope，PVM）探头、聚焦光束反射测量（focused beam reflectance measurement，FBRM）探头和数据采集系统。其中 FBRM 和 PVM 探头均购自美国梅特勒 - 托利多公司。PVM 探头成像光源来自其内部的 6 个激光光源，可在探头前 1680μm×1261μm 的范围内获得分辨率达 5μm 的介质图像。FBRM 探头的工作机制是其内部发射的激光光束在颗粒表面发生反射，结合测得的反射时间与激光掠过颗粒的速率而获得颗粒弦长分布。

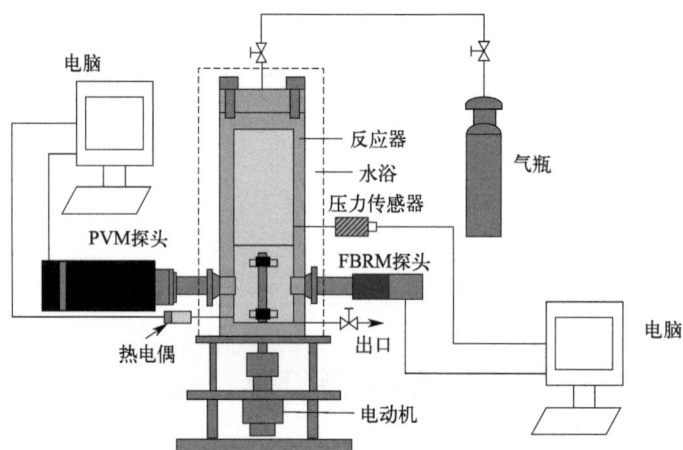

图 2-4　水/柴油乳液、水合物/柴油浆液颗粒弦长测定装置

2.2.3　实验方法

　　乳液中水滴、浆液中水合物颗粒弦长测定：先用水将整个装置内部清洗 3 遍，随后用石油醚（利用石油醚的易挥发性）再次冲洗，最后用高压氮气将装置内部吹扫干净。注入 220mL 配制好的乳液，接着对整个装置抽真空，排出乳液上方空

气。开启循环制冷系统，设定实验温度。当分离釜中温度达到实验温度且稳定后打开进气阀门，往分离釜中注入给定量的待分离混合气，随后关闭进气阀，开启搅拌系统。分离釜中压力会随着气体的溶解和水合物的生成而降低，整个分离过程通过 PVM 和 FBRM 激光探头确定分离介质的形态和分散颗粒（水滴、水合物）的弦长。

实验数据处理流程与 2.1.4 部分基本一致。

2.2.4　结果与效果分析

与沼气体系不同，IGCC 混合气主要由 CO_2 和 H_2 组成，其中 H_2 的摩尔浓度高达 60%，这就意味着如果采用单独的水合分离技术时，即使在 0℃ 左右，分离操作压力将超过 10MPa。同样当采用吸收 - 水合耦合分离法（水 / 柴油乳液体系）时，由于 CO_2 在柴油中的溶解度远远大于 H_2，因此水合物生成前气相中 H_2 浓度较在原料气中会更高，使得混合气的水合生成压力相对于采用纯水体系时会更大。但与 CH_4 分子不一样的是 H_2 由于分子直径远小于水合物晶格尺寸，低压条件下（< 10 MPa）其在水合物晶格中的占有率很低，因此此时可以考虑往乳液中加入水合物促进剂来促进整个吸收 - 水合耦合分离过程的进行。

中国科学院广州能源所李小森教授课题组[16]采用 CP- 水（TBAB）混合体系对 IGCC 混合气进行了分离研究，其研究结果表明 CP 和 TBAB 在以水为主体相的介质中同时存在时能起到协同促进作用：一方面能大幅降低 IGCC 混合气的水合生成压力；另一方面能显著提高整个水基体系的水合转化率和对 CO_2 的捕集能力。但 CP 在对应体系中的用量很低（5%，体积分数），因此 CP 主要起水合物热力学促进剂的作用而不是吸收分离作用。鉴于 CP 与柴油良好的互溶性，这部分采用水 / 柴油 -CP、水（TBAB）/ 柴油 -CP 乳液对两组 IGCC 代表气（M3、M4）进行了分离研究。选用 CP 和 TBAB 的最初目的是利用其作为水合物热力学促进剂以促使 IGCC 原料气在其本身特有的压力范围（3 ~ 5MPa）内能在水 / 柴油乳液中与水形成水合物，同时 CP 的加入以希望进一步促进吸收分离的作用。这里 Span20 同样作为乳化剂和水合物阻聚剂加入乳液体系中，其含量为乳液中含水质量的 2%。

与分离 CO_2/CH_4 混合气不同的是，在采用吸收 - 水合耦合法捕集 IGCC 混合气中 CO_2 时，这里同时采用 CO_2 相对于 H_2 的分离因子 S、浆液相对 CO_2 的捕集率 R_1 和分离平衡气相中 H_2 的回收率 R_2 来表征所选分离方法的分离能力，其中 S 和 R_1 同样采用式（2-6）和式（2-7）计算求得，R_2 采用式（2-9）求得：

$$R_2 = \frac{n_2 - n_E \times y_2}{n_2} \tag{2-9}$$

式中　n_2、$n_E \times y_2$——宝石釜中初始进料气和分离平衡气中 H_2 的摩尔数。

（1）TBAB 和含水率对乳液分离能力的影响

考虑到 CP 的易挥发性，当采用含 CP 乳液体系作为分离介质时，在保证足够水合物生成量的前提下，乳液中 CP 的含量应越少越好。经过前期一系列的研究我发现对于 M3 和 M4 混合气的分离，乳液中合适的 CP 体积分数（相对于柴油）分别为 30% 和 50%，其原因是 M4 中 CO_2 的浓度较 M3 中低，相应混合气的水合生成压力要高，从而需要更多的 CP 来达到水合物生成促进作用。与 CP 一样，TBAB 同样是一种良好的水合物热力学促进剂。Li 等[17]发现水基体系中 TBAB 的含量为 0.29%（摩尔分数）时能有效地实现对 CO_2/H_2 混合气的分离，但 Kim 等[18] 的研究表明当水溶液中 TBAB 含量为 1.0%（摩尔分数）时所获得的水合分离速度和 CO_2 分离因子均为最大。由于水（TBAB）/柴油 -CP 体系与 Li 和 Kim 所采用的体系均不同，因此这里首先考察了 TBAB 含量对乳液体系分离能力的影响。表 2-9 给出了 6 组含不同 TBAB 浓度的水（TBAB）/柴油 -CP 乳液对 M3 混合气的分离结果。其中 P_E 为分离平衡后体系压力，C_{TBAB} 为乳液中 TBAB 的浓度（相对于乳液中的水含量）。

表 2-9　含不同 TBAB 浓度的水（TBAB）/柴油 -CP 乳液体系分离 M3 混合气实验结果

P_E/MPa	C_{TBAB}（摩尔分数）/%	y_2（摩尔分数）/%	x_2（摩尔分数）/%	R_2/%	R_1/%	S
2.85	0.10	84.0	7.6	94.2	79.2	64
2.92	0.20	83.6	7.2	95.1	78.3	66
2.91	0.29	84.5	5.6	95.8	80.1	91
2.93	0.40	84.0	7.0	95.2	78.1	69
2.95	0.60	81.0	7.1	95.0	75.7	56
2.99	1.0	78.7	9.6	92.9	73.3	35

可以看出，在实验温度、初始推动力和体系含水率分别为 272.15K、4.3MPa 和 35%（体积分数）条件下，随着乳液中 TBAB 浓度的增加，体系分离能力先增强后减弱（R_2 和 S 先增大后减小），当 TBAB 在水中浓度为 0.29%（摩尔分数）时体系分离能力最强，这与 Li[17] 所获得的实验结果一致。其原因是当体系中 TBAB 浓度达到 0.6%（摩尔分数）时，在所选实验温度（272.15K）下，进气前乳液中水滴已经部分转化成 TBAB 水合物，这种现象在 TBAB 浓度增大到 1.0%（摩尔分数）更为明显。Darbouret 等[19] 的研究表明纯水体系中当 TBAB 的浓度分别为 0.29%、0.6% 和 1.0%（摩尔分数）时，常压下其所对应的 TBAB 水合物生成温度分别为 272.85K、279.95K 和 279.85K。由于乳液体系中水合物的生成压力相对纯水体系要高，因此这里当乳液中 TBAB 浓度为 0.29%（摩尔分数）时，即使在相对更低的温度下（272.15K ＜ 272.85K），在常压下乳液中 TBAB 也没有转化为水合物。当乳液中水滴提前转化为 TBAB 水合物后，分离过程中气体分子很难进入到这些水合物晶格中，使得整个过程的水合气体量大幅减小，乳液分离能力变差。而当乳液中 TBAB 浓度在 0 ～ 0.29%（摩尔分数）范围内变化时，实验现象表明随着 TBAB 浓

度的降低，分离平衡后水合物浆液相表观黏度逐渐变大，且当 $C_{TBAB} < 0.2\%$（摩尔分数）或更小时，分离平衡后宝石釜底部出现了水合物聚集现象，水合物的聚集会大幅降低气体在浆液中的传质速率和水的水合转化率，进一步降低了乳液体系的 CO_2 捕集能力。所得实验结果和实验现象表明在采用水（TBAB）/ 柴油 -CP 乳液分离 CO_2/H_2 混合气时，TBAB 在水中合适的含量为 0.29%（摩尔分数），其中 TBAB 不仅是一种合适的水合物生成热力学促进剂，同时也表现出了水合阻聚的效果。

图 2-5（书后另见彩图）给出了几组不同含水率条件下水 / 柴油 -CP 和水（TBAB）/ 柴油 -CP 乳液分离 M3 混合气过程体系状态图。可以看出在乳化剂 Span20 的作用下，水滴在 CP- 柴油混合溶液中分散均匀 [图 2-5（a）]。对于水 / 柴油 -CP 乳液，当含水率为 20%（体积分数）时，分离平衡后水合物浆液分散均匀 [图 2-5（b）]，但当含水率升高到 30%（体积分数）时浆液体系下层出现大块水合物沉积现象 [图 2-5（c）]，这与对应含水率条件下水 / 柴油乳液体系捕集沼气中 CO_2 不同（后者没有出现水合物聚集），其原因是 $CP\text{-}CO_2\text{-}H_2$ 水合物生成速率远快于 $CO_2\text{-}CH_4$ 水合物生成速率，弱化了 Span20 的阻聚效果。但当体系中含有 0.29%（摩尔分数）的 TBAB 时 [水（TBAB）/ 柴油 -CP 乳液]，即使乳液含水率达到 35%（体积分数），分离平衡后水合物浆液分散均匀，流动性良好 [图 2-5（e）]。所得实验现象再次表明 TBAB 在整个水合过程中起到了水合阻聚的作用。由于形成稳定、均匀的乳液和水合物浆液体系对吸收 - 水合耦合分离方法非常重要，而文献中所报道的大部分水合物阻聚剂在乳液含水率超过 30%（体积分数）时阻聚效果显著变差，因此这里的研究结果表明选用合适剂量的 Span20 和 TBAB 配合是一种优秀的水合物阻聚剂。

图 2-5　不同含水率条件下水 / 柴油 -CP、水（TBAB）/ 柴油 -CP 乳液和对应水合物浆液状态

从以上的研究结果可以看出，TBAB 的存在能显著提高耦合分离过程中水/柴油 -CP 乳液的可操作含水率，而含水率的高低对整个分离过程能力具有很大影响，一般含水率越高对应的水合分离在整个耦合分离过程中起的作用也会更大。表 2-10 给出了几组不同含水率条件下水（TBAB）/柴油 -CP 乳液体系对 M3 混合气的分离结果。可以看出随着体系含水率的增加，对于分离能力逐渐增强（x_2 减小，R_2 和 S 变大），其原因是随着含水率的增加，分离平衡后浆液中水合物量更多 [图 2-5（d）、（e）]，增大了耦合分离过程中水合分离的作用。当体系含水率从 20%（体积分数）提高到 35%（体积分数）时，H_2 在平衡气相中的浓度从 77.3%（摩尔分数）提高到了 84.6%（摩尔分数），同时对应的 CO_2 相对 H_2 分离因子 S 从 54 提高到 99，远大于文献中所报道的单独的水合分离过程所示分离结果。更可喜的是随着水合物含量的增加，H_2 在气相中的回收率却没有多大变化 [均大于 96%（摩尔分数）]，说明相对于 CO_2，H_2 在水合物晶格中占有率非常低，这也反过来印证了 S 随着体系含水率增加快速增大的现象。

表 2-10　不同含水率下水/柴油 -CP、水（TBAB）/柴油 -CP 乳液分离 M3 混合气实验结果

P_E/MPa	含水率（体积分数）/%	y_2（摩尔分数）/%	x_2（摩尔分数）/%	R_2/%	R_1/%	S
3.19[①]	20	74.5	7.2	95.7	63.4	37
3.11	20	77.3	5.9	96.3	68.7	54
3.00	25	79.8	5.8	96.1	72.1	65
2.96	30	82.4	5.6	96.1	76.1	78
2.87	35	84.6	5.2	96.1	80.2	99

① 这组实验的乳液体系中没有添加 TBAB 促进剂。

为了进一步探究 CP 和 TBAB 的共同存在对乳液体系分离能力的促进作用，表 2-10 中同时提供了一组采用水/柴油 -CP 乳液体系对 M3 混合气的分离结果，同时表 2-11 和表 2-12 对比了吸收 - 水合耦合分离技术与文献中所报道的基于单独水合分离技术捕集 IGCC 混合气中 CO_2 过程水合物的气体捕集量。M 为分离过程单位质量水的水合气体量，采用下式求得：

$$M = \frac{n'}{m_d} \tag{2-10}$$

$$n' = n_1 - \frac{P_1 V_s}{H_1} + n_2 - \frac{P_2 V_s}{H_2} \tag{2-11}$$

式中　m_d——乳液中水的质量；

　　n'——扣除柴油中气体溶解量后的 CO_2 和 H_2 转化为水合物的气体量；

　n_1、n_2——浆液相对 CO_2 和 H_2 的吸收量；

　P_1、P_2——分离平衡后气相中 CO_2 和 H_2 的平衡分压；

　　V_s——乳液中柴油 -CP 混合液的体积；

H_1、H_2——CO$_2$ 和 H$_2$ 在柴油 -CP 溶液中的亨利系数，对应数值分别为 1.03（MPa·L）/mol 和 33.8（MPa·L）/mol。

H_1、H_2 数值是通过测定单组分 CO$_2$、H$_2$ 气体在柴油 -CP 溶液中的溶解度数据计算得到。

表 2-11　本书中所用乳液体系分离 M3 混合气过程的水合气体量

液体介质	P_0/MPa	P_E/MPa	T/K	含水率（体积分数）/%	M/（mmol/g）
柴油 /CP/ 水		3.19		20	4.63
柴油 /CP/TBAB① / 水	4.3	3.11	274.15	20	5.38
柴油 /CP/TBAB① / 水		2.87		35	4.38

① TBAB 在水溶液中的质量分数定为 0.29%。

表 2-12　文献中报道的不同分离介质分离 CO$_2$/H$_2$ 混合气过程的水合气体量

液体介质	P/MPa	T/K	含水率（体积分数）/%	M/（mmol/g）
Li [16] CO$_2$/H$_2$（38.6/61.4%）				
水	4.0	274.65	100	0.09
CP/ 水	4.0	274.65	95	0.12
TBAB/ 水	4.0	274.65	100	0.70
CP/TBAB/ 水	4.0	274.65	95	1.19
Lee [23] CO$_2$/H$_2$（40/60%）				
THF/ 水	4.12	279.6	100	0.44

从表 2-10 所列结果可以看出，在相近的实验条件下 TBAB 的存在能大幅降低平衡气相中 H$_2$ 的浓度和提高 CO$_2$ 相对于 H$_2$ 的分离因子，这是由于相对于 H$_2$，更多 CO$_2$ 与 CP、TBAB 和水结合生成了水合物，这从表 2-11 中的 M 值对比同样可以看出。对比表 2-11 和表 2-12 中所列实验结果可以看出，当采用吸收 - 水合耦合分离法时，乳液中单位质量水的水合气体量远远高于文献中所报道的基于单独的水合分离过程所得实验结果，同时 TBAB 的存在进一步提高了水 / 柴油 -CP 乳液中水的水合气体量。如采用含水率为 35%（摩尔分数）的水（TBAB）/ 柴油 -CP 乳液体系所得 M 值是采用纯水体系时的约 49 倍，是 CP/ 水体系的约 36 倍，是 TBAB/ 水体系的约 6 倍，是 CP/TBAB/ 水体系的约 4 倍，是 THF/ 水体系的约 10 倍。此外没有 TBAB 存在的水 / 柴油 -CP 乳液体系所表现 M 同样远远大于在 CP/ 水体系上所得结果，这是因为对于 CP/ 水体系，由于 CP 能在常压条件下生成 Ⅱ 型水合物，而 CO$_2$ 和 H$_2$ 分子又很难进入预先生成的 CP 水合物晶格中，因此整个分离过程大部分的水转化为了纯 CP 水合物，只有少部分水生成了 CO$_2$-H$_2$ 水合物。但对于水 / 柴油 -CP 乳液体系，柴油的存在大幅降低了 CP 在分离介质中的势能，再加上阻聚剂 Span20 的作用，此时在所选实验条件下 CP 水合物的生成需要气体分子（CO$_2$ 和 H$_2$）的协助，

这样在 CP 水合物生成过程中，一方面 CO_2 会和 CP 共同竞争 II 型水合物中的大孔（$5^{12}6^4$），另一方面 CO_2 和 H_2 会同时占据水合物的小孔（5^{12}），极大地提高了乳液体系中水的水合气体量。

从以上分离结果可以得出，对于水（TBAB）/ 柴油 -CP 乳液体系，TBAB 主要起 2 个作用：

① 起水合阻聚作用，使得浆液中水合物颗粒度更小，分散更均匀，水合物颗粒越小越有利于提高水滴的水合转化率。Link 等[20] 曾经报道采用纯水体系作为分离介质时气体水合量小的原因是水合物壳在水滴表面首先生成并阻止了气体的扩散，使得水合物壳内大量的水没有转化成水合物。

② TBAB 很容易生成一种半笼形水合物，一个理想的 TBAB 水合物晶胞包括 6 个 5^{12} 小孔穴、2 个 $5^{12}6^2$ 大孔穴和 2 个 $5^{12}6^3$ 大孔穴[21, 22]。因此在生成水合物过程中，与 CP 水合物相比，TBAB 水合物会为 CO_2 提供更多的存储空间（大孔穴更多），同时 H_2 由于分子直径太小在大孔穴中无法稳定存在，从而水（TBAB）/ 柴油 -CP 乳液体系较水 / 柴油 -CP 乳液体系表现出了更大的 CO_2 分离因子和水合气体量。

（2）温度、原料气组成、压力和气 - 液体积比率的影响

在确定了乳液中合适的 TBAB 摩尔浓度（0.29%）和体系含水率（35%，体积分数）后，接着考察了温度、原料气组成、压力以及气 - 液体积比率对水（TBAB）/ 柴油 -CP 乳液体系分离效果的影响。

表 2-13 给出了不同温度下水（TBAB）/ 柴油 -CP 乳液体系对 M3 和 M4 混合气的分离结果。可以看出在 270.15 ～ 276.15K 范围内，平衡气相中 H_2 的浓度（y_2），浆液相中 CO_2 的捕集率（R_1）和 CO_2 相对于 H_2 的分离因子（S）均随着温度的降低先急剧增长后缓慢减小，在 272.15 ～ 274.15K 范围内分离效果最佳。这是因为随着温度的降低，乳液中水合物含量逐渐增多，但当温度降到一定程度时，在所选操作压力下，乳液中水滴已几乎全部转化为了水合物，此时进一步降低操作温度对水合分离效果影响不明显。相对于实验温度，乳液体系分离能力随着原料气中 CO_2 浓度的降低而减弱，这是因为 CO_2 浓度越低，相应 H_2 在气相中分压（推动力）则更大，提高了 H_2 在柴油中的溶解度和在水合物晶格中的占有率。由于在 M4 混合气的组成与操作温度和压力分别为 272.15 K、4.3 MPa 条件下乳液体系分离 M3 混合气后所得的平衡气相组成相近，因此对 M4 混合气的分离同样可以看作是对 M3 混合气的二级分离。可以看出经过两级模拟连续分离，气相中 H_2 的浓度能从 53.2%（摩尔分数）提高到 97.8%（摩尔分数），含如此高浓度 H_2 的混合气可以作为氢源直接使用，更可喜的是此时超过 88% 的 H_2 可以从气相中得到回收。相对于气相，浆液相中 CO_2 浓度从原料气中的 46.8%（摩尔分数）提高到了 94.4%（摩尔分数），含如此高浓度 CO_2 的混合气同样可直接作为工业原料使用。

表 2-13　不同温度下水（TBAB）/ 柴油 -CP 乳液体系分离 M3、M4 混合气实验结果

T/K	P_E/MPa	y_2（摩尔分数）/%	x_2（摩尔分数）/%	R_2/%	R_1/%	S
M3 混合气		C_{CP}=30%（体积分数）				
276.15	3.11	78.4	5.8	96.2	70.2	58
274.15	2.87	84.6	5.2	96.1	80.5	99
272.15	2.91	84.5	5.6	95.8	80.3	91
270.15	2.88	84.1	6.3	95.3	79.1	79
M4 混合气		C_{CP}=50%（体积分数）				
274.15	3.82	93.3	22.9	96.6	62.2	47
272.15	3.52	97.8	33.3	91.8	89.6	87
270.15	3.67	95.6	27.9	94.5	77.3	57

图 2-6 为 4 个不同温度下水（TBAB）/ 柴油 -CP 乳液体系分离 M3 过程动力学变化图。可以明显看出一个单独的吸收 - 水合耦合分离过程包括混合气在柴油中的溶解、水合物生成诱导期和水合物的生长三个阶段。以 276.15K 条件下的分离过程为例，体系压力开始快速下降阶段归功于气体在柴油中的快速溶解，10 ～ 55min 阶段为水合物的诱导期，55min 以后为水合物的生长过程。随着温度的降低，水合诱导期快速变短同时水合物生成速度急剧增快，当温度降到 270.15K 时水合诱导过程消失，这是因为温度越低，对应压力条件下气体水合物生成的推动力越大，从而水合物越容易生成。在实际的分离过程中，快速的水合物生成速度意味着分离过程的更高效性以及对分离设备尺寸的更低要求，考虑到 270.15 ～ 272.15K 范围内温度对乳液分离能力影响不大，因此实际应用过程中 272.15K 是一个更合适的操作温度。

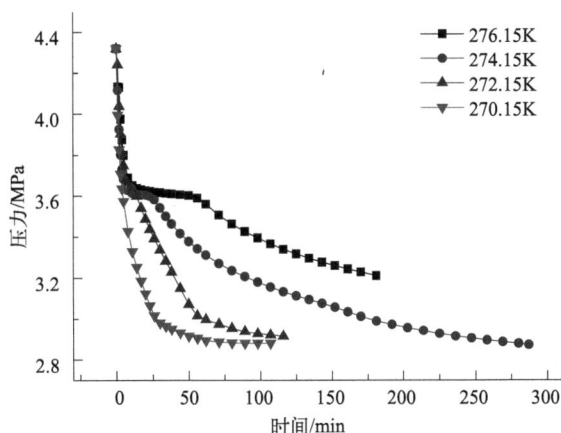

图 2-6　不同温度下水（TBAB）/ 柴油 -CP 乳液分离 M3 混合气过程动力学变化

表 2-14 为 274.15 K，不同初压（P_0）条件下乳液体系对 M3 混合气的分离结果。一般情况下，初压相对越大，乳液中水的水合转化率也会越高，从而分离能力会更

佳。可以看出随着 P_0 的增加，浆液相对 CO_2 的捕集率（R_1）逐渐增大，但高的操作压力同样也意味着更多的 H_2 溶解在柴油中和被水合物晶格包裹，因此这里所得的分离因子（S）随着 P_0 的增加反而减小，但需要说明的是即使 P_0 增至 7.5MPa，S 仍然高达 64，远远高于采用单独水合分离过程所得结果[17]。鉴于 IGCC 混合气的出口压力范围为 3 ～ 5MPa，因此对于采用吸收 - 水合耦合分离技术所选压力可视原料气压力而定。

表 2-14　不同压力下水（TBAB）/ 柴油 -CP 乳液分离 M3 混合气分离结果

P_0/MPa	P_E/MPa	y_2（摩尔分数）/%	x_2（摩尔分数）/%	R_2/%	R_1/%	S
4.3	2.87	84.6	5.2	96.1	80.3	99
5.3	3.51	86.2	7.0	94.6	83.8	83
6.3	4.14	89.1	9.9	91.6	87.2	75
7.5	4.90	89.6	11.9	89.6	88.1	64

相对于温度和压力，初始气 - 液体积比率（Φ）同样是评估吸收 - 水合耦合分离技术分离能力的一个重要指标，更高的气 - 液体积比率意味着单位体积乳液更大的气体处理量，从而在气体连续分离过程中实现相同的分离目的所需要的介质循环能耗会更少。表 2-15 给出了 272.15K、5 组不同 Φ 下水（TBAB）/ 柴油 -CP 乳液体系对 M3 混合气的分离结果。可以看出，平衡气相中 H_2 浓度和浆液相对 CO_2 的捕集率均随着 Φ 的减小而增大，但分离因子 S 的变化却不是单调的，在 Φ 为 84 左右时取得最大值（S=103），其原因是 Φ=84 可能刚好是气 - 柴油 - 水合物三相和气 - 柴油 - 水合物 - 水四相平衡的互变点。当 Φ > 84 时，分离平衡后，乳液中水滴完全转化成了水合物，整个体系处于气 - 柴油 - 水合物三相平衡状态，在这种情况下体系中水合物的量将不会随着 Φ 的增大而增加，但此时 Φ 的变大却能进一步促进柴油的吸收分离过程，由于单独的吸收分离过程所得分离因子低于水合分离所得分离因子[5]，因此随着 Φ 的进一步增加，整个吸收 - 水合耦合分离过程所得 S 反而减小。而当 Φ < 84 时，在所选操作条件下水不能完全转化为水合物，分离平衡后整个体系处于气 - 油 - 水合物 - 水四相平衡状态，此时随着 Φ 的减小，平衡浆液相中水合物量会逐渐减少，水合分离对整个耦合分离过程的作用越来越弱，使得 S 减小。

表 2-15　不同初始气 - 液体积比率（Φ）下水（TBAB）/
柴油 -CP 乳液分离 M3 混合气分离结果

Φ	P_E/MPa	y_2（摩尔分数）/%	x_2（摩尔分数）/%	R_2/%	R_1/%	S
138	3.12	78.8	6.3	95.9	70.2	55
118	3.00	81.2	5.1	96.4	75.5	80
100	2.91	84.5	5.6	95.8	80.1	91
84	2.83	86.6	5.9	95.4	83.8	103
55	2.60	89.8	9.5	92.0	88.4	84

图 2-7 为上文所述不同初始气 - 液体积比率（Φ）下水（TBAB）/ 柴油 -CP 乳液分离 M3 过程动力学变化图。可以看出随着 Φ 的增加，水合诱导期逐渐变短同时水合物生长速度变快，这是因为当 Φ > 84 时，分离平衡后整个体系处于气 - 油 - 水合物三相平衡，此时体系的压力高于气 - 柴油 - 水合物三相所对应的相平衡压力，也就是说对应条件下水合生成推动力没有变为 0，这种情况下 Φ 越大，分离所用时间越短。而当 Φ < 84 时，分离平衡后整个体系处于气 - 柴油 - 水合物 - 水四相平衡，说明此时达到分离平衡后水合推动力已经变为 0，乳液中剩下的水不能进一步转化为水合物，低的水合推动力意味着更长的分离平衡时间。因此，从动力学角度来看，实际应用过程中 Φ 应大于 84，也就是说最后的平衡体系应该是气 - 柴油 - 水合物三相平衡以确保足够多的水合物生成。当然，除了气 - 液体积比率，相平衡的建立同样与实验温度和压力有紧密的联系。综合考虑，实际应用过程中合适的气 - 液体积比率范围为 80 ～ 100。

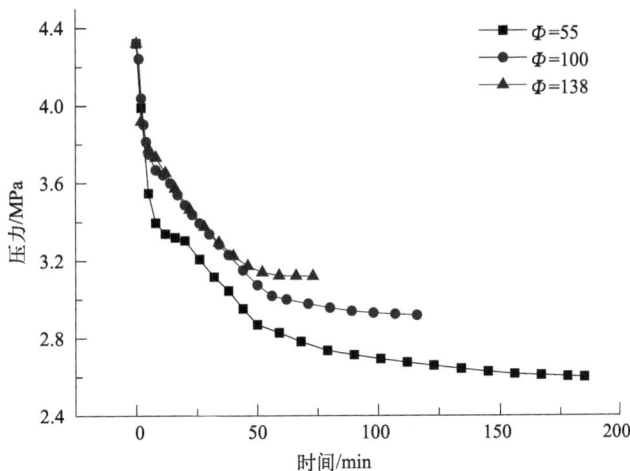

图 2-7　272.15K、不同初始气 – 液体积比率（Φ）下水
（TBAB）/ 柴油 –CP 乳液分离 M3 混合气动力学变化

粒子可视测量和聚焦反射光束测量技术（PVM 和 FBRM）被认为是表征水 / 油乳液体系在水合物生成与分解过程体系中颗粒尺寸随时间变化的有效手段。陈俊[4]先前已采用该项技术实现了对水合物阻聚剂的有效评价和筛选。这里为了进一步探究 Span20 和 TBAB 共同存在条件下优秀的水合阻聚性能，采用 FBRM 和 PVM 激光探头分别测定了水 / 柴油 -CP 和水（TBAB）/ 柴油 -CP 乳液体系分离 M3 混合气过程体系中水滴和水合物颗粒弦长分布情况。所选实验条件与 2.3.2 部分相平衡分离实验相当，其中实验温度和反应釜中初始进气压力分别为 272.15K 和 5MPa，CP 与柴油的体积比为 3：7，体系含水率为 35%（体积分数），Span20 含量为乳液中含水质量的 2.0%，TBAB 在水溶液中的摩尔分数同样定为 0.29%。

图 2-8 为采用水 / 柴油 -CP、水（TBAB）/ 柴油 -CP 两种乳液体系作为分离介质时水滴和水合物颗粒弦长分布图，对应颗粒平均弦长数据列于表 2-16 中。可以看出分离前在乳化剂 Span20 和搅拌系统的共同作用下乳液中水滴分散均匀，平均弦长为 5.26μm，这与文献中所报道的乳液体系基本一致。但从 PVM 测定的图片 [图 2-9（a），书后另见彩图] 可以看出，随着水合物的生成，水合物迅速发生聚集（激光镜头前水合物浆液停止流动，出现水合物粘壁现象），虽然此时 FBRM 探头所测得的水合物颗粒平均弦长只有 6.65μm，但实际尺寸应远远大于此。而当采用水（TBAB）/ 柴油 -CP 体系作为分离介质时可以清晰地看出 [图 2-8（b）、图 2-9（b），书后另见彩图]，无论分离前后，乳液和水合物浆液均分散均匀。在 Span20 和 TBAB 的共同作用下，乳液中水滴的平均弦长只有 4.05μm，远小于水 / 柴油 -CP 乳液中水滴粒径，表明 TBAB 的存在提高了整个乳液的乳化效果；当乳液中水滴转化为水合物后，水合物的平均弦长甚至只有 3.50μm，远小于文献中已报道结果（＞ 6.0 μm），甚至比所用乳液体系中水滴的粒径还小。水合物粒径越小一方面说明所用水合物阻聚剂性能越好，同时也意味着对应条件下水的水合转化率会更高。这部分所得实验结果再次证明了 Span20 和 TBAB 的复配是一种非常优秀的水合物阻聚剂。至于水合物颗粒弦长低于其对应水滴弦长，其原因可能得益于阻聚剂优秀的阻聚性能，水合物在水滴表面的形成过程中发生了脱落，从而使得水合物颗粒的弦长较水滴弦长要小。

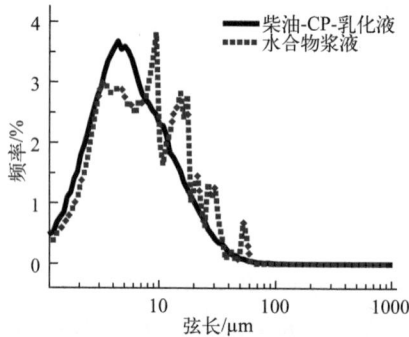

(a) 水/柴油-CP乳化液及其分离M3混合气后水合物浆液体系

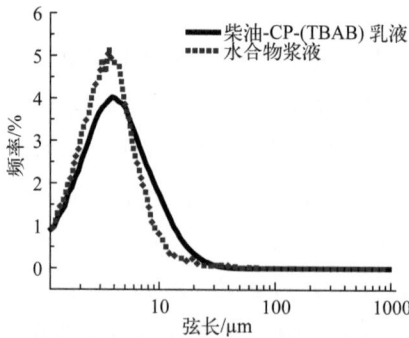

(b) 水(TBAB)/柴油-CP乳液及其分离M3混合气后水合物浆液体系

图 2-8　乳液中水滴和浆液中水合物颗粒 FBRM 弦长分布

表 2-16 不同分离介质中水滴、水合物颗粒 FBRM 平均弦长

体系	平均弦长 /μm
水 / 柴油 -CP 乳液	5.26
水（TBAB）/ 柴油 -CP 乳液	4.05
水合物 / 柴油 -CP 浆液	6.65
水合物（含 TBAB）/ 柴油 -CP 浆液	3.50

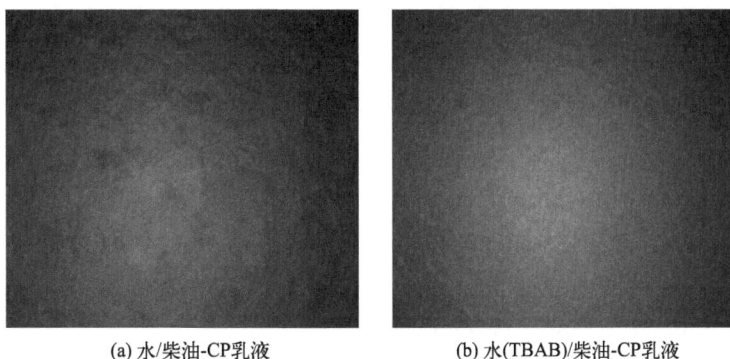

(a) 水/柴油-CP乳液　　　　　　(b) 水(TBAB)/柴油-CP乳液

图 2-9 272.15K、初始推动力和含水率分别为 5MPa 和 35%（体积分数）条件下
水 / 柴油 –CP 和水（TBAB）/ 柴油 –CP 乳液分离 M3 混合气后水合物浆液 PVM 图片

参考文献

[1] 骆仲泱，方梦祥，李明远，等 . 二氧化碳捕集封存和利用技术［M］. 北京：中国电力出版社，2012.

[2] Basu S，Khan A L，Cano-Odena A，et al. Membrane-based technologies for biogas separations［J］. Chemical Society Reviews，2010，39（2）：750-768.

[3] Wang X L，Chen G J，Yang L Y，et al. Study on the recovery of hydrogen from refinery（hydrogen +methane）gas mixtures using hydrate technology［J］.Science China Chemistry，2008，51（2）：171-178.

[4] Huang Liu，Liang Mu，Bo Wang，et al.Separation of ethylene from refinery dry gas via forming hydrate in w/o dispersion system［J］. Separation and Purification Technology，2013，116：342-350.

[5] Huang Liu，Liang Mu，Bei Liu，et al. Experimental studies of the separation of C2 compounds from $CH_4 + C_2H_4 + C_2H_6 + N_2$ gas mixtures by an absorption-hydration hybrid method［J］. Industrial & Engineering Chemistry Research，2013，52（7）：2707-2713.

[6] 刘煌，吴雨晴，陈光进，等 . 油水乳液分离沼气实验研究［J］. 化工学报，2014，65（5）：1743-1749.

[7] Huang Liu，Jin Wang，Guangjin Chen，et al. High-efficiency separation of a CO_2/H_2 mixture via

hydrate formation in W/O emulsions in the presence of cyclopentane and TBAB［J］. International Journal of Hydrogen Energy，2014，39（15）：7910-7918.

［8］ Sugier A，Bourgmayer P，Behar E，et al.Method of transporting a hydrate forming fluid［P］.EP Patent Application，323775，1990.

［9］ Kelland M A，Svartaas T M，Ovsthus J，et al. Studies on some zwitterionic surfactant gas hydrate anti-agglomerants［J］.Chemical Engineering Science，2006，61（12）：4048-4059，4290-4298.

［10］ 陈俊. 油水分散体系气体水合物形成与分解的研究［D］.北京：中国石油大学（北京），2014.

［11］ 闫柯乐，油 - 气 - 水流动体系水合物防控机理研究［D］.北京：中国石油大学（北京），2014.

［12］ Peng B Z，Chen J，Sun C Y，et al. Flow characteristics and morphology of hydrate slurry formed from（natural gas+diesel oil/condensate oil+water）system containing anti-agglomerant［J］. Chemical Engineering Science，2012，84（24）：333-344.

［13］ 陈光进，孙长宇，马庆兰. 天然气水合物科学与技术［M］.北京：化学工业出版社，2007.

［14］ Chen G J，Guo T M. Thermodynamic modeling of hydrate formation based on new concepts［J］. Fluid Phase Equilibria，1996，122（1-2）：43-65.

［15］ Chen J，Sun C Y，Liu B，et al. Metastable boundary conditions of water-in-oil emulsions in the hydrate formation region［J］.Aiche Journal，2012，58（7）：2216-2225.

［16］ Li X S，Xu C G，Chen Z Y，et al. Synergic effect of cyclopentane and tetra-n-butyl ammonium bromide on hydrate-based carbon dioxide separation from fuel gas mixture by measurements of gas uptake and X-ray diffraction patterns［J］.International Journal of Hydrogen Energy，2012，37（1）：720-727.

［17］ Li X S，Xu C G，Chen Z Y，et al. Tetra-n-butyl ammonium bromide semi-clathrate hydrate process for post-combustion capture of carbon dioxide in the presence of dodecyl trimethyl ammonium chloride［J］. Energy，2010，35（9）：902-3908.

［18］ Kim S M，Lee J D，Lee H J，et al. Gas hydrate formation method to capture the carbon dioxide for pre-combustion process in IGCC plant［J］.International Journal of Hydrogen Energy，2011，36（1）：1115-1121.

［19］ Darbouret M，Cournil M，Herri J M. Rheological study of TBAB hydrate slurries as secondary two-phase refrigerants［J］. International Journal of Refrigeration，2005，28（5）：663-671.

［20］ Link D D，Ladner E P，Elsen H A，et al. Formation and dissociation studies for optimizing the uptake of methane hydrates［J］. Fluid Phase Equilibria，2003，211（1）：1-10.

［21］ Strobel T A，Koh C A，Sloan E D. Hydrogen storage properties of clathrate hydrate materials［J］. Fluid Phase Equilibria，2007，261（1-2）：382-389.

［22］ Shimada W，Shiro M，Kondo H，et al. Tetra-n-butylammonium bromide-water（1/38）［J］.Acta Cryst C，2005，61（2）：61-65.

［23］ Lee H J，Lee J D，Linga P，et al. Gas hydrate formation process for pre-combustion capture of carbon dioxide［J］. Energy，2010，35（6）：2729-2733.

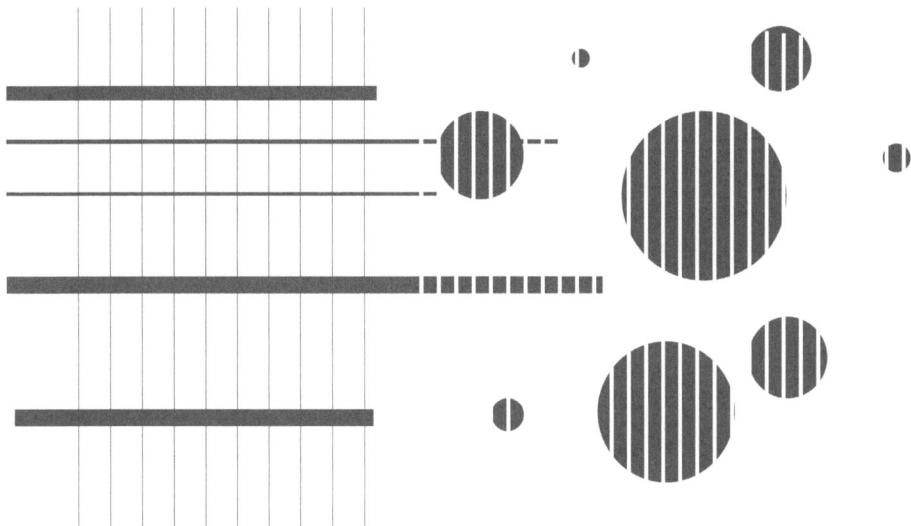

第 3 章

吸收－吸附耦合捕集 CO$_2$ 方法建立

吸收 - 水合耦合法（油 / 水乳液体系分离）捕集 CO$_2$ 过程所表现出的优秀分离性能证明了耦合分离技术的可行性和优越性。在吸收 - 水合耦合分离过程中，柴油主要起到了吸收分离和承担水合物颗粒分散载体两个作用，水合物颗粒起到的是溶解气的进一步水合分离作用。由于柴油较大的分子直径（大于水合物晶格尺寸），在整个分离过程中，水合物晶格中只有气体分子而没有柴油分子，因此浆液中分散的水合物晶粒就相当于 1 个单一气体吸附介质，柴油 - 水合物浆液体系可以被认为是一个气体吸收介质和 1 个气体吸附介质二者的混合体。以此为出发点，本章提出以下设想：能否直接选择合适的多孔介质和液体介质混合形成悬浮浆液来分离气体混合物，与水合物晶格中没有柴油分子一样，这里也确保所选液体介质不进入多孔介质孔道中（液体介质分子直径＞多孔介质窗口直径）而占据后者的气体吸附位，在此条件下，如图 3-1 所示（书后另见彩图），利用目标气体组分（如 CO$_2$）在液体介质中的溶解度更大和多孔介质对溶解气的进一步选择性吸附而达到对混合气吸收 - 吸附耦合的高效分离效果。

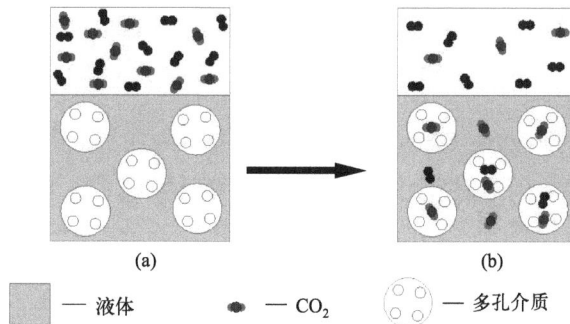

图 3-1 吸收 – 吸附耦合法（多孔介质 / 液体介质复合浆液）捕集 CO$_2$ 过程示意

虽然活性炭、分子筛等常见多孔介质均体现出了一定的 CO$_2$ 捕集性能，但大部分的多孔介质在液体介质甚至是液体蒸汽（如水蒸气）存在的条件下吸附性能会大幅减弱甚至消失，而水蒸气或液态水广泛存在于工业气体分离过程中。Qi 等[1] 研究了水 / 有机物（甲乙酮、甲基异丁基酮、甲苯）混合物在 BPL 型活性炭上的吸附情况，指出在低含水率情况下有机物与水之间在活性炭上的吸附同时存在合作与竞争关系，但高含水条件下二者之间竞争吸附现象非常明显。Russell 等[2] 发现水蒸气的存在能急剧降低气态烷烃在活性炭上的吸附，当混合气中含水率达到 50% 时，气态烷烃的吸附量降低幅度多达 40%。Brandani 等[3] 的研究表明，水分的存在能快速降低 CO$_2$ 和 C$_3$H$_8$ 在 X 型沸石上的吸附量，两种气体分子在沸石上表现出的亨利系数随含水率的增加呈指数形势递减。

与传统多孔介质一样，新型多孔介质如金属 - 有机骨架材料（MOFs）与液体介质之间的相互作用同样受到了越来越多的关注，早期报道的大部分 MOFs 材料（如 MOF-5，MOF-177 等）在有水存在条件下其多孔骨架会坍塌，即使到现在也只有有限的 MOFs 材料被报道能在水或甲苯等溶剂中稳定存在[4]。Llewellyn 等[5] 的研究结果表明 MIL-53 材料孔道结构中少量水分子（1 个晶胞中放置 2 个水分子）的存在甚至能大幅提高其对 CO_2/CH_4 混合气的分离能力，其原因是较高压力下 CO_2 能置换出 MIL-53 孔道中的水分子而被吸附，但 CH_4 不能，因此相对较高压力下水分子的存在能提高 MIL-53 的 CO_2 分离能力，但含水率更高条件下 MIL-53 对 CO_2 的捕集能力如何却没有进一步的报道。Yu 等[6] 的研究表明水分子的存在能大幅降低 CO_2 和 Mg-MOF-74 之间的相互作用力。Keskin 等[7] 认为 MOF 材料与液体介质（特别是水）以及 CO_2 三者之间相互作用的不明确是限制 MOF 材料至今没有在 CO_2 捕集领域实现工业应用的主要原因。

结合吸收 - 水合耦合分离法所表现出的气体分离性能和文献调研结果可以看出要想实现吸收 - 吸附耦合分离这一技术，应尽量确保所选液体介质分子不进入多孔介质孔道中而占据后者的气体吸附位，为此本章考察了多种不同类型多孔介质（活性炭、分子筛、石墨烯、MOFs）与液体介质（水、乙二醇、乙醇、甲苯、四氯化碳、甲醇、正辛烷等）混合浆液对混合气中 CO_2 的捕集性能，所选固体多孔介质的孔径从微孔到介孔不等。

3.1 多孔介质 / 液体介质混合浆液捕集 CO_2 性能评价

3.1.1 实验材料

本部分实验所涉及材料包括固体、液体和气体 3 种类型，相关材料的规格和来源分别列于表 3-1 ～表 3-3 中。采用表 3-3 中气体组分分别配制了一组 CO_2/N_2（M1）和一组 CO_2/CH_4（M2）混合气以用来检测多孔介质 / 液体介质混合浆液的 CO_2 捕集性能，所配混合气组成列于表 3-4 中。

表 3-1 研究用固体多孔介质规格及来源

多孔介质	规格	来源
活性炭	介孔	国药集团化学试剂北京有限公司
活性炭	介孔 + 微孔	国药集团化学试剂北京有限公司
分子筛	3A	国药集团化学试剂北京有限公司
分子筛	4A	国药集团化学试剂北京有限公司
分子筛	5A	国药集团化学试剂北京有限公司

续表

多孔介质	规格	来源
分子筛	13X	国药集团化学试剂北京有限公司
石墨烯	介孔	中国石油大学（北京）化工学院催化课题组
ZIF-8	微孔	西格玛奥德里奇（上海）贸易有限公司
ZIF-11	微孔	西格玛奥德里奇（上海）贸易有限公司
ZIF-68	微孔	西格玛奥德里奇（上海）贸易有限公司
ZIF-69	微孔	西格玛奥德里奇（上海）贸易有限公司
MIL-53	微孔	西格玛奥德里奇（上海）贸易有限公司
MIL-101	微孔	西格玛奥德里奇（上海）贸易有限公司

表 3-2　研究用液体介质

液体介质	规格	来源
蒸馏水	电导率＜ 10^{-4}S/m	实验室自制
甲醇	分析纯	国药集团化学试剂北京有限公司
乙醇	分析纯	国药集团化学试剂北京有限公司
乙二醇	分析纯	国药集团化学试剂北京有限公司
三甘醇	分析纯	国药集团化学试剂北京有限公司
甲苯	分析纯	国药集团化学试剂北京有限公司
四氯化碳	分析纯	国药集团化学试剂北京有限公司
正己烷	分析纯	国药集团化学试剂北京有限公司
环己烷	分析纯	国药集团化学试剂北京有限公司

表 3-3　研究用气体介质

气体介质	规格	来源
CO_2	＞ 99.99%	北京氦普北分气体工业有限公司
CH_4	＞ 99.99%	北京氦普北分气体工业有限公司
N_2	＞ 99.99%	北京氦普北分气体工业有限公司

表 3-4　所配混合原料气

项目	CO_2	N_2	CH_4
M1（摩尔分数）/%	22.32	—	77.68
M2（摩尔分数）/%	22.43	77.57	—

3.1.2　实验装置和实验方法

（1）实验装置

多孔介质 / 液体介质混合浆液对混合气中 CO_2 的捕集性能研究同样是在第 2 章所述的装有高压透明蓝宝石釜气体分离装置（图 2-1）中进行。

（2）实验方法

卸下蓝宝石釜，用去离子水清洗干净，擦干后加入一定量干燥至恒重的多孔介质，接着往宝石釜中加入给定量的液体介质，用铁丝将液体介质和多孔介质混合物搅匀，随后重新将蓝宝石釜固定在空气浴中的气体分离装置上。对蓝宝石釜及其所连管线系统抽真空并用原料气置换 3 次后保持真空状态。对盲釜及其所连管线系统抽真空，同样用原料气置换 3 次后补充原料气到给定压力。启动恒温空气浴并设定实验温度。待空气浴中温度达到实验温度且高压盲釜中压力稳定后，记下盲釜中压力数值（P_1）。打开盲釜和宝石釜之间的连接阀，从盲釜中排放给定量的原料气到宝石釜中后关闭连接阀。启动磁力搅拌系统促进整个分离过程的进行。待宝石釜中压力稳定 2h 以上视整个分离过程达到平衡，记下此时高压盲釜（P_2）和宝石釜（P_E）中压力数值。通过推动宝石釜下方所连手推泵在恒压条件下收取宝石釜上方分离平衡气，采用 HP7890 型色谱仪分析获得气体组成。排放宝石釜中气体，再次清洗宝石釜准备下次实验。

3.1.3 实验数据处理过程

与吸收 - 水合耦合分离过程相似，多孔介质 / 液体介质混合浆液分离 M1、M2 混合气后平衡浆液相中气体的干基组成同样采用质量衡算法求得，以分离 CO_2/N_2 混合气为例，相关计算过程如下。

① 宝石釜中初始进气摩尔数 n_0 和分离平衡后其上方剩余气相摩尔数 n_E 采用下式求得：

$$n_0 = \frac{P_1 V_0}{Z_1 RT} - \frac{P_2 V_0}{Z_2 RT} \tag{3-1}$$

$$n_E = \frac{P_E V_g}{Z_E RT} \tag{3-2}$$

式中　　V_0——高压盲釜体积；

　　　　V_g——分离平衡后宝石釜上方气相体积（宝石釜工作体积和浆液体积之差）；

Z_1、Z_2、Z_E——P_1、P_2、P_E 压力下对应混合气的气相压缩因子，采用 BWRS 状态方程计算求得；

　　　　T——实验温度；

P_1、P_2——高压盲釜中初始压力和分压给宝石釜后压力；

　　　　P_E——分离平衡后蓝宝石釜中体系压力。

② 平衡浆液相中 CO_2（x_1）和 N_2（x_2）的摩尔浓度分别为：

$$x_1 = \frac{n_0 z_1 - n_E y_1}{n_0 - n_E} \tag{3-3}$$

$$x_2 = \frac{n_0 z_2 - n_E y_2}{n_0 - n_E} \tag{3-4}$$

式中　　z_1、y_1、x_1——原料气、分离平衡气和平衡浆液相中 CO_2 的摩尔浓度；

　　　　z_2、y_2、x_2——原料气、分离平衡气和平衡浆液相中 N_2 的摩尔浓度。

③ 与文献中所报道的单独吸附分离过程相似，这里混合浆液体系捕集 CO_2 能力

用 CO₂ 相对 N₂ 的分离因子（S）来衡量：

$$S = \frac{x_1/y_1}{x_2/y_2} \tag{3-5}$$

当采用多孔介质进行吸附分离实验时数据处理过程与采用吸收 - 吸附耦合法分离过程相似。

3.1.4　实验装置和实验方法可靠性验证

为了证明吸收 - 吸附耦合分离过程所使用实验设备以及数据处理方法的可靠性，首先采用干 ZIF-8 材料对纯 CO₂ 气体进行了吸附和对 M1 混合气进行了分离研究，并与文献中所报道的实验数据进行了对比。图 3-2 对比了 303.15K 条件下本书中所得 CO₂ 在干 ZIF-8 上的吸附量（M）与文献所报道结果，图 3-3 对比了 303.15K 下本书中所用干 ZIF-8 分离 M1 混合气所得分离因子（S）与文献中报道结果。可以看出无论是对 CO₂ 的吸附还是对混合气的分离，二者结果几乎一致，说明本文中所用实验设备以及数据处理方法可靠。

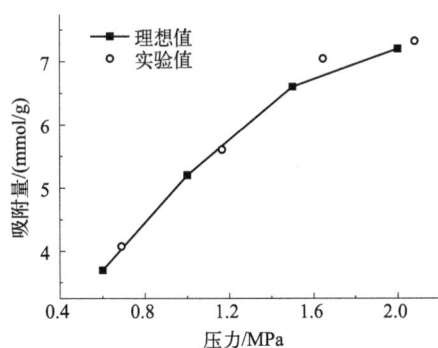

图 3-2　303.15K 条件下干 ZIF-8 上 CO₂ 吸附结果与文献数据对比

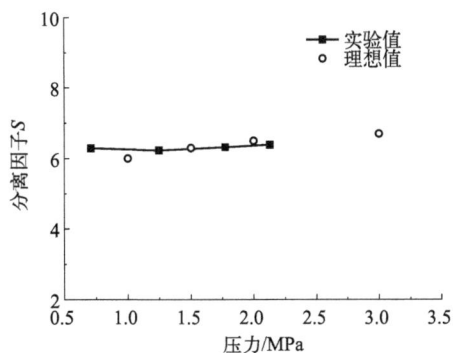

图 3-3　303.15K 下干 ZIF-8 对 M1 混合气分离结果与文献数据对比

3.1.5 ZIF-8/液体介质混合浆液捕集 CO_2

ZIF-8[6, 8][图 3-4（a），书后另见彩图]是 $ZnNO_3 \cdot 6H_2O$ 和 2- 甲基咪唑在合适的实验条件下合成的微孔材料，单个 ZIF-8 晶格的内径为 1.16nm，每个晶格通过直径为 0.34nm 的六边形窗口和直径更小的四边形窗口相连，由于四边形窗口直径远小于常见气体分子直径，因此被吸附介质要进入 ZIF-8 孔道中必须穿越由 Zn^{2+} 和 2- 甲基咪唑配体连接而成的六边形窗口［图 3-4（b），书后另见彩图］。虽然 ZIF-8 六边形窗口直径较水分子动力学直径（约 0.29nm）要大，但有机配体 2- 甲基咪唑上—CH_3 基团的存在使得 ZIF-8 具有极强的疏水特性[9]。Ortiz 等[10] 的研究同样证明水分子只有在 27MPa 推压下才能进入到 ZIF-8 孔道中。考虑到液体介质不进入到多孔介质孔道中对实现吸收 -吸附耦合分离效果非常重要，且水或水蒸气在工业气体分离过程中的普遍存在性，因此这里首先选用 ZIF-8 和水作为分离介质，对比了 293.15 K 下干 ZIF-8 和 ZIF-8/ 水混合浆液对 M1 混合气（CO_2/N_2）中 CO_2 的捕集效果，其中吸附分离过程干 ZIF-8 的质量定为 3g，ZIF-8/ 水混合浆液是由 3g ZIF-8 和 10g 水混合而成。相关实验结果列于表 3-5 中。表 3-5 中，P_0 和 P_E 分别为宝石釜中初始进气压力和分离平衡压力；y_1 和 x_1 分别为平衡气相和平衡浆液相中 CO_2 的摩尔浓度；S 为 CO_2 相对于 N_2 的分离因子。

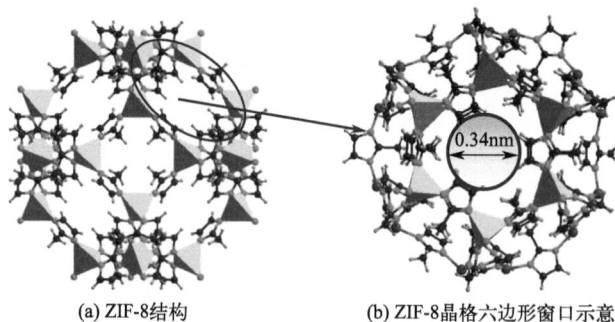

(a) ZIF-8结构　　　　　　　(b) ZIF-8晶格六边形窗口示意

图 3-4　ZIF-8 结构及其晶体六边形窗口示意

从表 3-5 可以看出，当采用 ZIF-8/ 水浆液作为分离介质时，经过单级分离后，气相中 CO_2 摩尔浓度（y_1）能从 22.32% 降到 0.62%，此时 CO_2 相对 N_2 的分离因子 S 高达 1232，是干 ZIF-8 上所表现分离因子的 154 倍，同时也高于文献中所报道的多孔介质分离能力，完全体现出了吸收 - 吸附耦合高效分离的效果。获得这种巨大分离因子的原因在后续章节中会有具体分析。

表 3-5　293.15K 下干 ZIF-8、ZIF-8/ 水浆液分离 M1 混合气实验结果对比

分离介质	P_0/MPa	P_E/MPa	y_1/%	x_1/%	S
ZIF-8	1.54	1.25	15.22	58.52	8
ZIF-8/ 水	1.78	1.32	0.62	88.51	1232

鉴于 ZIF-8/ 水浆液所表现出的极其优秀的 CO_2 捕集能力，这里接着考察了 ZIF-8 与乙醇、环戊烷、正己烷、甲苯、四氯化碳、乙二醇、丙三醇等液体介质混合所得浆液的 CO_2 捕集能力，相关实验结果列于表 3-6 中。在这部分实验中，考虑到部分所选液体介质的黏度要远大于水的黏度，因此对应混合浆液由 3g ZIF-8 和 15g 液体介质组成，即浆液中 ZIF-8 的质量分数定为 0.167。可以看出，除了 ZIF-8/ 乙二醇和 ZIF-8/ 丙三醇两种浆液外，ZIF-8 与其余所选液体介质混合所得浆液表现出的 CO_2 分离因子均不高（10 左右），虽然较干 ZIF-8 所得分离因子有稍许提高，但这都归功于液体介质良好的吸收分离能力，造成这种现象的原因是这些液体介质进入 ZIF-8 材料孔道中，使得 ZIF-8 失去了气体吸附性能所致，整个浆液体系只表现出了吸收分离的效果。而对于 ZIF-8/ 乙二醇浆液，一方面由于乙二醇分子直径（0.45nm）远大于 ZIF-8 窗口直径；另一方面乙二醇分子上双—OH 基团的存在使得乙二醇分子之间具有较强的氢键作用。因此，与水分子一样，乙二醇分子几乎没有进入到 ZIF-8 孔道中，意味着乙二醇中分散的 ZIF-8 同样保存了气体的吸附性能，因此整个浆液体系具有较高的 CO_2 分离因子。丙三醇分子结构和性质与乙二醇相似，因此采用 ZIF-8/ 丙三醇浆液所表现出的 CO_2 分离因子同样远高于在干 ZIF-8 上所得结果。

为了进一步提供对比分析，表 3-6 中同时给出了一组纯乙二醇介质分离 M1 混合气的实验结果。可以看出，相对于 ZIF-8/ 乙二醇浆液，纯乙二醇所表现出的 CO_2 分离因子要低得多。经过进一步对比可以发现 ZIF-8/ 乙二醇浆液上所表现出的 S 几乎是干 ZIF-8 和纯乙二醇所得 S 的乘积，意味着 ZIF-8/ 乙二醇浆液达到了对 CO_2 吸收 - 吸附耦合分离的效果。

表 3-6　293.15K 下乙二醇、ZIF-8/ 液体介质混合浆液分离 M1 混合气实验结果

分离介质	P_0/MPa	Φ	y_1/%	x_1/%	S
ZIF-8+ 乙醇	1.80	66	14.41	64.62	11
ZIF-8+ 环戊烷	1.79	53	12.50	60.53	11
ZIF-8+ 正己烷	1.91	53	14.37	63.86	11
ZIF-8+ 甲苯	2.29	89	16.76	75.98	16
ZIF-8+ 四氯化碳	1.76	44	9.77	58.94	13
ZIF-8+ 乙二醇	1.76	45	10.1	89.54	76
ZIF-8+ 丙三醇	1.78	45	12.65	88.89	55
纯乙二醇	1.80	54	16.39	72.12	13

需要指出的是甲苯虽然其分子直径达到了 0.65 nm，表面上看来其分子直径要远大于 ZIF-8 的窗口直径和乙二醇的分子直径，但由于 ZIF-8 窗口结构具有一定的弹性伸缩特性[11]，同时甲苯分子不能像乙二醇分子之间那样形成较强氢键作用，因此甲苯分子仍然进入 ZIF-8 孔道中，使得 ZIF-8/ 甲苯浆液没能实现吸收 - 吸附耦合分离这一技术。

鉴于 ZIF-8/ 水、ZIF-8/ 乙二醇浆液所表现出的优秀的 CO_2 捕集性能，接下来考

察了一系列常见多孔介质（MOFs、活性炭、分子筛、石墨烯）与水、乙二醇所配混合浆液对 CO_2 的捕集效果，其中多孔介质与液体介质的质量配比与前面所述的 ZIF-8/ 液体介质混合浆液一样。

3.1.6　MOFs/ 液体介质混合浆液捕集 CO_2

表 3-7 对比了 293.15K 下 4 种常见 MOFs 材料（MIL-53、MIL-101、ZIF-68、ZIF-69）的干材料和其分散在水、乙二醇中所得浆液对 M1 混合气的分离结果。这些材料具有良好的水、热稳定性[11-13]，已有的研究结果表明其在气体（CO_2，H_2 等）贮存和分离方面具有一定的应用前景。从表 3-7 可以看出，所选材料与水或乙二醇复配所得浆液表现出的分离因子 S 均远小于在 ZIF-8/ 水和 ZIF-8/ 乙二醇浆液上所得结果，并且较单独吸附分离过程也没有优势。其原因是这些 MOFs 材料的窗口直径均较 ZIF-8 窗口直径和所选液体介质分子直径要大，因此与 ZIF-8/ 乙醇等浆液体系相似，水和乙二醇分子均进入了这些材料的孔道中使得后者的气体吸附性能出现减弱甚至消失，整个浆液体系只表现出了吸收分离的效果。

表 3-7　293.15K 下干 MIL-53、MIL-101、ZIF-68 和 ZIF-69 及其与
水、乙二醇混合所形成浆液对 M1 混合气的分离结果

分离介质	P_0/MPa	P_E/MPa	y_1/%	x_1/%	S
MIL-53	1.22	1.10	18.82	43.65	3.3
MIL-53+ 水	1.20	1.08	18.33	43.27	3.4
MIL-101	1.35	1.06	9.26	39.98	6.5
MIL-101+ 水	1.24	1.10	17.38	55.80	6.0
MIL-101+ 乙二醇	1.20	1.02	17.14	52.48	5.3
ZIF-68+ 水	1.69	1.55	17.67	57.53	6.3
ZIF-69+ 水	1.70	1.57	17.86	65.32	8.7

3.1.7　活性炭 / 液体介质混合浆液捕集 CO_2

表 3-8 对比了 293.15K 下 2 种不同粒径活性炭（粒径范围分别为 50 ～ 100μm 和 0.2 ～ 0.5μm）的干材料和其分散在水、乙二醇中所得浆液对 M1、M2 混合气的分离结果。可以看出，在所选实验条件下，粒径范围为 50 ～ 100μm 的干活性炭上所表现出的 CO_2 相对于 CH_4 分离因子（S）只有 2.3，甚至小于其与水或乙二醇所配混合浆液所表现出的分离因子，这是由于单独的水或乙二醇的吸收分离能力大于前者的缘故。虽然浆液体系较干材料表现出了更大的 CO_2 分离因子，但前者所得的 S 仍然很低，经过单级分离后，气相中 CO_2 浓度只降低了约 6 个百分点，大部分的 CO_2 仍然残留在气相中。而当采用粒径为 0.2 ～ 0.5μm 的活性炭作为分离介质时，

浆液所得分离因子 S 较单独的吸附分离过程要低。可以看出两种混合浆液均没有体现出吸收 - 吸附耦合分离的效果。

表 3-8　2 种不同粒径活性炭及其与水、乙二醇混合浆液对 M1、M2 混合气分离实验结果

分离介质	P_0/MPa	P_E/MPa	y_1/%	x_1/%	S
分离 M1 混合气					
活性炭 #1[①]	1.31	1.11	19.02	34.94	2.3
活性炭 #1+ 水	1.13	1.01	17.96	50.30	4.6
活性炭 #1+ 乙二醇	1.16	1.01	16.38	55.12	6.3
分离 M2 混合气					
活性炭 #2[②]	1.88	1.68	14.32	85.72	36
活性炭 #2+ 水	1.21	1.01	14.03	78.97	23
活性炭 #2+ 乙二醇	1.72	1.43	10.36	76.52	28

① 活性炭 #1 粒径为 50 ～ 100μm。
② 活性炭 #2 粒径为 0.1 ～ 0.5μm。

3.1.8　分子筛 / 液体介质混合浆液捕集 CO_2

表 3-9 对比了 293.15 K 下 4 种常见分子筛（3A，4A，5A，13X）的干材料和其分散在水、乙二醇中所得浆液对 M2 混合气的分离效果。3A 分子筛由于孔径太小（约 0.3nm），CO_2 和 CH_4 分子均很难进入其孔道中，因此单独的干材料和混合浆液所表现出的分离能力均不理想（y_1 很高，S 很小）。对于 4A、5A 和 13X 分子筛，可以看出采用混合浆液所得分离因子（S）均远小于单独的吸附分离过程所得分离因子，这同样是由于液体介质进入材料孔道中占据了后者的气体吸附位所致。这部分所得实验结果表明传统分子筛和液体介质混合浆液同样不能实现吸收 - 吸附耦合分离这一分离技术。

表 3-9　3A、4A、5A 和 13X 分子筛及其与水、乙二醇混合浆液对 M2 混合气分离实验结果

分离介质	P_0/MPa	P_E/MPa	x_1/%	x_1/%	S
3A 分子筛	0.89	0.80	18.67	55.51	5.4
3A 分子筛 + 水	1.66	1.52	17.11	63.89	8.6
3A 分子筛 + 乙二醇	1.15	1.01	18.33	49.40	4.3
4A 分子筛	0.81	0.61	8.91	91.09	18
4A 分子筛 + 水	1.73	1.57	17.40	61.56	7.6
4A 分子筛 + 乙二醇	1.16	1.02	18.61	46.23	3.8
5A 分子筛	1.78	1.51	12.88	77.40	23
5A 分子筛 + 水	1.66	1.46	13.53	80.34	26
5A 分子筛 + 乙二醇	1.67	1.54	19.23	45.92	3.6
13X	1.75	1.30	3.57	71.31	67
13X+ 水	1.66	1.54	19.97	47.97	3.7
13X+ 乙二醇	2.11	1.89	20.03	40.72	2.7

3.1.9 石墨烯／液体介质混合浆液捕集 CO_2

与活性炭和分子筛相比,石墨烯由于其极高的比表面积在电池材料制作和气体贮存等方面受到了越来越多的关注。Ning 等[14] 所报道的石墨烯（NMG）在 3.1 MPa 下对 CO_2 的储气量能达到 240v/v。本部分工作研究了 Ning 等合成的石墨烯的干材料和其与水复配所得的石墨烯／水浆液对 M2 混合气的分离效果。从表 3-10 可以看出,与 4A 和 5A 分子筛一样,同样由于水分子浸入到了材料孔道（直径约为 1nm）中占据了其气体吸附位,所配石墨烯／水混合浆液所得分离因子远小于单独吸附分离过程所得分离因子,同样没能达到吸收 - 吸附耦合分离的效果。

表 3-10　石墨烯及其与水混合浆液对 M2 混合气分离实验结果

分离介质	P_0/MPa	P_E/MPa	y_1/%	x_1/%	S
石墨烯	1.75	1.67	14.64	71.91	15
石墨烯 + 水	1.65	1.58	18.00	56.52	5.9

综合以上实验结果可以看出,多孔介质／液体介质混合浆液要想实现吸收 - 吸附耦合分离这一分离技术,多孔介质的孔道窗口直径大小具有至关重要的作用。 从目前所得的结果来看,合适的孔道窗口直径为 0.34 nm 左右。孔道窗口直径太小,气体分子和液体分子均很难进入多孔介质中而无法表现出吸附分离性能；孔道窗口直径太大,则液体分子很容易进入到多孔介质孔道中占据后者的吸附位,使得多孔介质失去气体吸附活性。同时,多孔介质和液体介质本身的性质（如前者的疏水性和后者的氢键作用等）同样起到了不容忽视的作用,这有待更进一步的研究。

3.2 多孔介质／液体介质混合浆液悬浮稳定性研究

随着合成方法的改进和合成理念的不断创新,越来越多的高性能 CO_2 捕集多孔介质已见诸报道,但吸收法（主要是化学吸收）仍是目前工业上使用最普遍的碳捕集技术。分析其原因主要有两个方面:一是单级吸收分离过程的 CO_2 捕集效率和捕集量远远高于吸附分离过程,前者同时不受气体中杂质如水蒸气等的影响；二是尽管吸收分离过程液体介质所需再生能耗非常高（CO_2 吸收热约为 100kJ/mol,再生温度为 100℃左右）,但由于分离介质具有良好的流动特性,分离过程中高温再生的吸收剂与吸收塔底部排出的富集了 CO_2 的吸收剂可经过换热器实现热量的交换与再利用,这样可使得整个分离过程的能耗大幅度降低,经过热量交换的再生吸收剂可重新输入吸收分离装置实现一个气体的连续分离过程。而对于吸附分离过程,虽然 CO_2 的吸附热（< 40kJ/mol）相对化学吸收热要低得多,但富集了 CO_2 的吸附剂一般需要在低压和较高温度条件下实现再生,回收的吸附剂需要冷却到操作温度才能

再次利用，由于吸附剂的不可流动性，再生能耗无法实现重复利用。同时由于吸附剂的不可流动性，如要实现气体的连续分离必须让多个吸附分离装置并联切换操作，这样与吸收分离相比前者所需的设备成本和操作成本均要大得多。

除了追求高效的气体分离能力（如高的 CO_2 分离因子）外，笔者等提出吸收 - 吸附耦合分离技术的另一个目的正是希望有效地整合吸收分离和吸附分离技术的优势（吸收分离过程可以实现气体连续分离操作，吸附分离过程分离介质再生能耗低），实现对混合气连续、高效、低能耗的分离效果。这就意味着浆液体系具有良好的流动性显得非常重要。笔者所在课题组申请的专利 CN201110284360.5[15] 中已对该项技术的应用进行了详细的说明：在采用多孔介质 / 液体介质混合浆液进行气体分离时，希望利用浆液体系良好的流动特性在吸收塔中实现一个气体的连续分离过程（图 3-5）。如图 3-5 所示，以捕集 CO_2 过程为例，待分离含 CO_2 混合气在吸收塔中与多孔介质 / 液体介质混合浆液逆向接触而实现对 CO_2 的多级选择性捕集，富集了混合气的悬浮浆液从吸收塔底部流出进入解吸釜，含高浓度 CO_2 解吸气从解吸釜顶部获得，解吸回收的混合浆液通过泵输装置再次进入吸收塔而实现一个气体的连续分离过程。其间分离浆液和解吸浆液通过换热装置实现热量整合，以提高整个分离过程的能量利用率。与单独的吸附分离过程需要多个吸附分离塔并联操作相比，采用浆液体系作为分离介质时只要一个分离塔和一个浆液再生塔串联操作，设备成本会大幅降低。

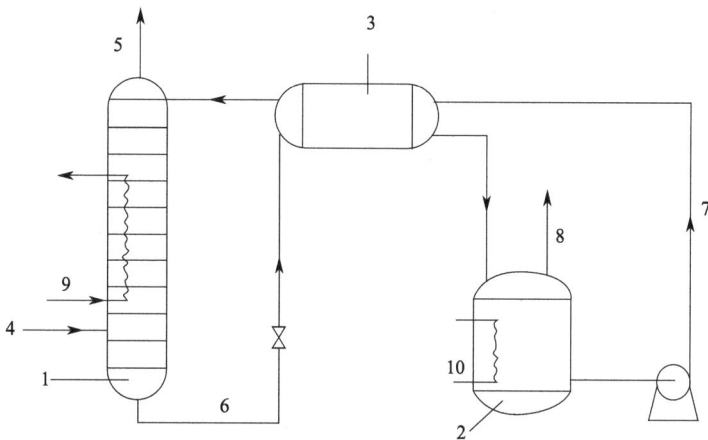

图 3-5　吸收－吸附耦合法捕集 CO₂ 过程工艺流程

1—吸收塔；2—解吸塔；3—热交换器；4—原料气；5—CO₂ 净化后的混合气体；
6—多孔介质 / 液体浆料；7—回收的浆料；8—富二氧化碳混合气体；9，10—温度控制系统

要实现一个气体的连续分离过程，吸附介质 / 液体介质混合浆液能否混合均匀且保持良好的稳定性和流动性是一个非常关键的因素，固体吸附介质在液体介质中分散均匀且稳定性良好才能确保在整个气体连续分离过程中浆液体系不会因出现明显分层甚至沉积现象而堵塞传输管线。因此接下来对 3.2 部分所检测多孔介质 / 液体介质混合浆液的稳定性进行了进一步研究。

3.2.1　实验设备

这部分实验所用实验设备包括真空干燥箱、可控温磁力搅拌系统和单反相机。相关设备型号及来源列于表 3-11 中。

表 3-11　实验设备型号及来源

设备名称	型号	生产厂商
真空干燥箱	ZK-8213	上海实验仪器总厂
可控温磁力搅拌系统	DF Ⅱ	江苏省金坛区荣华仪器制造有限公司
单反相机	Canon EOS 5DS	日本佳能

3.2.2　实验方法

先将多孔介质在 353.15K、真空条件下烘 5h。称取一定质量烘干后的多孔介质放入透明烧杯（100mL）中，随后称取一定质量的液体介质（水、乙二醇等）加入同一烧杯中，最后往烧杯中放入磁力搅拌子，将烧杯放于磁力搅拌系统上，开启磁力搅拌机。待整个浆液体系搅拌均匀，迅速将其从磁力搅拌机上拿出静置于平整实验台上，从侧面拍下浆液体系状态，随后根据浆液的分散状况陆续拍下浆液体系随时间的变化情况。

3.2.3　ZIF-8/ 水、ZIF-8/ 乙二醇和 ZIF-8/ 乙醇浆液稳定性

图 3-6（书后另见彩图）、图 3-7（书后另见彩图）和图 3-8（书后另见彩图）分别为 ZIF-8 分散在水、乙二醇和乙醇中浆液状态随时间变化情况，ZIF-8 在浆液中的质量分数均定为 0.1。

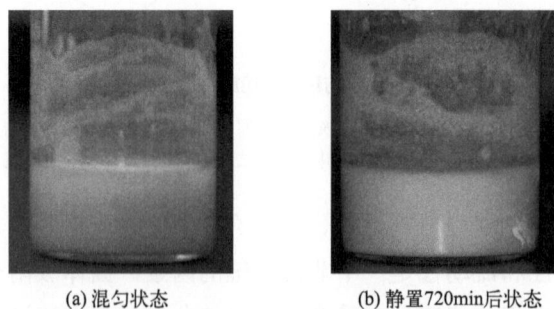

(a) 混匀状态　　　(b) 静置720min后状态

图 3-6　ZIF-8/ 水浆液状态随时间变化情况

(a) 混匀状态

(b) 静置240min后状态

(c) 静置480min后状态

(d) 静置720min后状态

图 3-7　ZIF-8/ 乙二醇混合浆液状态随时间变化情况

(a) 混匀状态

(b) 静置1min后状态

(c) 静置5min后状态

(d) 静置20min后状态

图 3-8　ZIF-8/ 乙醇混合浆液状态随时间变化情况

从图 3-6 可以看出，ZIF-8/ 水浆液分散均匀，即使静置 720min 后，整个浆液体系没有任何分层现象。这得益于 ZIF-8 本身的分子结构和疏水特性，如前所述，ZIF-8 晶格之间是通过直径为 0.34nm 的六边形和更小的四边形窗口相连，被吸附介质要想进入 ZIF-8 孔道中至少必须能穿越其六边形窗口，得益于 ZIF-8 极强的疏水特性，再加上水分子之间本身的氢键作用，水分子没能进入到 ZIF-8 孔道中。由于 ZIF-8 的骨架密度只有 $0.924g/cm^3$ [16]，小于水的密度（$1.0g/cm^3$），使得 ZIF-8 能永久悬浮在水溶液中而不出现分层现象。这也意味着水中分散 ZIF-8 几乎保存了全部的气体吸附性能，印证了表 3-5 中所列的浆液分离能力强于单独的吸附分离能力的结果。

对于 ZIF-8/ 乙二醇浆液（图 3-7），可以看出经过 480min 后浆液体系出现分层迹象，经过 720min 后浆液上部出现较清晰分层。虽然相对于 ZIF-8/ 水浆液体系，ZIF-8/ 乙二醇浆液长时间静置后仍然出现了分层现象，但这里我认为乙二醇没有或只有微量的乙二醇分子进入了 ZIF-8 孔道中。具体原因是乙二醇分子直径（约 0.45nm）远大于 ZIF-8 窗口直径（约 0.34nm），同时乙二醇分子两端—OH 的存在使得分子之间具有一定的氢键作用，此时即使乙二醇分子具有直线性，其同样难以进入 ZIF-8 孔道中，这就意味着乙二醇中分散的 ZIF-8 保留了大部分的气体吸附性能，这种解释与表 3-6 中所列的浆液体系优秀的 CO₂ 分离能力相符合。虽然乙二醇分子没有进入到 ZIF-8 孔道中，但与水分子不同，乙二醇分子上的—CH₂—基团的存在使得其与 ZIF-8 结构上的 2- 甲基咪唑配体具有比较强的相互作用，这从浆液的均匀分散状态可以看出（与 ZIF-8 在水中分散不同，ZIF-8 均匀分散在乙二醇中，ZIF-8 在烧杯壁面没有粘壁现象）。得益于乙二醇和 2- 甲基咪唑配体之间的相互作用，乙二醇会在 ZIF-8 表面发生吸附聚集现象，由于乙二醇分子的聚集，使得 ZIF-8 表面乙二醇聚集相的密度会大于主体相中纯乙二醇液相密度，此时即使 ZIF-8 骨架密度小于乙二醇密度（$1.113g/cm^3$），包裹了乙二醇的 ZIF-8 密度可能会与主体相乙二醇密度相当或更大，使得最后 ZIF-8/ 乙二醇浆液出现少许分层现象（乙二醇在 ZIF-8 表面聚集特征将会在后续章节中给予证明）。

由于 ZIF-8 在所配 ZIF-8/ 乙二醇浆液中的质量分数只有 0.1，因此即使出现了图 3-7（d）所示的分层现象，下边沉积层仍占据了整个浆液体积的近 3/4，这同样暗示此时浆液中 ZIF-8 仍处于悬浮状态。为了给这样假设提供论证，我接着测定了与 ZIF-8/ 乙二醇浆液含相同质量分数 ZIF-8 的 ZIF-8/ 乙醇混合体系状态（图 3-8）。可以看出静置 1min 后 ZIF-8/ 乙醇浆液就开始出现明显分层现象，20min 后 ZIF-8 在浆液底部显著沉积，上层清液透明度很高，此时沉积层体积只有整个浆液相体积的 1/3 左右（远小于对应的 ZIF-8/ 乙二醇浆液）。这是由于与乙二醇不同，乙醇分子直径要小得多，同时乙醇分子之间氢键作用也相对要弱（—OH 数少），因此乙醇分子很容易进入到 ZIF-8 孔道中，这与表 3-5 和表 3-6 中所列 ZIF-8/ 乙醇混合浆液的 CO₂

捕集能力远弱于 ZIF-8/ 水和 ZIF-8/ 乙二醇浆液相一致。同时也反过来印证了 ZIF-8/ 乙二醇浆液中 ZIF-8 处于悬浮状态这一事实。

3.2.4　其他类型多孔介质 / 液体介质混合浆液稳定性

相对于 ZIF-8/ 水和 ZIF-8/ 乙二醇浆液，3.2 部分所述其余多孔介质和水、乙二醇所形成混合浆液均静置一小段时间后就出现了明显分层现象。这里以粒径为 50 ~ 100μm 的活性炭分散在水、乙二醇中所得浆液分布状态随时间变化为例做一个具体说明。图 3-9（书后另见彩图）和图 3-10（书后另见彩图）分别展示了所选活性炭与水、乙二醇混合所形成浆液状态随时间变化情况。对于活性炭 / 水混合浆液（图 3-9）可以看出整个浆液体系稳定性很差，经过不到 10min 活性炭与水就明显分层。与前面所述一致，这是由于对应活性炭为介孔材料，材料孔道直径远大于水分子直径，当其分散在水中时，水分子很容易进入到活性炭孔道中，由于活性炭骨架密度（约 2.1g/cm³）远大于水的密度，因此填充了水的活性炭很容易在水中出现下沉，使得整个浆液相快速分层。而对于活性炭 / 乙二醇浆液（图 3-10），相比于水，乙二醇分子直径（约 4.5Å，1Å=10⁻¹⁰m）要大得多，使得其在活性炭孔道中传质速率要慢，同时乙二醇介质的黏度远远大于水的黏度，这进一步减慢了液体中活性炭的沉降速度，因此所选活性炭 / 乙二醇浆液分层速度远远低于活性炭 / 水浆液体系，直至静置 50min 后前者才有明显分层现象。虽然对应活性炭 / 乙二醇浆液分层较慢，但乙二醇的进入同样还是占据了活性炭孔道中的气体吸附位，浆液体系表现出了很差的 CO₂ 捕集性能（表 3-8），不能实现对 CO₂ 的吸收 - 吸附耦合分离效果。与此同时浆液的易分层性也不利于其在图 3-5 所示的气体连续分离工艺流程中的应用。

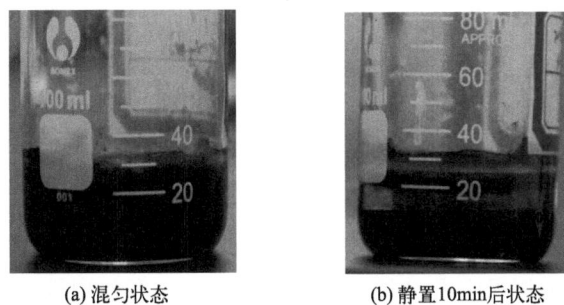

(a) 混匀状态　　　　　　　　　(b) 静置10min后状态

图 3-9　活性炭（粒径 50 ~ 100μm）/水混合浆液状态随时间变化情况

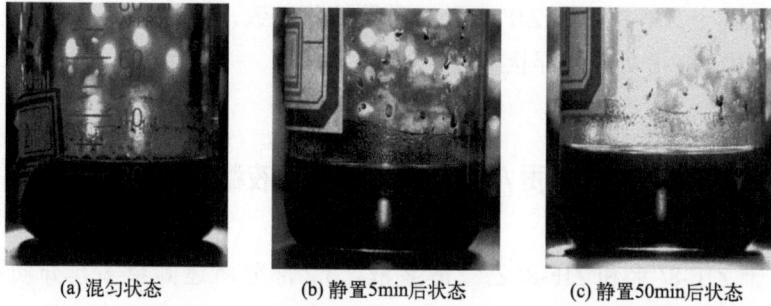

(a) 混匀状态　　　　　　(b) 静置5min后状态　　　　　(c) 静置50min后状态

图 3-10　活性炭（粒径 50 ～ 100μm）/乙二醇浆液状态随时间变化情况

　　表 3-12 对 3.2 部分所述多孔介质／液体介质混合浆液的稳定性情况进行了汇总，可以看出由于乙二醇分子直径较水分子直径要大，同时乙二醇的黏度要远大于液体水，因此多孔介质／水浆液的分层时间要远小于多孔介质／乙二醇浆液的分层时间。其中纳米级活性炭（粒径 0.1 ～ 0.5μm）／乙二醇混合浆液经过近 400min 才出现明显分层，说明多孔介质的颗粒度相对越小越有利于浆液的稳定性。

表 3-12　活性炭、分子筛、MIL-53 和 MIL-101 与水、乙二醇混合所得浆液稳定性汇总

混合浆液	分层时间 /min
活性炭（粒径 50 ～ 100μm）+ 水	10
活性炭（粒径 0.1 ～ 0.5μm）+ 水	30
3A 分子筛 + 水	4
4A 分子筛 + 水	2
5A 分子筛 + 水	4
13X+ 水	4
MIL-53+ 水	10
MIL-101+ 水	5
活性炭（粒径 50 ～ 100μm）+乙二醇	30
活性炭（粒径 0.1 ～ 0.5μm）+ 乙二醇	400
3A 分子筛 + 乙二醇	20
4A 分子筛 + 乙二醇	70
5A 分子筛 + 乙二醇	70
13X+ 乙二醇	60

　　综合这部分实验结果可以看出多孔介质／液体介质混合浆液的稳定性是由多孔介质本身性质（孔径大小、疏水特性强弱等）、液体介质本身性质（分子大小、分子之间作用力强弱）以及多孔介质和液体介质之间相互作用等共同作用的结果。所选 ZIF-8/ 水、ZIF-8/ 乙二醇浆液所表现出的优秀稳定性意味着这两种类型浆液可以在循环管路中实现连续的气体分离过程。

参考文献

［1］ Qi N，LeVan M D. Coadsorption of organic compounds and water vapor on BPL activated carbon. 5. Methyl ethyl ketone，methyl isobutyl ketone，toluene，and modeling［J］.Industrial & Engineering Chemistry Research，2005，44（10）：3733-3741.

［2］ Russell B P，LeVan M D. Coadsorption of organic compounds and water vapor on BPL activated carbon. 3. Ethane，propane，and mixing rules［J］.Industrial & Engineering Chemistry Research，1997，36（6）：2380-2389.

［3］ Brandani F，Ruthven D M. The effect of water on the adsorption of CO₂ and C₃H₈ on type X zeolites［J］.Industrial & Engineering Chemistry Research，2004，43（26）：8339-8344.

［4］ Küsgens P，Rose M，Senkovska I，et al. Characterization of metal-organic frameworks by water adsorption［J］. Microporous Mesoporous，Materials，2009，120（3）：325-330.

［5］ Llewellyn P L，Bourrelly S，Serre C，et al. How hydration drastically improves adsorption selectivity for CO₂ over CH₄ in the flexible chromium terephthalate MIL-53［J］. Angewandte Chemie International Edition，2006，118（46）：7915-7918.

［6］ Cravillon J，Münzer S，Lohmeier S J，et al. Rapid room-temperatures synthesis and characterization of nanocrystals of a prototypical zeolitic imidazolate framework［J］. Chemistry of Materials，2009，21（8）：1410-1412.

［7］ Keskin S，Heest T M van，Sholl D S. Can metal-organic framework material play a useful role in large-scale carbon dioxide separations?［J］ChemSusChem，2010，3（8）：879-891.

［8］ Pan Y，Liu Y，Zeng G，et al. Rapid synthesis of zeolitic imidazolate framework-8（ZIF-8）nanocrystals in an aqueous system［J］. Chemical Communications，2011，47（7）：071-2073.

［9］ Zhang K，Lively R P，Zhang C，et al. Exploring the framework hydrophobicity and flexibility of ZIF-8：from biofuel recovery to hydrocarbon separations［J］.Journal of Physical Chemistry Letters，2013，4（21）：3618-3622.

［10］ Ortiz G，Nouali H，Marichal C，et al. Energetic performances of the metal-organic framework ZIF-8 obtanied using high pressure water intrusion-extrusion experiments［J］.Physical Chemistry Chemical Physics，2013，15（14）：4888-4891.

［11］ Liu B，Smit B. Molecular simulation studies of separation of CO₂/N₂，CO₂/CH₄，and CH₄/N₂ by ZIFs［J］. Journal of Physical Chemistry C，2010，114（18）：8515-8522.

［12］ Cychosz K A，Matzger A J. Water stability of microporous coordination polymers and the adsorption of pharmaceuticals from water［J］. Langmuir，2010，26（22）：17198-17202.

［13］ Latroche M，Surblé S，Serre C，et al. Hydrogen storage in the giant-pore metal-organic frameworks MIL-100 and MIL-101［J］.Angewandte Chemie International Edition，2006，45（48）：8227-8231.

［14］Ning G，Xu C，Mu L，et al. High capacity gas storage in corrugated porous grapheme with a specific surface area-lossless tightly stacking manner ［J］.Chemical Communications，2012，48（54）：6815-6817.

［15］刘蓓，陈光进，穆亮，等 . 一种含 CO_2 混合气的分离方法 ［P］. 中国专利，CN 102389686 B，2014.

［16］Battisti A，Taioli S，Garberoglio G. Zeolitic imidazolate frameworks for separation of binary mixtures of CO_2，CH_4，N_2 and H_2: A computer simulation investigation ［J］. Microporous Mesoporous Materials，2011，143（1）：46-53.

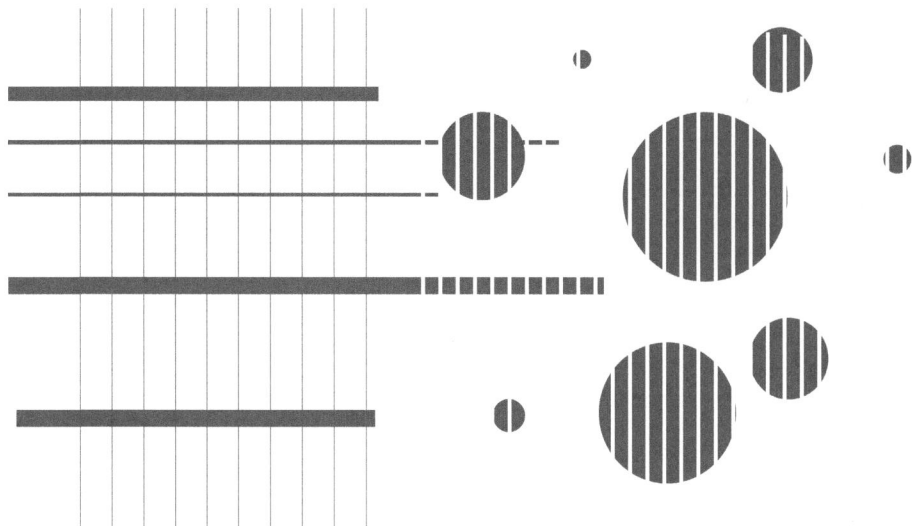

第 4 章

ZIF-8/ 液体介质复合浆液捕集 CO$_2$ 效果评价

鉴于 ZIF-8/ 水和 ZIF-8/ 乙二醇浆液所表现出的极高的 CO_2 分离因子和浆液体系优秀的稳定性，为了更全面了解两种浆液体系对 CO_2 的捕集性能，本章系统研究了其对 CO_2/N_2、CO_2/CH_4 和 CO_2/H_2 三种不同类型混合气的分离效果，综合考察了实验温度、压力、浆液中固体介质含量等因素对体系分离能力的影响，并对浆液的回收条件和再生性能等进行了深入研究以探究浆液体系的可重复利用性能。在相平衡分离实验的基础上采用 X 射线衍射（XRD）、傅里叶红外吸收光谱（FT-IR）、扫描电子显微镜（SEM）等表征技术对原材料和回收 ZIF-8 材料进行了结构表征，以确定耦合分离过程对 ZIF-8 结构是否产生影响。为了进一步提高浆液体系捕集 CO_2 的能力，评价出了 ZIF-8/ 乙二醇浆液中合适的 CO_2 溶解促进剂——2- 甲基咪唑。在所得实验结果基础上提出了吸收 - 吸附耦合分离过程分离机理。最后在一小型吸收塔中进行了 CO_2/N_2、CO_2/CH_4 混合气在 ZIF-8/ 乙二醇 -2- 甲基咪唑浆液中的穿透分离实验，初步模拟实际工业过程吸收塔中浆液体系对 CO_2 的捕集情况。

4.1　相平衡分离实验

4.1.1　实验材料

本章所用大部分实验材料如 ZIF-8、蒸馏水、乙二醇和单组分气体（CO_2、N_2、CH_4、H_2）的规格和来源在第 2 章的表 2-1 和第 3 章的表 3-1、表 3-3 中已有具体介绍。首次使用的实验材料 2- 甲基咪唑（分析纯）购于西格玛奥德里奇（上海）贸易有限公司。选取所购单组分原料气自行配制了多组 CO_2/N_2、CO_2/CH_4 和 CO_2/H_2 混合气以用来检测 ZIF-8 浆液的 CO_2 捕集性能。

4.1.2　实验装置和实验方法

4.1.2.1　实验装置

（1）吸收 - 吸附耦合分离实验

本部分吸收 - 吸附耦合分离实验在第 2 章中 2.2 部分所示的含有高压透明蓝宝石釜的气体分离装置（图 2-1）中进行。

（2）X 射线衍射（XRD）分析

材料 XRD 分析在日本岛津公司生产的 XRD-6000 型衍射仪上进行。实验条件为：Cu K@ 辐射，管压和管电流分别为 40kV 和 30mA，扫描角度 5°～ 90°，扫描速率为 2°/min。

（3）傅里叶红外吸收光谱（FT-IR）分析

材料 FT-IR 分析在美国 Digilab 公司生产的 FTS-3000 型傅里叶红外光谱仪上进行，样品的扫描范围为 400 ～ 6000cm^{-1}，分辨率为 4cm^{-1}。

（4）扫描电子显微镜（SEM）分析

材料 SEM 分析在美国 FEI 公司生产的 FEI Quanta 200F 型仪器上进行。相关技术指标：加速电压为 5kV；分辨率为 1.2nm；放大倍率为 25000 ～ 200000。其上配备的 X 射线能量损失谱（EDX）可以同时实现对固体介质组成成分的分析。

4.1.2.2　实验方法

ZIF-8/ 液体介质悬浮浆液捕集 CO$_2$ 过程实验方法与 3.2.2 部分所述一样。

4.1.2.3　实验数据处理过程

ZIF-8/ 液体介质悬浮浆液捕集 CO$_2$ 过程平衡浆液相中气体的干基组成同样采用质量衡算法求得，计算过程与 3.2.3 部分所述基本一样，唯一不同的是本章在表征吸收 - 吸附耦合法捕集 CO$_2$ 的能力时同时采用 CO$_2$ 相对 N$_2$(CH$_4$ 或 H$_2$)的分离因子（S）和 CO$_2$ 在浆液中的溶解度系数 $[S_c$，mol/(L·MPa)$]$ 来衡量：

$$S = \frac{x_1/y_1}{x_2/y_2} \tag{4-1}$$

$$S_c = \frac{n_1}{V_L \times P_E \times y_1} \tag{4-2}$$

式中　x_1、y_1——平衡浆液相和平衡气相中 CO$_2$ 的摩尔组成；

$\quad\quad$ x_2、y_2——平衡浆液相和平衡气相中 N$_2$（CH$_4$ 或 H$_2$）的摩尔组成；

$\quad\quad$ n_1——浆液相对 CO$_2$ 的吸收量；

$\quad\quad$ V_L——浆液相体积；

$\quad\quad$ P_E——分离平衡压力。

当采用干 ZIF-8 进行单独的吸附分离实验时，CO$_2$ 相对于其余组分（N$_2$、CH$_4$ 或 H$_2$）的分离因子（S'）采用式（4-3）计算得到：

$$S' = \frac{x_1'/y_1}{x_2'/y_2} \tag{4-3}$$

式中　x_1'、x_2'——CO$_2$ 和 N$_2$（CH$_4$ 或 H$_2$）在吸附相（ZIF-8）上的摩尔组成。

气 - 固体积比率采用式（4-4）计算得到：

$$\Phi' = \frac{22400 \times n_t}{V_s'} \tag{4-4}$$

式中　V_s'——ZIF-8 的骨架体积；

　　　n_t——被始注入蓝宝石釜中的气体摩尔数。

4.1.3　干 ZIF-8 捕集 CO_2

为了给 ZIF-8/ 水和 ZIF-8/ 乙二醇浆液的 CO_2 捕集性能提供对比分析，首先采用干 ZIF-8 材料对 CO_2/N_2（22.86%/77.14%，摩尔分数）、CO_2/CH_4（23.42%/76.58%，摩尔分数）和 CO_2/H_2（23.86%/76.14%，摩尔分数）三组混合气进行了吸附分离研究。相关结果列于表 4-1 ～表 4-3 中。其中 Φ' 为初始气 - 固体积比率，P_0 为宝石釜中初始进气压力，P_E 为分离平衡后体系压力，y_1 和 x_1 分别为平衡气相和吸附相中 CO_2 摩尔组成，S' 为 CO_2 相对于 N_2、CH_4 或 H_2 的分离因子。

表 4-1 为 293.15K、不同初始压力（P_0）条件下干 ZIF-8 对 CO_2/N_2（22.31%/77.69%，摩尔分数）混合气的分离结果。可以看出低压下 CO_2 相对 N_2 的分离因子 S' 大于 10，随着分离压力的增加，S' 逐渐减小最后稳定在 7.5 左右。对于 CO_2/CH_4（23.42%/76.58%，摩尔分数）和 CO_2/H_2（23.86%/76.14%，摩尔分数）混合气的分离（分别见表 4-2 和表 4-3），最后 CO_2 相对于 CH_4、H_2 的分离因子分别稳定在 3 和 20 左右。从干 ZIF-8 上表现出的吸附分离结果来看，CO_2、CH_4 和 H_2 在 ZIF-8 上的吸附能力排序为：$CO_2 > CH_4 > H_2$。

表 4-1　293.15K、不同初始压力（P_0）条件下干 ZIF-8 分离 CO_2/N_2（22.31%/77.69%，摩尔分数）混合气实验结果

Φ'	P_0/MPa	P_E/MPa	y_1/%	x_1/%	S'
137	0.80	0.68	15.18	66.21	11
206	1.20	0.98	14.67	58.52	8.2
272	1.54	1.25	15.22	58.52	7.9
361	2.09	1.71	15.27	56.63	7.2
423	2.45	2.01	15.40	57.18	7.3
542	3.11	2.59	15.60	58.06	7.5

表 4-2　293.15K、不同初始压力（P_0）条件下干 ZIF-8 分离 CO_2/CH_4（23.42%/76.58%，摩尔分数）混合气实验结果

Φ'	P_0/MPa	P_E/MPa	y_1/%	x_1/%	S'
157	0.92	0.62	17.42	36.58	2.7
230	1.34	0.95	17.29	38.80	3.0
323	1.84	1.35	17.60	39.49	3.0
419	2.35	1.78	17.62	40.98	3.2

续表

Φ'	P_0/MPa	P_E/MPa	y_1/%	x_1/%	S'
520	2.87	2.22	18.02	41.11	3.2
588	3.21	2.54	18.12	42.33	3.3

表 4-3　293.15K、不同初始压力（P_0）条件下干 ZIF-8 分离 CO_2/H_2（23.86%/76.14%，摩尔分数）混合气实验结果

Φ'	P_0/MPa	P_E/MPa	y_1/%	x_1/%	S'
123	0.73	0.63	14.39	86.43	37
190	1.12	0.96	14.36	81.55	26
297	1.81	1.48	14.50	75.08	18
352	2.12	1.76	14.45	76.77	19
435	2.60	2.19	14.60	77.81	20
525	3.17	2.65	14.72	76.64	19

4.1.4　ZIF-8/ 水浆液捕集 CO_2 [1]

这部分考察了 ZIF-8/ 水浆液对 CO_2/N_2（22.31%/77.69%，摩尔分数）和 CO_2/CH_4（23.42%/76.58%，摩尔分数）两组混合气的分离效果，相关实验结果列于表 4-4、表 4-5 和示于图 4-1～图 4-4 中。考查了压力和浆液中 ZIF-8 含量对浆液体系分离能力的影响。

表 4-4　293.15K、不同进气初压下 ZIF-8/水浆液分离 CO_2/N_2（22.31%/77.69%，摩尔分数）混合气实验结果

P_0/MPa	P_E/MPa	Φ	y_1/%	x_1/%	S	S_c/mol/(L·MPa)
0.70	0.53	25	0.35	91.75	3174	135
1.23	0.92	45	0.44	85.61	1356	109
1.76	1.32	64	0.57	84.88	977	83.7
2.25	1.71	82	1.23	86.56	518	37.6
2.88	2.23	106	1.82	88.24	404	24.4
3.33	2.62	123	2.93	89.35	278	14.3
5.26	4.49	197	8.98	91.53	110	3.22

表 4-5　293.15K、不同 ZIF-8 含量（m_F）下 ZIF-8/水浆液分离 CO_2/CH_4（23.42%/76.58%，摩尔分数）混合气实验结果

m_F	P_0/MPa	P_E/MPa	Φ	y_1/%	x_1/%	S	S_c/mol/(L·MPa)
0.09	1.86	1.54	81	9.24	91.37	104	3.58
0.13	1.85	1.50	75	7.70	90.94	120	4.71
0.17	1.84	1.39	73	2.14	87.04	307	22.9
0.20	1.83	1.37	71	1.53	86.81	425	32.8
0.23	1.86	1.40	70	0.96	86.42	654	52.9

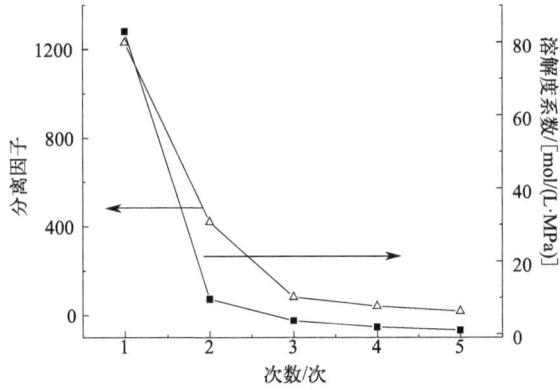

图 4-1　ZIF-8/ 水浆液重复利用分离 CO₂/N₂（22.31%/77.69%，摩尔分数）混合气实验结果

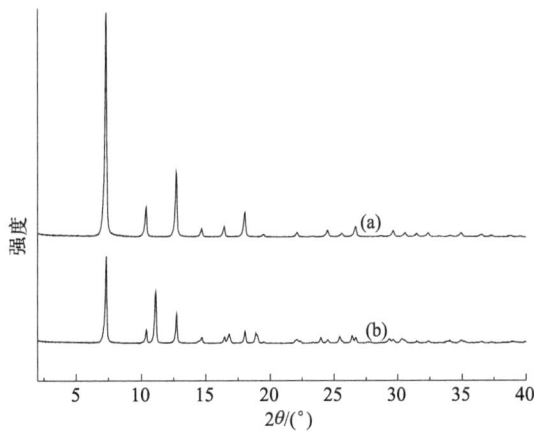

图 4-2　ZIF-8/ 水浆液分离 CO₂/N₂（22.31% /77.69%，摩尔分数）混合气后回收 ZIF-8 材料（b）与
原材料（a）X 射线衍射图对比

(a) 原材料　　　　　　　　　　(b) 回收 ZIF-8材料

图 4-3　ZIF-8/ 水浆液分离 CO₂/N₂（22.31% /77.69%，摩尔分数）混合气后原材料与回收 ZIF-8 材料
扫描电镜图对比

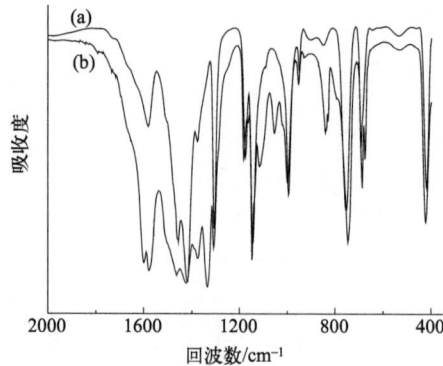

图 4-4　ZIF-8/ 水混合浆液分离 CO$_2$/N$_2$（22.31%/77.69%，摩尔分数）混合气后回收 ZIF-8 材料（b）
与原材料（a）拉曼衍射图对比

（1）相平衡分离结果

表 4-4 列出了 293.15K、不同进气初压（P_0）条件下 ZIF-8/ 水浆液分离 CO$_2$/N$_2$
（22.31%/77.69%，摩尔分数）混合气实验结果，其中 ZIF-8 在浆液中质量分数定为
0.23。可以看出与单独的吸附分离过程相似，采用吸收 - 吸附耦合分离法时，CO$_2$
相对于 N$_2$ 的分离因子 S 随 P_0 的增大而减小。但耦合分离过程所得分离因子却远远
大于单独的吸附分离过程所表现出的分离因子，当平衡压力（P_E）为 0.53MPa 时，
分离平衡后 CO$_2$ 相对于 N$_2$ 的分离因子 S 高达 3174，是对应条件下单独吸附分离过
程的 280 倍，同样也远远优于文献中所报道的多孔介质的分离效果。在对应条件下，
分离平衡后气相中 CO$_2$ 摩尔浓度能从 22.31% 降到 0.35%。即使当 P_0 升至 5.26MPa
时，S 仍高达 110，此时 CO$_2$ 在浆液中的溶解度系数 S_c 甚至与其在醇胺溶液[2, 3]中
所表现出的溶解效果相当。

相对于 CO$_2$/N$_2$ 混合气，ZIF-8/ 水浆液同样能实现对 CO$_2$/CH$_4$ 混合气的高效分
离（表 4-5）。从表 4-5 可以看出，浆液体系分离能力随浆液中 ZIF-8 质量分数（m_F）
的增加而快速增强，当 m_F=0.23、初始气 - 液体积比率 Φ=70 时，经过单级分离后气
相中 CO$_2$ 摩尔浓度能从 23.42% 降到 0.96%，CO$_2$ 相对 CH$_4$ 的分离系数 S 高达 654，
远大于目前文献中所报道的多孔介质所表现出的分离效果。

（2）浆液体系再生性能检测

气体分离介质能否实现低能耗再生是考察其是否具有应用前景的一个重要指
标。鉴于 ZIF-8/ 水浆液所表现出的极其优秀的 CO$_2$ 捕集性能，这里对该类型浆液
的再生性能进行了进一步检测。捕集了 CO$_2$ 的 ZIF-8/ 水浆液首先在 353.15K、一
定真空度（约 0.1MPa）条件下进行 CO$_2$ 解吸，随后将回收的 ZIF-8/ 水浆液稀释
到初始状态（原因是解吸过程出现水的蒸发，浆液体积稍有变少）来分离 CO$_2$/N$_2$
（22.31%/77.69%，摩尔分数）混合气。从图 4-1 可以看出，浆液体系分离能力随着
使用次数的增加而快速衰减（S 和 S_c 随使用次数增加快速减小），说明浆液体系的

CO₂ 捕集能力不能实现再生，或者说其在整个耦合分离过程中发生了不可逆变化，这不利于吸收 - 吸附耦合分离技术的进一步推广。

（3）回收材料结构表征

为了弄清楚 ZIF-8/ 水浆液的 CO₂ 捕集性能随使用次数的增加而快速降低的原因，这部分采用 XRD、SEM 和 FT-IR 表征技术对回收的 ZIF-8 材料进行了结构表征。对比回收材料和新鲜 ZIF-8 材料的 XRD 衍射图（图 4-2）可以看出前者的 XRD 图谱上出现了新的衍射峰，表明回收材料结构较原材料发生了变化。从两者的 SEM 图谱（图 4-3）对比可以看出，相对于原材料，回收材料中出现了表面光滑的大块颗粒，这种聚集颗粒与新鲜 ZIF-8 材料形态明显不同。为此，本节还采用 FT-IR 分析技术对回收材料和原材料进行了对比分析，图 4-4 为对应的 FT-IR 特征图谱。可以很清楚地看出，与原材料相比，回收材料在 1049cm⁻¹、1350cm⁻¹ 和 1596cm⁻¹ 3 个峰位出现了新的衍射峰。根据 Hu 等[4] 的研究结果，在 ZIF-8 的红外图谱中，420cm⁻¹ 处为 ν（Zn-N）的伸缩振动，900 ～ 1350cm⁻¹ 衍射峰范围为 ZIF-8 配体上咪唑环的面内振动，1590cm⁻¹ 左右为 ν（C＝N）的伸缩振动。经过对比分析得出如下结论：ZIF-8 上配体（2- 甲基咪唑）与 CO₂ 和液体水的共同存在下发生了不可逆化学反应，导致 2- 甲基咪唑上五元环解体（C＝N 双键的断裂）和 ZIF-8 孔道结构的进一步塌陷。整个耦合分离过程变成了一个化学吸收过程，使得浆液体系表现出了极高的 CO₂ 分离因子，但这是一种不可逆的分离过程。综合以上实验结果表明单一的 ZIF-8/ 水浆液体系不适合用于对 CO₂ 的捕集。

4.1.5　ZIF-8/ 乙二醇浆液捕集 CO₂ [5]

虽然 ZIF-8/ 水浆液在捕集 CO₂ 过程中表现出了不可重复利用性，但从第 3 章中所示实验结果可以看出除了 ZIF-8/ 水浆液外，ZIF-8/ 乙二醇浆液同样对 CO₂ 表现出了吸收 - 吸附耦合分离的效果，因此这部分接着系统考察了 ZIF-8/ 乙二醇浆液（图 4-5，书后另见彩图）对 CO₂/N₂、CO₂/H₂ 和 CO₂/CH₄ 三种不同类型混合气的分离能力。

图 4-5　ZIF-8/ 乙二醇浆液状态图

为了同时兼顾浆液体系的流动特性和 CO$_2$ 捕集能力（浆液分离能力会随着其中 ZIF-8 含量的增加而增强，但同时浆液的黏度也会变大），经过前期的探索实验后确定这部分实验中 ZIF-8 在 ZIF-8/ 乙二醇浆液中的质量分数为 0.167。相关实验结果列于表 4-6 ～表 4-10 和示于图 4-6 ～图 4-8 中。

表 4-6　293.15K、不同进气初压（P_0）条件下 ZIF-8/ 乙二醇浆液分离 CO$_2$/N$_2$（22.31%/77.69%，摩尔分数）混合气实验结果

P_0/MPa	P_E/MPa	Φ	P_{E-CO_2}/MPa	y_1/%	x_1/%	S	S_c/[mol/(L·MPa)]
0.71	0.62	18	0.06	9.22	96.68	286	2.1
1.24	1.05	31	0.10	9.89	93.69	135	1.8
1.76	1.5	45	0.15	10.10	89.54	76	1.8
2.32	2.02	59	0.23	11.58	86.81	50	1.4
2.87	2.58	75	0.31	11.85	86.87	49	1.3

表 4-7　不同温度下 ZIF-8/ 乙二醇浆液分离 CO$_2$/N$_2$（22.31%/77.69%，摩尔分数）混合气实验结果

T/K	P_E/MPa	Φ	P_{E-CO_2}/MPa	y_1/%	x_1/%	S	S_c/[mol/(L·MPa)]
274.15	1.51	50	0.12	8.20	92.92	147	2.7
283.15	1.50	46	0.13	8.89	95.38	212	2.2
293.15	1.50	45	0.15	10.10	89.54	76	1.8
303.15	1.56	44	0.20	12.67	81.06	29	1.2

表 4-8　293.15K、不同压力条件下 ZIF-8/ 乙二醇浆液分离 CO$_2$/H$_2$（23.86%/76.14%，摩尔分数）混合气实验结果

P_0/MPa	P_E/MPa	Φ	P_{E-CO_2}/MPa	y_1/%	x_1/%	S	S_c/[mol/(L·MPa)]
0.73	0.62	18	0.07	11.62	98.99	745	1.5
0.93	0.81	23	0.10	12.71	98.14	362	1.6
1.25	1.05	31	0.10	9.68	95.47	197	2.2
1.72	1.44	43	0.12	8.66	95.46	133	2.6
2.76	2.38	70	0.26	10.87	92.34	99	1.8
3.68	3.24	94	0.39	12.17	88.54	56	1.4

表 4-9　293.15K、不同压力条件下 ZIF-8/ 乙二醇浆液分离 CO$_2$/CH$_4$（22.68%/77.32%，摩尔分数）混合气实验结果

P_0/MPa	P_E/MPa	Φ	P_{E-CO_2}/MPa	y_1/%	x_1/%	S	S_c/[mol/(L·MPa)]
0.73	0.62	18	0.08	12.83	82.14	31	1.3
0.79	0.65	20	0.07	11.01	79.83	32	1.7
1.02	0.86	26	0.10	11.82	83.19	37	1.4
1.37	1.11	34	0.12	10.96	74.19	23	1.7

续表

P_0/MPa	P_E/MPa	Φ	$P_{E\text{-}CO_2}$/MPa	y_1/%	x_1/%	S	S_c/[mol/ (L·MPa)]
1.83	1.53	48	0.19	12.74	70.51	17	1.3
2.53	2.13	67	0.28	13.35	69.94	15	1.2
2.75	2.33	73	0.32	13.60	70.90	15	1.1

表 4-10　ZIF-8/ 乙二醇浆液分离 CO₂/N₂（22.31%/77.69%，摩尔分数）混合气过程重复应用性能检测

重复次数	P_0/MPa	P_E/MPa	$P_{E\text{-}CO_2}$/MPa	y_1/%	x_1/%	S	S_c/[mol/ (L·MPa)]
0[①]	1.76	1.50	0.15	10.10	89.54	76	1.8
1	1.78	1.53	0.18	11.67	91.16	78	1.4
2	1.77	1.49	0.14	9.18	89.84	88	2.1
3	1.80	1.52	0.14	9.41	88.99	78	2.1
4	1.76	1.51	0.16	10.86	90.13	75	1.6

①这组实验代表使用新鲜的 ZIF-8/ 乙二醇浆液。

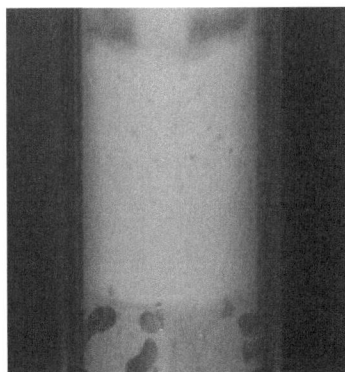

图 4-6　捕集了 CO₂ 的 ZIF-8/ 乙二醇浆液气体解吸过程状态图

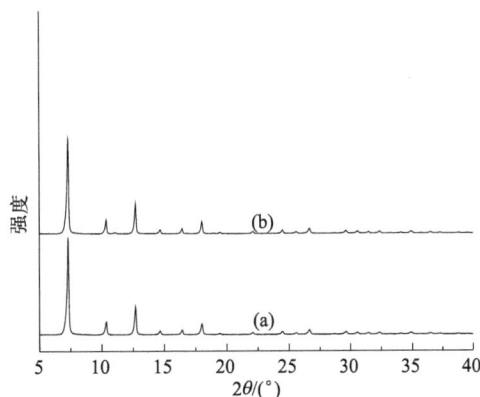

图 4-7　ZIF-8/ 乙二醇浆液分离 CO₂/N₂（22.31% /77.69%，摩尔分数）混合气后回收 ZIF-8 材料（b）与原材料（a）X 射线衍射图对比

(a) 原材料　　　　　　　　　　　(b) 回收 ZIF-8 材料

图 4-8　ZIF-8/ 乙二醇浆液分离 CO_2/N_2（22.31% /77.69%，摩尔分数）混合气后原材料与回收 ZIF-8 材料扫描电镜图对比

（1）相平衡分离结果

表 4-6 为 293.15K、不同进气初压（P_0）下 ZIF-8/ 乙二醇浆液对 CO_2/N_2（22.31%/77.69%，摩尔分数）混合气的分离结果，其中 $P_{E\text{-}CO_2}$ 为分离平衡气相中 CO_2 的分压。可以看出，虽然 ZIF-8/ 乙二醇浆液所得 CO_2 相对 N_2 的分离因子 S 较使用 ZIF-8/ 水浆液时要小，但仍然远远大于干 ZIF-8 的分离能力。以平衡压力（P_E）等于 0.62MPa 时为例，经过单级分离后，气相中的 CO_2 摩尔浓度能从 22.31% 降至 9.22%，浆液相中 CO_2 摩尔浓度达到 96.68%，对应条件下所得 CO_2 相对 N_2 的分离因子 S 高达 286，是采用 ZIF-8 进行单独吸附分离过程所得分离因子的近 26 倍，是采用乙二醇进行单独吸收分离时所得分离因子的 22 倍，同样也远高于文献中已报道的大部分多孔介质的分离能力。

当固定进气初压（P_0 约为 1.76MPa）改变实验温度时（表 4-7），可以看出分离因子 S 随温度的升高而减小，这是由于随着温度的升高，乙二醇的吸收分离能力和 ZIF-8 的吸附分离能力均会减弱。浆液体系在 283.15 K 左右时表现出了最大的 CO_2 分离因子，而随着温度的进一步降低，S 反而减小，这可能是由于浆液体系黏度随温度的降低而增加，不利于气体在浆液中的溶解吸收所致。

表 4-8 为 293.15K、不同压力下 ZIF-8/ 乙二醇浆液对 CO_2/H_2（23.86%/76.14%，摩尔分数）混合气的分离结果。可以看出与分离 CO_2/N_2 相似，CO_2 相对于 H_2 的分离因子 S 同样随着操作压力的增加而减小，且同样远远大于干 ZIF-8 和文献中所报道的多孔介质所表现出的分离效果。当平衡压力在 0.6MPa 左右时，采用耦合分离所得 S 是单独吸附分离过程所得 S 的近 20 倍。由于 H_2 在乙二醇中的溶解度和在 ZIF-8 中的吸附能力均低于 N_2，因此这里所得 CO_2 相对 H_2 分离因子同时也大于 CO_2 相对 N_2 的分离因子。

表 4-9 为 293.15K、不同压力下 ZIF-8/ 乙二醇浆液对 CO_2/CH_4（22.68%/77.32%，摩尔分数）混合气的分离结果。可以看出，与分离 CO_2/N_2 和 CO_2/H_2 混合气稍有不

同，耦合分离所得 CO_2 相对 CH_4 的分离因子 S 随压力的增加出现先增大后减小的趋势，在平衡压力为 0.86MPa 左右时取得最大值，但在所选压力范围内，耦合分离所得分离因子同样远远大于干 ZIF-8 和文献中所报道的大部分多孔介质所表现出的分离因子。

（2）浆液体系再生性能检测

考虑到 ZIF-8/ 乙二醇浆液与 ZIF-8/ 水浆液一样表现出了很高的 CO_2 分离因子，为了避免像后者那样分离过程浆液体系发生不可逆化学反应，这里同样对 ZIF-8/ 乙二醇浆液体系的重复利用性能进行了检测。捕集了 CO_2 的 ZIF-8/ 乙二醇浆液是在 293.15K、真空度约为 0.1MPa 条件下进行再生的。如图 4-6 所示，在所选条件下浆液中捕集的 CO_2 能够以气泡形式快速解吸出来。表 4-10 对比了新鲜浆液和再生浆液的 CO_2 捕集性能，可以看出 ZIF-8/ 乙二醇浆液体系的 CO_2 捕集能力在所选条件下能够完全再生，即使经过 4 次重复再生和分离应用，浆液的分离能力没有任何减弱。浆液体系的可重复利用性和温和的再生条件说明与 ZIF-8/ 水浆液不同，ZIF-8/ 乙二醇浆液对 CO_2 的捕集过程是一个物理吸收过程。

（3）回收材料结构表征

为了更进一步证明整个吸收 - 吸附耦合分离过程对乙二醇中分散 ZIF-8 结构没有负面影响，接着在 383.15K、真空度为 0.08MPa 条件下回收了重复使用 5 次后的 ZIF-8/ 乙二醇浆液中 ZIF-8 材料，并采用 XRD 和 SEM 表征技术对回收材料进行了结构表征。从图 4-7 和图 4-8 可以看出，回收材料和新鲜材料的 XRD、SEM 图谱完全一样，证明整个耦合分离过程对 ZIF-8 结构没有造成任何影响；再次说明了 ZIF-8/ 乙二醇浆液在 CO_2 捕集过程中的可重复应用性。

4.1.6 ZIF-8/ 乙二醇 -2- 甲基咪唑浆液捕集 CO_2

虽然 ZIF-8/ 乙二醇浆液表现出了极高的 CO_2 分离因子，且整个浆液体系具有优秀的稳定性和可重复利用性，但从表 4-6 ～表 4-9 中所列实验结果可以看出，CO_2 在 ZIF-8/ 乙二醇浆液中的溶解度系数 S_c 较小 [如当气相中 CO_2 分压为 0.1MPa 左右时，S_c 只有约 1.5mol/（L·MPa）]，远低于 CO_2 在常见醇胺溶液[2, 6]中的溶解度系数 [常压下大于 10mol/（L·MPa）]，这就意味着在实际应用过程中对于给定量 CO_2 的捕集，需要的 ZIF-8/ 乙二醇浆液量相对于醇胺溶液要多得多，这会大幅提高分离介质的循环能耗。为此要想推进吸收 - 吸附耦合法捕集 CO_2 技术的产业化应用，在保证高的 CO_2 分离因子的前提下，进一步提高 CO_2 在 ZIF-8/ 乙二醇浆液中的溶解度系数显得非常重要。考虑到在单独的吸附分离过程中，ZIF-8 孔道中的气体吸附位主要由 2-

甲基咪唑配体提供而不是 Zn^{2+}[6]，因此下一步的研究思路是往 ZIF-8/ 乙二醇浆液中加入单独的 2- 甲基咪唑（mIm）晶体，以期能进一步提高 ZIF-8/ 乙二醇浆液体系对 CO_2 的吸收能力。

（1）2- 甲基咪唑 – 乙二醇溶液捕集 CO_2

为了探究单独的 2- 甲基咪唑晶体能否对 CO_2 在浆液中的溶解性能产生促进作用，本节首先研究了 2- 甲基咪唑 - 乙二醇溶液对 CO_2/N_2（20.65%/79.35%，摩尔分数）混合气的分离效果，相关实验结果列于表 4-11 中。在这部分实验中，实验温度定为 303.15K，溶液中 2- 甲基咪唑的质量分数定为 0.4 [实验测得 293.15 K 下 2- 甲基咪唑在乙二醇中的饱和溶解量（质量分数）为 0.41]。可以看出 2- 甲基咪唑 - 乙二醇溶液表现出了极其优秀的 CO_2 捕集性能，以平衡压力等于 0.62 MPa 为例，经过单级分离，气相中 CO_2 摩尔浓度能从 20.65% 降到 2.4%，对应平衡气相中 CO_2 的分压只有 0.015MPa，此时 CO_2 相对 N_2 的分离因子高达 270，与 ZIF-8/ 乙二醇浆液相当。但与后者相比，由于平衡气相中 CO_2 分压降得更多，意味着 CO_2 在溶液中溶解度系数 S_c 得到了大幅提高，达到了 8.6 mol/（L·MPa），是相近实验条件下 ZIF-8/ 乙二醇浆液上所表现 S_c 的 4 倍多。为此接下来将 ZIF-8 和 2- 甲基咪唑 - 乙二醇溶液混合以期达到一个更优秀的 CO_2 捕集效果，其中 2- 甲基咪唑在 2- 甲基咪唑 - 乙二醇溶液中的质量分数同样定为 0.4。

表 4-11　303.15K、不同初始气 – 液体积比率（Φ）下 2- 甲基咪唑 – 乙二醇溶液分离 $CO_2/$ N_2（20.65%/79.35%，摩尔分数）混合气实验结果

Φ	P_0/MPa	P_E/MPa	$P_{E\text{-}CO_2} \times 10$/MPa	y_1（摩尔分数）/%	x_1（摩尔分数）/%	S	S_c/[mol/（L·MPa）]
11	0.56	0.45	0.10	2.26	82.65	206	9.4
15	0.77	0.62	0.15	2.40	86.90	270	8.6
20	0.98	0.80	0.22	2.70	87.70	257	7.5
24	1.16	0.95	0.24	2.53	83.81	199	8.2

（2）ZIF-8/ 乙二醇 -2- 甲基咪唑浆液捕集 CO_2

首先探究了 ZIF-8 含量对 ZIF-8/ 乙二醇 -2- 甲基咪唑浆液对 CO_2 捕集性能的影响，相关实验结果列于表 4-12 中，在这部分实验中实验温度定为 303.15 K。可以看出 ZIF-8 的加入能显著提高 2- 甲基咪唑 - 乙二醇溶液的 CO_2 捕集能力，且这种现象随浆液中 ZIF-8 质量分数的增加而显著增强。当浆液中 ZIF-8 的质量分数（m_F）达到 0.15 时，在初始推动力 P_0 为 0.66MPa 条件下，分离平衡后气相中 CO_2 的摩尔浓度能从 20.65% 降到 1.38%，此时气相中 CO_2 的分压只有 0.007MPa，甚至低于工业过程所排放的未经压缩烟道气中 CO_2 的分压（约为 0.01MPa），意味着 ZIF-8/ 乙二醇 -2- 甲基咪唑浆液可以直接用于捕集烟道气中的 CO_2 而不用对后者进行提前增压

压缩。与此同时 CO_2 相对于 N_2 的分离因子 S 和 CO_2 在浆液中的溶解度系数 S_c 分别达到了 367mol/（L·MPa）和 16.3mol/（L·MPa），远远大于干 ZIF-8 和 2- 甲基咪唑 - 乙二醇溶液所表现出的分离效果，说明 ZIF-8 和 2- 甲基咪唑 - 乙二醇溶液的结合同样达到了对 CO_2 吸收 - 吸附耦合分离的效果，其中 2- 甲基咪唑的存在不但没有影响 ZIF-8/ 乙二醇浆液表现出的高 CO_2 分离因子，同时大幅提高了浆液中 CO_2 的溶解度系数，使得整个耦合分离过程不管在分离能力还是气体处理量方面与传统的化学吸收法捕集 CO_2 过程均达到了同一级别。考虑到浆液体系的黏度会随着 ZIF-8 含量的增加而逐渐升高，因此这里没有进一步考察含更高 ZIF-8 质量分数的浆液体系分离能力。在接下来的分离实验中浆液中 ZIF-8 的质量分数均定为 0.15。

表 4-12　303.15K、含不同 ZIF-8 质量分数（m_F）的 ZIF-8/ 乙二醇 -2- 甲基咪唑浆液分离
CO_2/N_2（20.65%/79.35%，摩尔分数）混合气实验结果

m_F	P_0/MPa	P_E/MPa	$P_{E\text{-}CO_2}\times10$/MPa	y_1（摩尔分数）/%	x_1（摩尔分数）/%	S	S_c/[mol/（L·MPa）]
0.05	0.63	0.51	0.11	2.18	85.08	256	10
0.1	0.65	0.51	0.08	1.53	82.99	313	14.8
0.15	0.66	0.52	0.07	1.38	83.74	367	16.3

表 4-13 给出了 303.15K、不同进气初压（P_0）下 ZIF-8/ 乙二醇 -2- 甲基咪唑浆液对 CO_2/N_2（20.65%/79.35%，摩尔分数）混合气的分离结果以考察压力对浆液体系分离能力的影响。可以看出即使初始气 - 液体积比率 Φ 和初始进气压力 P_0 分别达到 35 和 1.65MPa，经过单级分离后，气相中 CO_2 的摩尔浓度和分压也分别只有 1.73% 和 0.023 MPa，同时 S 和 S_c 均高达 394 和 12.9mol/（L·MPa）。有意思的是分离因子 S 和 CO_2 溶解度系数 S_c 在低压范围内有一个突变增加现象，随后随着压力的增加，S 和 S_c 反而逐渐减小，这种现象在单独采用 ZIF-8/ 乙二醇浆液作为分离介质时没有发生，可能是由于当时选择的操作压力太高所致，相关原因在后面的分离机理解析部分会有说明。

表 4-13　303.15K、不同进气初压（P_0）下 ZIF-8/ 乙二醇 -2- 甲基咪唑浆液分离 CO_2/N_2
（20.65%/79.35%，摩尔分数）混合气实验结果

Φ	P_0/MPa	P_E/MPa	$P_{E\text{-}CO_2}\times10$/MPa	y_1（摩尔分数）/%	x_1（摩尔分数）/%	S	S_c/[mol/（L·MPa）]
9	0.44	0.35	0.08	2.40	74.41	118	9.2
14	0.66	0.52	0.07	1.38	83.74	367	16.3
17	0.83	0.66	0.10	1.59	84.77	345	14.3
24	1.14	0.92	0.15	1.62	85.45	357	14.0
35	1.65	1.33	0.23	1.73	87.43	394	12.9

图 4-9 为 303.15K、进气初压 P_0 =0.66MPa 条件下 ZIF-8/ 乙二醇 -2- 甲基咪唑浆液分离 CO_2/N_2（20.65%/79.35%，摩尔分数）混合气过程动力学变化图。可以看出

整个分离过程在 15min 左右就能完成，表明所用浆液体系不仅具有优秀的 CO_2 捕集量，同时具有快速的 CO_2 捕集速率。

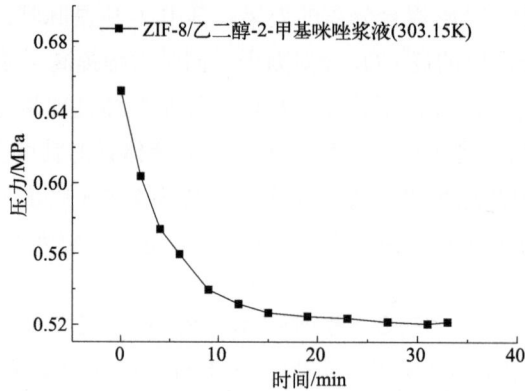

图 4-9　303.15K、进气初压 P_0=0.66MPa 条件下 ZIF-8/ 乙二醇 -2- 甲基咪唑浆液分离 CO_2/N_2

（20.65%/79.35%，摩尔分数）混合气过程动力学变化

表 4-14 给出了 303.15K、不同进气初压（P_0）下 ZIF-8/ 乙二醇 -2- 甲基咪唑浆液对 CO_2/CH_4（21.93%/78.07%，摩尔分数）混合气的分离结果。可以看出，ZIF-8/ 乙二醇 -2- 甲基咪唑浆液对 CO_2/CH_4 混合气的分离能力同样远强于单独的吸附分离过程。在平衡压力 P_E 为 1.15MPa 时，CO_2 相对 CH_4 的分离因子高达 144，远高于目前文献中所报道的多孔介质所表现出的 CO_2 相对 CH_4 分离因子。与分离 CO_2/N_2 混合气相似，这里所得 S 和 S_c 同样在低压条件下有一个跃升，随后随着分离压力的增加逐渐减小，但即使分离压力达到 5.35MPa，分离平衡后 S 仍高达 87。由于 CO_2 和 CH_4 是天然气和沼气的主要代表组分，两种混合气的压力相差很大，压缩沼气的压力一般＜ 1MPa，而天然气的贮存压力一般＞ 5MPa，从表 4-14 所列分离结果来看，ZIF-8/ 乙二醇 -2- 甲基咪唑浆液完全适用于对两种不同类型混合气中 CO_2 的捕集。

表 4-14　303.15K、不同进气初压（P_0）下 ZIF-8/ 乙二醇 -2- 甲基咪唑浆液分离 CO_2/CH_4

（21.93%/78.07%，摩尔分数）混合气实验结果

Φ	P_0/MPa	P_E/MPa	$P_{E\text{-}CO_2} \times 10$/MPa	y_1（摩尔分数）/%	x_1（摩尔分数）/%	S	S_c/[mol/（L·MPa）]
11	0.54	0.40	0.10	2.76	69.81	81	8.9
14	0.65	0.49	0.12	2.05	74.24	138	12.1
16	0.76	0.58	0.14	2.21	73.86	125	11.2
20	0.93	0.72	0.18	2.18	75.86	141	11.3
32	1.47	1.15	0.28	2.13	76.89	144	11.4
96	4.14	3.28	0.87	2.65	78.45	134	10.0
161	6.64	5.35	1.32	3.13	73.90	87	7.6

表 4-15 给出了 303.15K、不同进气初压（P_0）下 ZIF-8/ 乙二醇 -2- 甲基咪唑浆液对 CO_2/H_2（23.60%/76.40%，摩尔分数）混合气的分离结果。可以看出在所选压力范围内经过单级分离，气相中 CO_2 摩尔浓度均能从 23.60% 降到 2% 左右，且 S_c 同样存在先增大后减小的趋势。但与分离 CO_2/N_2 和 CO_2/CH_4 混合气不同，这里 CO_2 相对 H_2 的分离因子 S 在所选压力范围内随压力增加持续增大，当平衡压力为 3.34MPa 时，S 高达 951。

表 4-15　303.15K、不同进气初压（P_0）下 ZIF-8 / 乙二醇浆液分离 CO_2/H_2
（23.60%/76.40%，摩尔分数）混合气实验结果

Φ	P_0/MPa	P_E/MPa	$P_{E-CO_2} \times 10$/MPa	y_1（摩尔分数）/%	x_1（摩尔分数）/%	S	S_c/[mol/（L·MPa）]
13	0.64	0.49	0.10	2.09	86.04	288	12.3
23	1.13	0.89	0.17	1.88	88.08	386	13.7
44	2.15	1.70	0.32	1.88	92.23	618	13.3
65	3.16	2.54	0.47	1.85	94.25	871	13.5
85	4.13	3.34	0.68	2.02	95.16	951	12.1

综合这部分实验结果可以看出，ZIF-8/ 乙二醇 -2- 甲基咪唑浆液能实现对 CO_2/N_2、CO_2/H_2 和 CO_2/CH_4 等类型混合气的高效分离。其中对于沼气（CO_2/CH_4）和 IGCC 混合气（CO_2/H_2）中 CO_2 的捕集，不管从操作压力的选择、分离速率的快慢、还是分离因子大小的对比，吸收 - 吸附耦合分离方法较第 2 章中所述的吸收 - 水合耦合分离方法均表现出了极大的优越性。

需要说明的是，在 MOFs 材料的合成过程中，配体物质普遍存在于初始合成的材料中，也就是说在 MOFs 材料应用之前，一般都需要在高温、低压条件下对其进行提纯。从 ZIF-8/ 乙二醇 -2- 甲基咪唑浆液所表现出的 CO_2 捕集能力来看，2-甲基咪唑的存在对 ZIF-8 浆液的分离反过来具有积极促进作用，说明在实际应用过程中，合成的 ZIF-8 原材料无需进行提纯可直接使用，这会大大简化材料合成工艺和降低合成成本。这同时也为 MOFs 材料的合成和应用提供了一个新的研究方向。

（3）浆液再生性能检测

4.2.6 部分所述的 ZIF-8/ 乙二醇 -2- 甲基咪唑浆液对 CO_2/N_2、CO_2/CH_4 和 CO_2/H_2 混合气的分离使用的是同一组悬浮浆液，即同一组浆液在捕集 CO_2 后经过再生重复使用。与 ZIF-8/ 乙二醇浆液类似，捕集了 CO_2 的 ZIF-8/ 乙二醇 -2- 甲基咪唑浆液同样是在实验温度（303.15K）和真空条件（真空度约为 0.1MPa）下进行再生的。可以看出经过 30 余次的重复使用后，浆液体系仍然保持了优秀的 CO_2 捕集性能，表明浆液体系分离能力完全能够再生。同分离次数相对应，4.2.6 部分所对应实验时间跨度超过了 30d，分离实验结束后浆液体积与最初的新鲜

浆液体积几乎一样，表明浆液体系不仅分离能力能够再生，同时具有优秀的稳定性。

（4）回收材料结构表征

采用 XRD、SEM-EDX 和 FT-IR 表征技术对 ZIF-8/ 乙二醇 -2- 甲基咪唑浆液中回收的 ZIF-8 干材料进行了结构表征，相关图谱分别示于图 4-10 ～图 4-12 中。可以看出即使经过 30 余次的吸收 - 吸附耦合分离实验，并且在 2- 甲基咪唑 - 乙二醇溶液中浸泡时间超过 30d，回收的 ZIF-8 材料结构和原材料结构完全一致，证明整个耦合分离过程对 ZIF-8 结构没有任何影响，这与浆液体系分离能力可以实现完全再生相吻合。

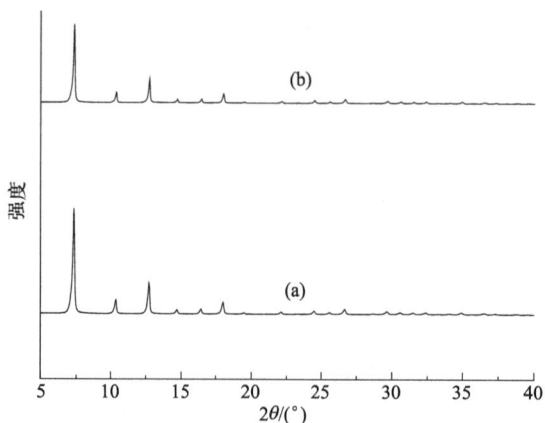

图 4-10　ZIF-8/ 乙二醇 -2- 甲基咪唑浆液捕集 CO₂ 后回收 ZIF-8 材料（b）与原材料（a）X 射线衍射图对比

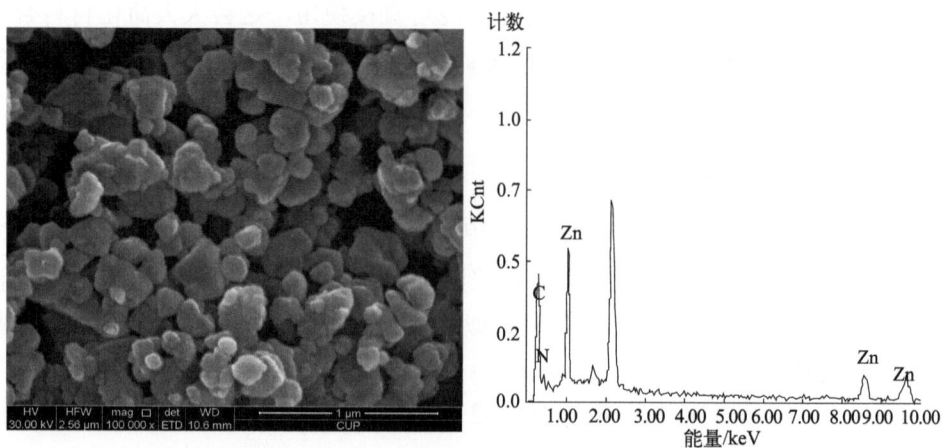

(a) 原材料

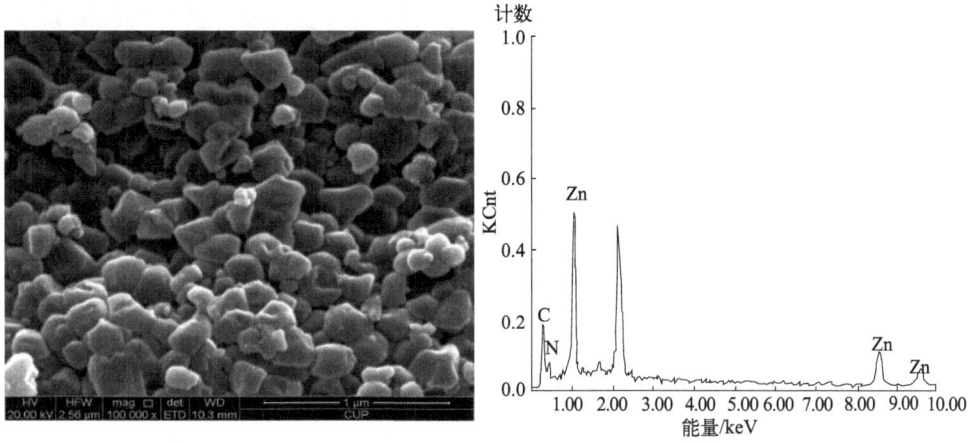

(b) 回收ZIF-8材料

图 4-11　ZIF-8/ 乙二醇 -2- 甲基咪唑浆液捕集 CO₂ 后原材料与回收 ZIF-8 材料扫描电镜 - 元素分析图谱对比

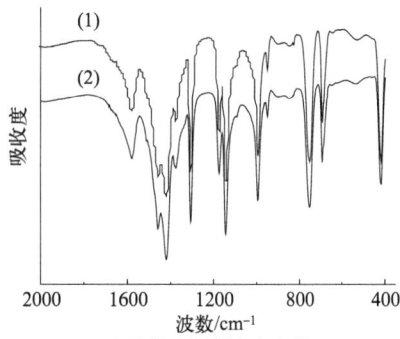

(a) 吸收-吸附耦合分离前

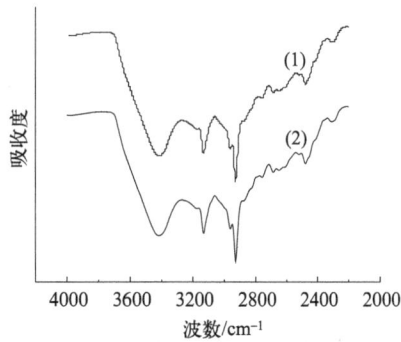

(b) 吸收-吸附耦合分离后

图 4-12　ZIF-8/ 乙二醇 -2- 甲基咪唑浆液捕集 CO₂ 气后回收 ZIF-8 材料（2）与原材料（1）红外图谱对比

4.2 CO_2/N_2、CO_2/CH_4 在 ZIF-8/ 乙二醇 -2- 甲基咪唑浆液中穿透分离实验

采用吸收 - 吸附耦合分离法进行气体分离的最终目的是实现该分离技术的产业化应用。虽然 4.2.6 部分的相平衡分离实验表明 ZIF-8/ 乙二醇 -2- 甲基咪唑浆液能实现对混合气中 CO_2 的高效捕集，但与单独的相平衡分离实验相比，在实际的工业吸收塔尺度要大得多，在其中进行气体的连续分离时会存在诸多不确定因素，如气体在浆液中的运移和吸收 - 传质过程是否顺畅等。为此这部分进一步在一小型吸收塔中进行了 CO_2/N_2 和 CO_2/CH_4 混合气在 ZIF-8/ 乙二醇 -2- 甲基咪唑浆液中的穿透分离实验研究，以验证实际工业过程吸收塔中采用 ZIF-8/ 乙二醇 -2- 甲基咪唑浆液捕集 CO_2 技术的可行性。

4.2.1 实验装置

气体穿透分离实验装置如图 4-13 所示。该装置的主要部件为一个带夹套的小型吸收塔。吸收塔的内径、外径和高度分别为 2cm、4cm 和 165cm。ZIF-8 浆液放置于吸收塔的内层，吸收塔外层与水浴系统相连以用来控制整个分离过程的温度。吸收塔底部安置有一个气体分布器，分布器内透气孔道直径 < 0.5nm，气体分布器与塔外气体管线相连。CO_2 气源、气体吹扫系统（氦气）和气体分布器所连管线通过一个三通阀相互连接。进气管线和排气管线上均连有气体质量流量计（MFC）以用来计量和调控整个分离过程气体流速。

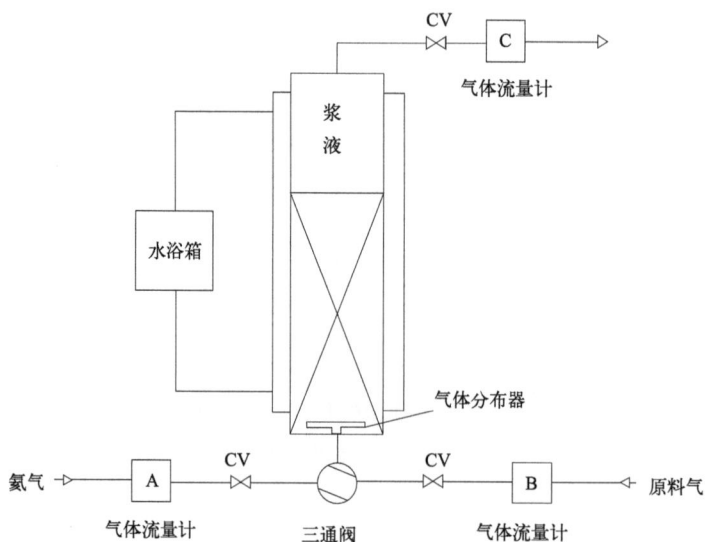

图 4-13　气体穿透分离实验装置

4.2.2　实验材料

首先配制好饱和的 2- 甲基咪唑 - 乙二醇溶液，随后分别称取一定量的干 ZIF-8 和 2- 甲基咪唑 - 乙二醇饱和溶液于同一烧杯中，放入磁力搅拌子，在磁力搅拌系统上使整个浆液体系混合均匀。为了与前面所述相平衡分离实验一致，这里 2- 甲基咪唑在 2- 甲基咪唑 - 乙二醇溶液中的质量分数同样定为 0.4，ZIF-8 在整个浆液体系中的质量分数定为 0.167。

4.2.3　实验方法

① 将吸收塔先用水清洗 3 遍后擦干，随后用石油醚清洗 3 遍，最后用高压氩气吹扫以使吸收塔中石油醚完全挥发；

② 拆下吸收塔上边密封阀，将 400mL 混合好的 ZIF-8/ 乙二醇 -2- 甲基咪唑悬浮浆液倒入吸收塔中，并再次固定密封阀；

③ 启动控温水浴系统，设定实验温度；

④ 待水浴系统温度稳定 3h 后认为吸收塔中浆液和水浴温度达到一致，打开氩气气源，设定进气流速为 20mL/min，用氩气吹扫整个浆液体系 1h，以置换吸收塔上方的空气；

⑤ 气体置换完毕后，关闭氩气气源，同时打开 CO$_2$ 混合气气源，开始气体穿透分离实验；

⑥ 整个穿透过程维持进气流量为 20 ～ 25mL/min，每隔 10min 从穿透管上方用注射器收集穿透气体，并用色谱仪分析其组成；

⑦ 待穿透气体中 CO$_2$ 浓度达到原料气组成 1/2 时关闭进气阀，视整个穿透分离过程结束，此时开启吹扫气（氩气）连接阀门进行浆液的再生，吹扫气流量定为 100 mL/min，吹扫温度与穿透分离实验温度一样；

⑧ 吹扫过程每隔 20min 用注射器收集穿透管上方解吸气，当解吸气中 CO$_2$ 浓度＜ 0.5%（摩尔分数）时视整个解吸过程结束，浆液体系得到回收，开始进行下次穿透实验。

4.2.4　结果及分析

在图 4-13 所示分离塔中进行了 CO$_2$/N$_2$（20.65%/79.35%，摩尔分数）和 CO$_2$/CH$_4$（27.6%/72.4%，摩尔分数）混合气在 ZIF-8/ 乙二醇 -2- 甲基咪唑浆液中的穿透分离实验，为了提供对比分析，同时进行了 CO$_2$/CH$_4$（27.6%/72.4%，摩尔分数）混合气在纯水体系中的穿透分离实验。

图 4-14 和表 4-16 为 CO_2/N_2（20.65%/79.35%，摩尔分数）混合气在 ZIF-8/ 乙二醇 -2- 甲基咪唑浆液中的穿透分离实验结果，其中混合原料气进气流量定为 23 mL/min。图 4-14 中的横坐标为穿透分离时间，纵坐标为分离过程分离塔顶部穿透气组成（摩尔分数）随时间的变化情况。可以看出，混合气中 N_2 分子在 1min 内就能穿透浆液，而 CO_2 分子在约 20min 后才在浆液上方出现，体现了所用浆液对 CO_2 极佳的选择吸收性能和极快的吸收速率。当穿透分离实验进行到 6.7h 后，宝石釜顶部 CO_2 组成仍然只有 9.3%（摩尔分数），远低于原料气中 CO_2 浓度（20.60%，摩尔分数），表明大部分 CO_2 被浆液体系吸收。表 4-16 给出了穿透分离过程具体的实验结果，其中 R_{N_2} 为穿透气中 N_2 的瞬时回收率，R_{CO_2} 为浆液相对 CO_2 的瞬时吸收率。由于浆液体系对 N_2 的吸收能力有限，使得 R_{N_2} 随分离时间的递增而快速变大，当穿透分离实验进行到差不多 3h 时，R_{N_2} 增加到大于 100%。造成这种现象的原因是由于分离塔上方与大气相通，因此穿透气的压力与大气压相当，而随着分离的进行，穿透气中 CO_2 的浓度在持续增加，使得 CO_2 的分压持续增大，相应 N_2 的分压逐渐减小，当 N_2 分压减小到一定程度时（穿透实验进行约 3h），浆液中吸收的 N_2 反过来出现解吸，使得 $R_{N_2} > 100\%$。随着分离的进行，CO_2 在浆液中溶解量逐渐增多，但即使经过 6.7h，浆液相对 CO_2 的瞬时吸收率仍有 57%（摩尔分数），说明浆液系统还具有很强的 CO_2 吸收能力。

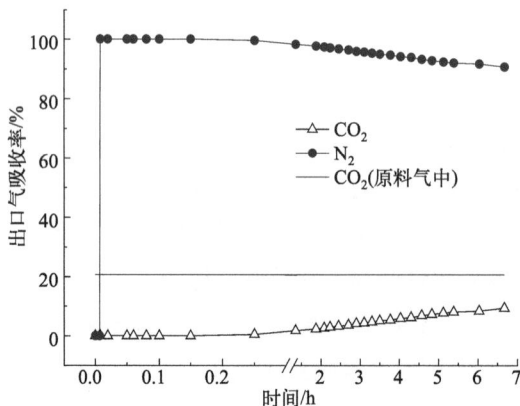

图 4-14　CO_2/N_2（20.65% /79.35%，摩尔分数）混合气在 ZIF-8/ 乙二醇 -2- 甲基咪唑浆液中穿透实验结果

表 4-16　穿透分离过程实验结果具体数值

时间 t/h	出口气体中 N_2（摩尔分数）/%	出口气体流量 V_{out}/(mL/min)	① R_{N_2}/%	② R_{CO_2}/%
0	0	0.0	—	—
0.008	100	6.0	32.88	100
0.10	100	10.0	54.79	100

续表

时间 t/h	出口气体中 N₂（摩尔分数）/%	出口气体流量 V_{out}/（mL/min）	① R_{N_2}/%	② R_{CO_2}/%
0.28	99.56	14.0	76.37	98.70
1.38	98.24	16.0	86.13	94.07
1.90	97.68	16.5	88.31	91.94
2.11	97.36	17.0	90.69	90.55
2.26	97.07	18.0	95.74	88.90
2.48	96.73	18.2	96.46	87.47
2.74	96.38	18.5	97.70	85.90
2.92	95.89	19.0	99.83	83.56
3.14	95.65	19.5	102.20	82.14
3.31	95.28	19.7	102.85	80.42
3.55	94.94	20.0	104.04	78.69
3.80	94.66	20.2	104.77	77.29
4.06	94.13	20.5	105.73	74.66
4.33	93.86	20.7	106.46	73.24
4.60	93.19	20.9	106.72	70.03
4.86	92.79	21.0	106.77	68.12
5.15	92.32	21.1	106.73	65.88
5.41	92.00	21.3	107.37	64.12
6.06	91.63	21.4	107.44	62.29
6.70	90.65	21.7	107.78	57.28

① $R_{N_2} = \dfrac{V_{in} \times y_{in\text{-}N_2}}{V_{out} \times y_{out\text{-}N_2}} \times 100$，$R_{N_2}$ 为穿透气中 N₂ 的回收率，其中 $y_{in\text{-}N_2}$ 和 $y_{out\text{-}N_2}$ 分别为原料气和穿透气中 N₂ 的摩尔分数。

② $R_{CO_2} = 1 - \dfrac{V_{in} \times y_{in\text{-}CO_2}}{V_{out} \times y_{out\text{-}CO_2}} \times 100$，$R_{CO_2}$ 为浆液对 CO₂ 的瞬时回收率，其中 $y_{in\text{-}CO_2}$ 和 $y_{out\text{-}CO_2}$ 分别为原料气和穿透气中 CO₂ 的摩尔分数。

　　图 4-15 为 CO₂/N₂（20.65%/79.35%，摩尔分数）混合气穿透分离过程浆液上方穿透气体积流量（Q_v）随时间的变化情况。与图 4-16 所示分离结果相对应，经过一小段平台（Q_v=0）后，穿透气体积流量快速增加，这是由于浆液相对 N₂ 吸收量和吸收速率有限，大量的 N₂ 快速穿透浆液体系所致。经过差不多 1h 后，Q_v 增至近 15 mL/min，随后 Q_v 增速减慢，其原因是对应条件下，穿透气中 N₂ 的瞬时回收率 R_{N_2} 已经超过 80%，此时穿透气体积流量的进一步增加主要得益于气相中 CO₂ 流量的增加，但由于此时 R_{CO_2} 仍大于 90%，因此 Q_v 增速较慢，经过 6.7h 后 Q_v 达到 21.7 mL/min。

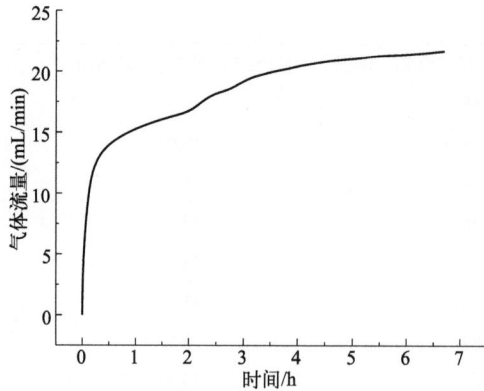

图4-15 CO₂/N₂（20.65%/79.35%，摩尔分数）混合气穿透分离实验过程穿透气体积流量随时间变化

图 4-16 展示了 CO_2/CH_4（27.6%/72.4%，摩尔分数）混合气在水、ZIF-8/乙二醇 -2- 甲基咪唑浆液中穿透分离结果，其中混合原料气进气流量定为 24mL/min。可以看出，相对于 N_2，由于 CH_4 在 ZIF-8 浆液中的溶解度要大，因此经过近 3min CH_4 才穿过浆液体系在其上方气中出现，但这种情况下 CO_2 仍经过约 10min 才在穿透气中出现。经过近 9.4h 后穿透气中 CO_2 浓度增至 12.73%（摩尔分数），仍不到原料气中 CO_2 浓度的 1/2，说明浆液体系对 CO_2/CH_4 混合气中 CO_2 同样具有优秀的捕集能力和捕集速率。

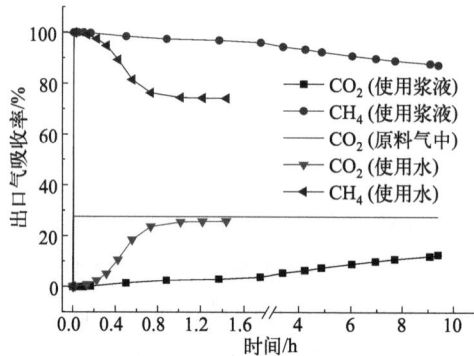

图4-16 CO₂/CH₄（27.6% /72.4%，摩尔分数）混合气在水、ZIF-8/ 乙二醇 -2- 甲基咪唑浆液中穿透分离实验结果

考虑到水洗法是常用的沼气（CO₂/CH₄）净化技术，这里同样进行了 CO_2/CH_4（27.6%/72.4%，摩尔分数）混合气在纯水体系中的穿透分离实验以便为耦合分离过程提供对比分析，所用水的体积与耦合分离过程所用 ZIF-8 浆液体积一样为 400mL，相关实验结果同样示于图 4-16 中。所得实验结果表明，经过不到 5s，CH_4 就在穿透气中出现，同时经过大约 15s 后 CO_2 在穿透气中出现。由于 CO_2 在水中溶解度低，

10min 后，CO_2 在穿透气中浓度就出现快速增加趋势，经过不到 1h，穿透气中 CO_2 浓度与原料气中 CO_2 浓度几乎接近。进一步印证了 ZIF-8/ 乙二醇 -2- 甲基咪唑浆液优秀的 CO_2 捕集性能，同时也突破了传统吸附分离技术只能利用固定床进行切换操作的工艺瓶颈。

参考文献

[1] Liu Huang，Ping Guo，Reresa Regueira，et al. Irreversible change of the pore structure of ZIF-8 in carbon dioxide capture with water coexistence [J] .Journal of Physical Chemistry C，2016，120：13287-13294.

[2] Chowdhury F A，Yamada H，Higashii T，et al. CO₂ capture by tertiary amine absorbents：A performance comparison study [J] .Industrial & Engineering Chemistry Research，2013，52（24）：8323-8331.

[3] Jou F Y，Mather A E，Otto F D. The solubility of CO₂ in a 30 mass percent monoethanolamine solution [J] .Canadian Journal of Chemical Engineering，1995，73（1）：140-147.

[4] Hu Y，Kazemian H，Rohani S，et al. In situ high pressure study of ZIF-8 by FTIR spectroscopy[J]. Chemical Communications，2011，47（47）：12694-12696.

[5] Liu Huang，Liu B，Lin LC，et al.A hybrid absorption-adsorption method to effectively capture carbon [J] . Nature Communications，2014，5：5147.

[6] Zhou M，Wang Q，Zhang L，et al. Adsorption sites of hydrogen in zeolitic imidazolate frameworks [J] .Journal of Physical Chemistry B，2009，113（32）：11049-11053.

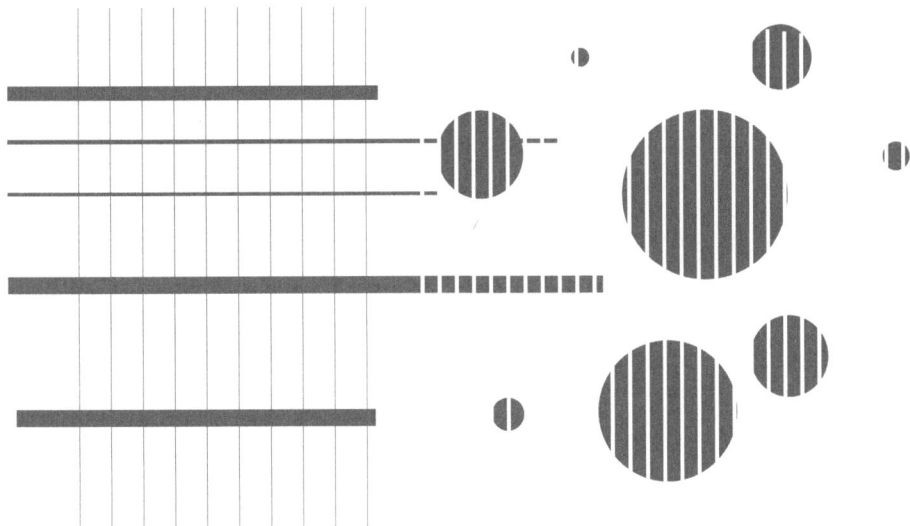

第 5 章

ZIF-8 浆液捕集 CO$_2$ 机理研究

鉴于第 4 章中 ZIF-8/ 乙二醇、ZIF-8/ 乙二醇 -2- 甲基咪唑浆液所表现出的优秀 CO_2 捕集性能，本章拟进一步对 ZIF-8 浆液捕集 CO_2 机理及浆液基础物性进行研究，为该分离技术的实际应用储备关键基础数据和理论支持。

5.1 CO_2 在不同体系中吸附／吸收能力

为了有效掌握 CO_2 在浆液中悬浮 ZIF-8 颗粒上吸附特征，拟分别开展 CO_2 在干 ZIF-8 上吸附和在乙二醇、乙二醇 -2- 甲基咪唑、ZIF-8/ 乙二醇和 ZIF-8/ 乙二醇 -2- 甲基咪唑浆液中溶解吸收效果实验评价。

5.1.1 实验材料及装置

本部分所用实验材料在 4.2.1 部分中已有相关介绍；所用装置在 2.2.2 部分中已有具体介绍。

5.1.2 实验方法

（1）CO_2 在干 ZIF-8 上的吸附

① 用蒸馏水把宝石釜清洗干净后擦干；

② 往宝石釜中加入给定质量的 ZIF-8；

③ 将装有 ZIF-8 的蓝宝石釜重新固定在恒温空气浴中的气体捕集装置上；

④ 对蓝宝石釜及其所连管线抽真空，并用原料气置换 3 次后保持真空状态；

⑤ 对高压盲釜及其所连管线抽真空，同样用原料气置换 3 次后补充原料气至给定压力；

⑥ 启动恒温空气浴，设定实验温度；

⑦ 待空气浴温度达到实验设定温度且高压盲釜中气体压力稳定后，记下对应压力数值 P_1；

⑧ 打开高压盲釜和宝石釜之间的连接阀，从盲釜中排放一定量的原料气到宝石釜中后关闭连接阀；

⑨ 待宝石釜中压力稳定 2h 以上后视此次吸附过程完成，记下此时平衡釜（P_2）和宝石釜（P_E）压力；

⑩ 再次打开平衡釜和宝石釜之间连接阀，往宝石釜中补充一定量气体后关闭连接阀；

⑪ 重复步骤⑨和⑩直至宝石釜中平衡压力达到给定压力；

⑫ 排放宝石釜中气体，回收宝石釜中材料，清洗宝石釜准备下次实验。

（2）CO_2 在液体介质、ZIF-8 浆液中的溶解吸收

① 用蒸馏水将宝石釜清洗干净后擦干；

② 往宝石釜中加入一定质量的分离介质（水、乙二醇、乙二醇 -2- 甲基咪唑、ZIF-8/ 水、ZIF-8/ 乙二醇或 ZIF-8/ 乙二醇 -2- 甲基咪唑浆液），其中对于 ZIF-8/ 液体介质混合浆液，先往宝石釜加入一定量 ZIF-8，随后加入给定量的液体介质，并用铁丝将整个混合浆液搅匀；

③ 将蓝宝石釜重新固定在恒温空气浴中的气体分离装置上；

④ 对蓝宝石釜及其所连管线抽真空，并用原料气置换 3 次后保持真空状态；

⑤ 对高压盲釜及其所连管线抽真空，同样用原料气置换 3 次后补充原料气至给定压力；

⑥ 启动恒温空气浴，设定实验温度；

⑦ 待空气浴温度达到实验设定温度且高压盲釜中气体压力稳定后，记下对应压力数值 P_1；

⑧ 打开高压盲釜和宝石釜之间的连接阀，从盲釜中排放一定量的原料气到宝石釜中后关闭连接阀，并启动磁力搅拌系统以促进整个吸收过程的进行；

⑨ 待宝石釜中压力稳定 2h 以上后视此次吸收过程完成，记下此时平衡釜（P_2）和宝石釜（P_E）中压力后暂停磁力搅拌系统；

⑩ 再次打开平衡釜和宝石釜之间连接阀，往宝石釜中补充一定量气体后关闭连接阀，启动磁力搅拌系统；

⑪ 重复步骤⑨和⑩直至宝石釜中平衡压力达到给定压力；

⑫ 排放宝石釜中气体，回收分离介质，清洗宝石釜准备下次实验。

5.1.3 数据处理过程

（1）CO_2 在干 ZIF-8 上的吸附

CO_2 在干 ZIF-8 上的吸附量采用质量衡算法求得，相关计算过程如下。

蓝宝石釜中初始进气摩尔数 n_t 和吸附平衡后剩余气相摩尔数 n_E 由下式计算：

$$n_t = \frac{P_1 V_0}{Z_1 RT} - \frac{P_2 V_0}{Z_2 RT} \tag{5-1}$$

$$n_E = \frac{P_E V_g}{Z_E RT} \tag{5-2}$$

式中　V_0——高压盲釜体积；

　Z_1、Z_2——高压盲釜中初始气相压缩因子和吸附平衡后剩余气相压缩因子，采用 BWRS 状态方程计算求得；

　　Z_E——吸附平衡后宝石釜中自由气相压缩因子，采用 BWRS 状态方程计算求得；

　　V_g——吸附平衡后蓝宝石釜中自由气相体积。

V_g 采用下式求得：

$$V_g = V_s - V_b \tag{5-3}$$

式中　V_s——蓝宝石及其上方所连管线的有效工作体积；

　　V_b——宝石釜中所装吸附材料 ZIF-8 的骨架体积。

V_b 采用下式求得：

$$V_b = \frac{m}{\rho_b} \tag{5-4}$$

式中　m——宝石釜中 ZIF-8 质量；

　　ρ_b——ZIF-8 的骨架密度，$\rho_b = 0.924 \text{g/cm}^3$。

最后可得单位质量 ZIF-8 上的 CO_2 吸附量（M）为：

$$M = \frac{n_t - n_E}{m} \tag{5-5}$$

（2）CO_2 在液体介质、ZIF-8 浆液中的溶解吸收

CO_2 在纯液体介质、ZIF-8 浆液中的吸收量确定同样采用物料衡算法计算得到，相关计算过程如下：

蓝宝石釜中初始进气摩尔数 n_t 和吸收平衡后气相摩尔数 n_E 由下式计算：

$$n_t = \frac{P_1 V_0}{Z_1 RT} - \frac{P_2 V_0}{Z_2 RT} \tag{5-6}$$

$$n_E = \frac{P_E V_g}{Z_E RT} \tag{5-7}$$

式中　V_0——高压盲釜体积；

　　V_g——吸收平衡后蓝宝石釜上方气相体积；

　Z_1、Z_2——高压盲釜中初始气相压缩因子和吸收平衡后气相压缩因子，采用 BWRS 状态方程计算求得；

　　Z_E——吸收平衡后宝石釜中剩余气相压缩因子，采用 BWRS 状态方程计算求得。

溶液、浆液中气体吸收量为：

$$n_r = n_t - n_E \tag{5-8}$$

单位体积吸收剂所表现出的 CO_2 吸收量为：

$$S_v = \frac{n_r}{V_s} \qquad (5-9)$$

5.1.4 干 ZIF-8 吸附 CO_2 特征

表 5-1 给出了 293.15K、303.15K 和 313.15K 下 CO_2 在干 ZIF-8 材料上的吸附量测定结果，可以看出在相同温度下，随着压力升高，CO_2 吸附量（m_F）逐渐增大直至趋于饱和。温度相对越高，由于 CO_2 在 ZIF-8 材料之间作用力减弱，m_F 越小。293.15K、4.2MPa 下，m_F 为 8.564mmol/g，而当温度升至 313.15K 时，m_F 降至 6.681mmol/g。

表 5-1 不同温度下 CO_2 在干 ZIF-8 材料上吸附实验结果

293.15K		303.15K		313.15K	
压力 /MPa	吸附量 /(mmol/g)	压力 /MPa	吸附量 /(mmol/g)	压力 /MPa	吸附量 /(mmol/g)
0	0	0	0	0	0
0.25	2.028	0.617	3.575	0.61	3.389
0.567	3.711	0.959	4.956	1.08	4.588
1.031	5.659	1.599	6.018	1.78	5.510
1.541	6.627	2.202	6.592	2.79	6.267
2.115	7.274	3.092	7.273	4.2	6.681
2.552	7.552	4.11	7.691		
3.066	7.913				
3.556	8.277				
4.192	8.564				

5.1.5 2- 甲基咪唑 - 乙二醇溶液吸收 CO_2 特征 [1]

表 5-2 为不同温度下 CO_2 在 2- 甲基咪唑 - 乙二醇溶液中溶解实验结果，考察了 293.15K、303.15K 和 313.15K 3 个温度。考虑到实际 CO_2 捕集过程气源压力和 CO_2 分压都较低，这里选择的最高实验压力低于 2MPa。与 CO_2 在干 ZIF-8 上吸附过程以及常规的化学吸收过程类似，随着温度升高，CO_2 在 2- 甲基咪唑 - 乙二醇溶液中溶解度逐渐减小；随着压力升高，CO_2 溶解度开始快速增大而后慢慢趋于稳定。

表 5-2 不同温度下 CO_2 在 2- 甲基咪唑 - 乙二醇溶液中溶解实验结果

293.15K		303.15K		313.15K	
压力 /MPa	溶解度 /(mol/L)	压力 /MPa	溶解度 /(mol/L)	压力 /MPa	溶解度 /(mol/L)
0	0	0	0	0	0
0.0153	0.195	0.0289	0.126	0.035	0.201
0.114	0.738	0.193	0.826	0.37	0.907

293.15K		303.15K		313.15K	
压力 /MPa	溶解度 /(mol/L)	压力 /MPa	溶解度 /(mol/L)	压力 /MPa	溶解度 /(mol/L)
0.279	1.319	0.335	1.172	0.61	1.185
0.513	1.851	0.529	1.537	0.77	1.365
0.735	2.217	0.783	1.877	0.93	1.534
0.857	2.422	0.957	2.082	1.25	1.837
0.974	2.607	1.213	2.401	1.47	2.031

5.1.6　ZIF-8/ 乙二醇 -2- 甲基咪唑浆液吸收－吸附 CO₂ 特征

测定了 3 个不同温度下 CO_2 气体在 ZIF-8/ 乙二醇 -2- 甲基咪唑浆液中的溶解特征，以此为基础计算得到了 303.15K 下 CO_2 在浆液中吸收热和溶解度系数变化曲线。图 5-1（a）为 293.15K、303.15K 和 313.15K 3 个温度下 CO_2 在 ZIF-8/ 乙二醇 -2- 甲基咪唑浆液中的溶解曲线。可以看出，随着温度降低，浆液对 CO_2 的吸收能力增强（S_v 增大）。在图 5-1（a）中所示实验数据的基础上采用 Clausius-Claperyron 方程［式（5-10）］进一步计算得到了 303.15K 下 CO_2 的吸收热（ΔH）变化曲线［图 5-1（b）］：

$$\frac{d_p}{p} = \frac{\Delta H}{RT^2} dT \tag{5-10}$$

如图 5-1(b) 所示，CO_2 在 ZIF-8/ 乙二醇 -2- 甲基咪唑浆液中的吸收热只有约 -29 kJ/mol，远低于其在传统醇胺溶液中的吸收热（-100kJ/mol）[2]，意味着富集了 CO_2 的 ZIF-8/ 乙二醇 -2- 甲基咪唑浆液所需的再生能耗同样要远小于醇胺溶液所需再生能耗，这与第 4 章中 ZIF-8/ 乙二醇 -2- 甲基咪唑浆液温和的再生条件（常温、真空）相吻合。

图 5-2 进一步对比了 CO_2 在 ZIF-8/ 乙二醇 -2- 甲基咪唑浆液和文献中所报道液体吸收介质（水、离子液体、醇胺溶液等）中的溶解度系数（S_c）。可以看出常压（0.1 MPa）条件下，CO_2 在浆液体系中的溶解度系数达到了 12.5mol/（L·MPa），虽然较其在 MEA[3] 和 DEAE[4] 溶液中的溶解度系数要低，但是是对应条件下 CO_2 在水[5] 中溶解度系数［0.29mol/（L·MPa）］的 57 倍左右，在离子液体 [P₅mim] [bFAP][5] 中溶解度系数［0.48mol/（L·MPa）］的 33 倍左右，在 [bmim][PF₆][6] 中溶解度系数［1.08mol/（L·MPa）］的约 15 倍，同时远高于其在 TEA[4] 溶液中的溶解度系数［1.5mol/(L·MPa)］，与在 MDEA[3] 溶液中的溶解度系数［12.5mol/（L·MPa）］相当。

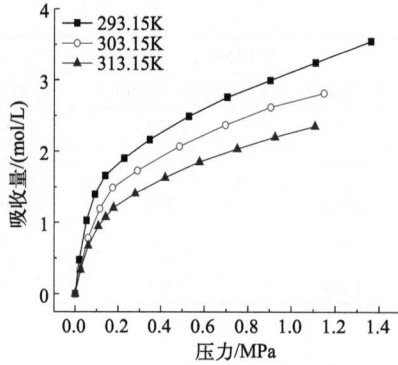

(a) CO_2 在ZIF-8/乙二醇-2-甲基咪唑浆液中的溶解曲线

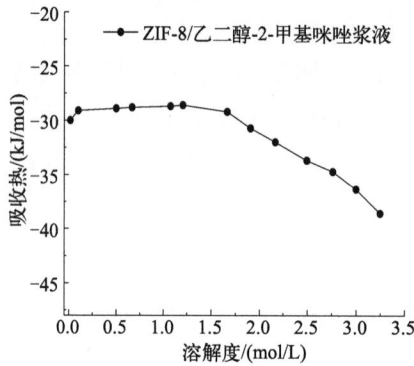

(b) 303.15 K下CO_2在ZIF-8/乙二醇-2-甲基咪唑浆液中的吸收热曲线

图5-1　CO_2 在 ZIF-8/ 乙二醇 -2- 甲基咪唑浆液中的溶解曲线及吸收热曲线

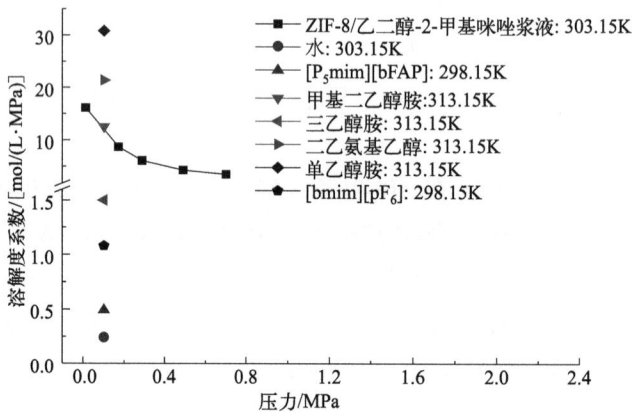

图5-2　CO_2 在 ZIF-8 浆液中溶解度系数与在文献中报道吸收介质上溶解度系数对比

　　综合考虑吸收介质的再生能耗和 CO_2 溶解度系数，ZIF-8/ 乙二醇 -2- 甲基咪唑浆液较现有常用 CO_2 捕集介质（醇胺溶液）表现出了很大的优势，再次证明了 ZIF-8/ 乙二醇 -2- 甲基咪唑浆液作为 CO_2 捕集介质的优秀潜力。

5.2　CO$_2$ 在 ZIF-8/ 乙二醇 -2- 甲基咪唑浆液中溶解机理及理论[7, 8]

明确了不同状态 ZIF-8 对 CO$_2$ 优秀的吸附、吸收效果后，进一步对相关机理和理论开展研究。

5.2.1　CO$_2$-ZIF-8/ 乙二醇 -2- 甲基咪唑微观作用分析

首先采用偏光显微镜对 ZIF-8/ 乙二醇 -2- 甲基咪唑浆液进行了微观观测，如图 5-3 所示（书后另见彩图）。浆液中 ZIF-8 颗粒分散均匀，在颗粒周围分布有一层黑色液膜（乙二醇膜）。

图 5-3　ZIF-8/ 乙二醇 -2- 甲基咪唑浆液微观图

然后将 ZIF-8 粉末制成压片，测定了 ZIF-8 压片上乙二醇接触角，如图 5-4 所示（书后另见彩图）。纯乙二醇没有渗透入 ZIF-8 压片内和 ZIF-8 颗粒孔隙内，液态乙二醇在 ZIF-8 压片上形状规范，但二者之间接触角为 26°，二者具有很好的亲和力。进一步支持了浆液中悬浮 ZIF-8 颗粒外表面乙二醇膜存在这一推断，以及浆液体系吸收 - 吸附耦合捕集 CO$_2$ 这一认识机理。

从上述的混合气分离和单组分吸收结果来看，2- 甲基咪唑的加入对浆液吸收 CO$_2$ 量起到了非常重要的作用，因此进一步对 CO$_2$- 乙二醇 -2- 甲基咪唑三者之间微观作用关系开展研究。图 5-5 给出了单一乙二醇 -2- 甲基咪唑溶液和 2MPa 下饱和吸收了 CO$_2$ 的 CO$_2$- 乙二醇 -2- 甲基咪唑混合液红外分析结果。可以看出，与纯 2- 甲基咪唑 + 乙二醇溶液相比，吸收 CO$_2$ 后的溶液在 1293cm^{-1}、1639cm^{-1} 和 2335cm^{-1} 3 个位置出现了新的特征峰，说明有新的物质或基团出现。结合文献调研，其中 1639cm^{-1}

特征峰的出现归因于 C==O 键的形成，1639cm^{-1} 特征峰的出现归因于—C—O—C—键的伸缩振动，2335 cm^{-1} 特征峰的出现归因于 CO_2 分子的不对称和弯曲特征。整体来看，CO_2- 乙二醇 -2- 甲基咪唑三者之间发生了相互作用（表现出了高的 CO_2 吸收量），但并没有发生真正的化学反应。

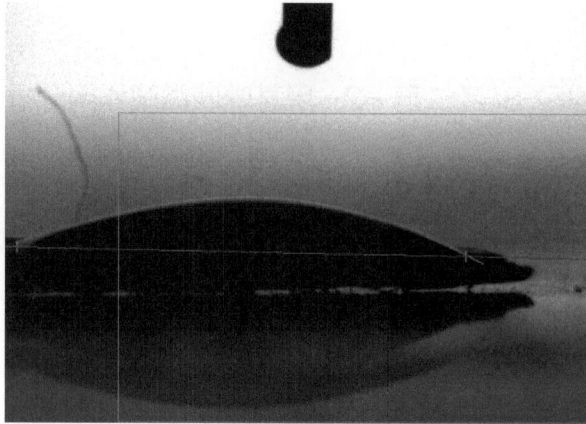

图5-4 ZIF-8 压片 - 乙二醇接触图

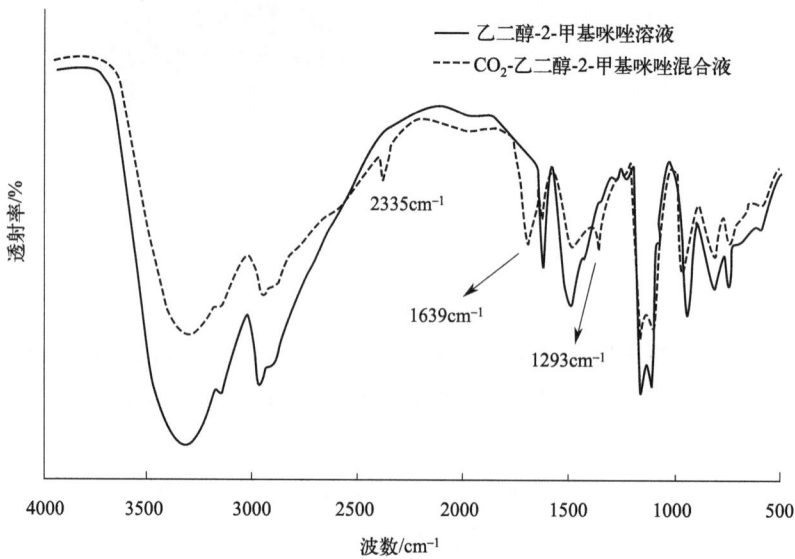

图 5-5 单一乙二醇 -2- 甲基咪唑溶液混合液和 CO_2- 乙二醇 -2- 甲基咪唑红外分析结果

基于上述微观分析和溶解度结果，建立了如下 CO_2- 乙二醇 -2- 甲基咪唑之间作用关联式：

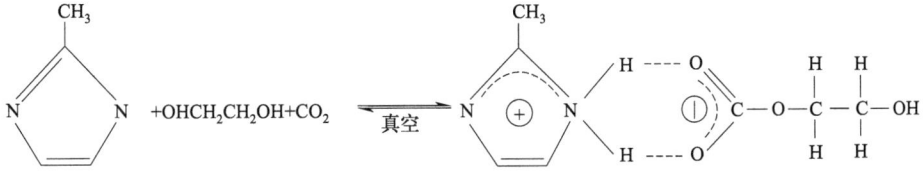

图 5-6　CO_2 在 2- 甲基咪唑 – 乙二醇溶液中溶解吸收机制

在图 5-6 中，CO_2 与乙二醇、2- 甲基咪唑三者之间通过氢键作用形成络合物。

5.2.2　CO_2 在 ZIF-8/ 乙二醇 -2- 甲基咪唑浆液溶解量计算数学模型

从前述研究可以看出浆液中 ZIF-8 对 CO_2 有吸附作用，乙二醇 -2- 甲基咪唑溶液有类化学吸收作用，因此 ZIF-8/ 乙二醇 -2- 甲基咪唑浆液对 CO_2 溶解量计算是吸附、吸收两种机制的有机耦合。

（1）CO_2 在干 ZIF-8 上吸附量计算

从表 5-1 所列数据可以得出，CO_2 在干 ZIF-8 颗粒上的吸附量为 I 型吸附曲线类型，因此以 Langmuir 吸附模型为基础，建立如下 ZIF-8 上 CO_2 的吸收量 q（mmol/g）计算关联式：

$$q = A\frac{B \times P^C}{1 + B \times P^C} \tag{5-11}$$

式中　A——干材料上饱和吸附量；

　　　P——平衡压力；

　　　B、C——系数。

表 5-3　不同温度下 A、B 和 C 的数值

温度	A	B	C
293.15K	9.7966	1.2403	1.1435
303.15K	8.7831	1.265	1.1801
313.15K	7.7411	1.3359	1.0952

基于表 5-1 中所列实验数据对式（5-11）进行拟合，将拟合值与实验值进行对比（图 5-7）。从图 5-7 可以看出，拟合效果良好，进一步确定出式（5-11）中的 A、B 和 C 的数值（见表 5-3）。从表 5-3 可以看出随着温度升高，CO_2 饱和吸附量 A 逐渐减小，从 293.15 K 下的 9.7966 mmol/g 降低到 313.15 K 下的 7.7411mmol/g。

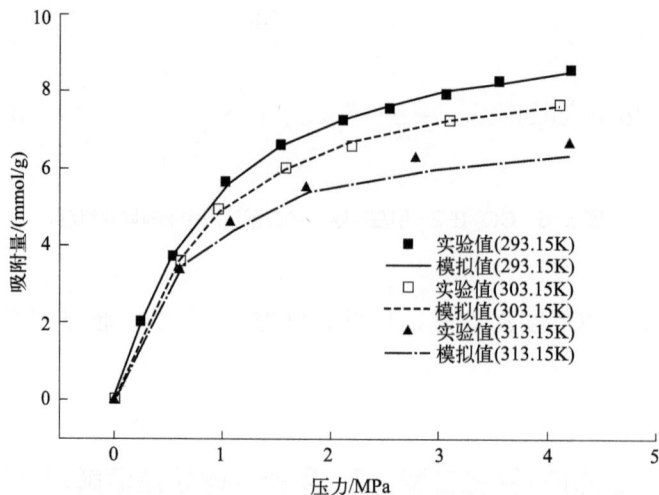

图 5-7 干 ZIF-8 上 CO_2 吸附量实验值和模拟值对比

（2）CO_2 在 2- 甲基咪唑 - 乙二醇溶液中溶解度计算

针对 CO_2 在 2- 甲基咪唑 - 乙二醇溶液中的溶解，在前述研究过程中，基于红外分析我们已经确定出了 CO_2 与乙二醇和 2- 甲基咪唑分子之间的作用机理（图 5-6）。从图 5-6 中可以看出，3 种分子之间通过形成氢键实现对 CO_2 的高效溶解吸收。

将机理图 5-6 用如下化学作用方程式表示：

$$CO_2(g) \rightleftharpoons CO_2(1) + C_4H_6O_2(1) + HOCH_2CH_2OH \rightleftharpoons C_9H_{12}N_4O_2 \quad (5-12)$$

溶解平衡后对应实验条件（T，P）下溶液中 CO_2 的自由能 H 为：

$$H(T, P) \equiv \lim_{m_1 \to 0} \frac{f_g}{m_1} \approx \lim_{m_1 \to 0} \frac{p}{m_1} \quad (5-13)$$

式中　m_1——$CO_2(1)$ 在混合溶液中体积摩尔浓度，mol/L；

　　　f_g——逸度。

平衡常数 k_a 按如下公式计算：

$$k_a = \frac{m_4}{m_1 \times m_2 \times m_3} \times \frac{r_4}{r_1 \times r_2 \times r_3} = k_m \times k_r \quad (5-14)$$

式中　m_2、m_3——$C_4H_6O_2$（2- 甲基咪唑）和 $C_9H_{12}N_4O_2$ 在液相中的浓度；

　　　m_4——生成的 $C_9H_{12}N_4O_2$ 在混合溶液中的体积摩尔浓度；

r_1、r_2、r_3、r_4——对应组分的活度系数。

考虑到与 2- 甲基咪唑相比，CO_2 在溶液中的浓度要小得多，因此这里我们把 CO_2- 甲基咪唑混合液当作理想稀溶液处理，有：

$$k_a \cong k_m = \frac{m_4}{m_1 \times m_2 \times m_3} \quad (5-15)$$

根据理想稀溶液理论：

$$P = H_m \times m_1 \quad (5-16)$$

联合式（5-14）和式（5-15）可得：

$$m_3 = k_m \times \frac{p}{H_m} \times m_2^2 \tag{5-17}$$

从而可得溶液中 CO_2 的体积浓度 M_a（mol/L）：

$$M_a = m_1 + m_3 = \frac{p}{H_m}(1 + m_2^2 \times k_m) \tag{5-18}$$

式（5-18）中 m_2 可由下式求得：

$$m_2 = m_0 - 2m_3 \tag{5-19}$$

式中　m_0——溶液中 2- 甲基咪唑的初始浓度（mol/L），当溶液中 2- 甲基咪唑的质量分数为 10% 时，对应浓度为 1.3498mol/L；当溶液中 2- 甲基咪唑的质量分数为 40% 时，对应浓度为 5.276mol/L。

把式（5-19）代入式（5-18）中得：

$$M_a = \left(\frac{1}{H_m} + \frac{(m_0 - 2M_a + 2 \times \frac{p}{H_m})^2}{H_m} \times k_m\right) \times p \tag{5-20}$$

求解式（5-20）即可得溶液对 CO_2 的吸收量 M_a（mol/L）。

结合表 5-2 中实验数据和式（5-20），采用最小二乘法进行拟合，确定出式（5-20）中参数生成焓 H_m 和平衡常数 k_m 数值（表 5-4）。图 5-8 进一步对比了 CO_2 在 2- 甲基咪唑 - 乙二醇溶液中溶解度的实验值和模拟值，可以看出实验值与计算值吻合良好。

表 5-4　参数生成焓和平衡常数数值

温度 /K	生成焓 H_m	平衡常数 k_m
293.15	3.8441	0.1340
303.15	5.3812	0.1139
313.15	8.1756	0.0765

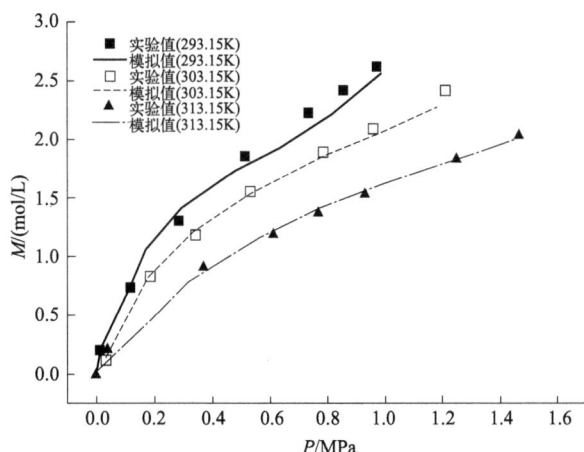

图 5-8　CO_2 在 2- 甲基咪唑 - 乙二醇溶液中溶解量实验值模拟值对比

（3）CO_2 在 ZIF-8/ 乙二醇 -2- 甲基咪唑浆液中溶解量计算

虽然 ZIF-8/ 乙二醇 -2- 甲基咪唑浆液中液体分子对悬浮的 ZIF-8 颗粒孔道内部气体吸附能力没有影响，但乙二醇在 ZIF-8 颗粒外表面形成液膜后会占据其外表面的 CO_2 吸附位，同时 ZIF-8 颗粒的存在会一定程度提高整个体系的黏度，从而也会对乙二醇溶液中 CO_2 的溶解产生影响。因此当采用 CO_2 在 ZIF-8 材料上的吸附量（M_d）和在 2- 甲基咪唑 - 乙二醇溶液溶解度（M_a）来进一步计算其在 ZIF-8/ 乙二醇 -2- 甲基咪唑浆液中溶解量时，需要对 M_a 和 M_d 进行校正。CO_2 在 ZIF-8/ 乙二醇 -2- 甲基咪唑浆液中溶解吸收量（S_V，mol/L）采用下式计算：

$$S_V = \frac{M_1 + M_2}{V_L} \tag{5-21}$$

$$M_d' = m_{ZIF-8} \times M_d \times \left[\left(\frac{x_1}{w_{\text{乙二醇-咪唑}}} \right)^2 + \left(\frac{x_2}{w_{\text{乙二醇-咪唑}}} \right) + x_3 \right] \tag{5-22}$$

$$'M_a = V_{\text{乙二醇-咪唑}} \times M_a \times \left[\left(\frac{x_4}{w_{ZIF-8}} \right)^2 + \left(\frac{x_5}{w_{ZIF-8}} \right) + x_6 \right] \tag{5-23}$$

式中　　　　　　　M_d——浆液中悬浮 ZIF-8 颗粒上 CO_2 吸附量，用式（5-11）计算求得；

m_{ZIF-8}、w_{ZIF-8}——浆液中 ZIF-8 的质量和质量分数；

M_a——浆液中乙二醇 - 甲基咪唑混合液的 CO_2 吸收量，用式（5-20）计算求得；

$V_{\text{乙二醇-咪唑}}$、$w_{\text{乙二醇-咪唑}}$——浆液中 2- 甲基咪唑 - 乙二醇混合液的体积和质量分数；

V_L——ZIF-8/ 乙二醇 - 甲基咪唑浆液体积；

$x_1 \sim x_6$——校正系数。

结合 CO_2 在浆液中溶解实验数据和方程式（5-21）和式（5-23），同样采用最新二乘法确定出系数 $x_1 \sim x_6$（见表 5-5）。

图 5-9 为 CO_2 在 ZIF-8/ 乙二醇 -2- 甲基咪唑浆液中溶解量实验值和模拟值对比，同样可以看出两者吻合良好，说明所建数学模型可用于其余条件下 CO_2 在 ZIF-8/ 乙二醇 - 甲基咪唑浆液中溶解量预测计算和流程模拟研究。

表 5-5　系数 $x_1 \sim x_6$ 数值

系数	293.15K	303.15K	313.15K
x_1	4.0171	1.6542	-1.1366
x_2	-88.0456	-68.0804	-65.2812
x_3	-1.0840	-1.7063	-3.0891
x_4	0.4112	-0.1267	0.2531
x_5	4.4929	3.7818	4.2774
x_6	2.2519	2.8605	4.5994

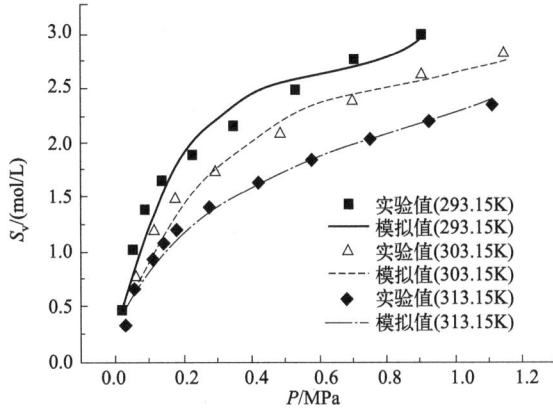

图 5-9　CO_2 在 ZIF-8/ 乙二醇 -2- 甲基咪唑浆液中溶解量实验值和模拟值对比

5.3　ZIF-8 浆液黏度测定

如前所述，利用 ZIF-8/ 乙二醇和 ZIF-8/ 乙二醇 -2- 甲基咪唑浆液捕集 CO_2 除了利用吸收 - 吸附耦合分离效果，同时寄希望利用浆液的流动性实现一个捕集 - 浆液再生 - 捕集的连续操作过程，此时掌握浆液体系的流动性同样重要。

5.3.1　实验装置

分离介质黏度测定是在图 5-10 所示的毛细管黏度计中进行。考虑到 ZIF-8 浆液中颗粒之间聚集作用的影响，这里选用毛细管内径为 0.8mm 的黏度计。实验过程黏度计中装有液体介质部分浸没在恒温水浴中，利用后者来维持待测浆液的温度。以标准硅油作为标准物，确定了黏度计的校正参数 C 为 0.0517，然后测定各分离介质的黏度。

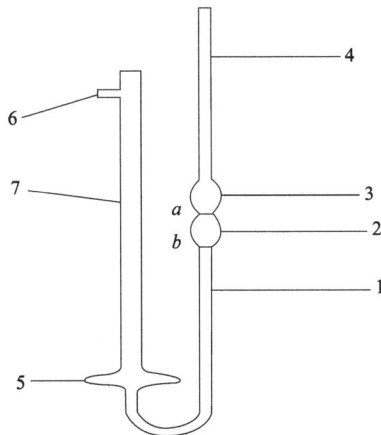

图 5-10　实验用毛细管黏度计示意

1,7—管体；2,3,5—膨胀部件；4—毛细管；6—支管；a，b—标记线

5.3.2 实验方法

① 开启恒温水浴，将装好样品的黏度计浸入恒温水浴中，并使黏度计处于垂直状态，同时确保毛细管扩张部分浸没在水浴中水面以下，恒温 20min；

② 将洗耳球插入 1 上方连接的橡胶管，并将待测样品向上吸入黏度计的扩张部分，直至分离介质液面高于标准线 a；

③ 取出洗耳球，让分离介质在黏度计中自由流下，当介质液面达到标准线 a 时，开启秒表，当液面达到标准线 b 时，停下秒表，记录介质在毛细管中流动时间（t）；

④ 每组实验重复测定 3 次，取 3 次所测时间的平均值作为最终实验值；

⑤ 清洗实验仪器，以备后续实验。

5.3.3 数据处理过程

根据实验过程分离介质在黏度计中的下落时间，采用下式求得分离介质的黏度（η）：

$$\eta = C\rho t \tag{5-24}$$

式中　C——黏度计校正系数；

ρ——分离介质密度，采用比重瓶在恒温条件下测得。

5.3.4 纯乙二醇黏度

表 5-6 给出了纯乙二醇在 4 个不同温度（293.15K、303.15K、313.15K、323.15K）下的黏度测定值。所测得 293.15 K 下乙二醇黏度值与文献报道值[9]（η=19.9mPa·s）一致，证明了所用仪器及测定方法的可靠性。随着温度的增加，乙二醇黏度迅速降低。

表 5-6　不同温度下乙二醇黏度实验测定值

黏度值	293.15 K	303.15 K	313.15 K	323.15 K
$\eta/(\text{mPa·s})$	19.9	13.2	9.5	6.6

5.3.5 2- 甲基咪唑 – 乙二醇溶液黏度

表 5-7 给出了 2- 甲基咪唑 - 乙二醇溶液黏度实验测定值。分别考察了温度（T）和溶液中 2- 甲基咪唑质量分数（m_f）对体系黏度的影响。可以看出溶液黏度随 m_f 的增加和温度的降低而变大，当 m_f 达到 0.4 时，303.15K 条件下混合溶液的黏度达到了 27.4mPa·s，是对应条件下纯乙二醇液体的 2 倍多，但此时溶液仍具有良好的流动性。

表 5-7 2- 甲基咪唑 – 乙二醇溶液黏度实验测定值

T/K	$\eta/(mPa \cdot s)$				
	$m_f=0.05$[①]	$m_f=0.1$	$m_f=0.2$	$m_f=0.3$	$m_f=0.4$
293.15					47.5
303.15	14.8	16.1	18.8	22.6	27.4
313.15					17.6
323.15					11.4

① m_f 为溶液中 2- 甲基咪唑质量分数。

5.3.6 ZIF-8/ 乙二醇 -2- 甲基咪唑混合浆液

表 5-8 给出了 ZIF-8/ 乙二醇 -2- 甲基咪唑浆液黏度实验测定值。为了与第 4 章吸收 - 吸附耦合分离实验相一致，这里所选液体介质同样为含 40%（质量分数）2- 甲基咪唑的 2- 甲基咪唑 - 乙二醇溶液，考察了温度（T）和 ZIF-8 质量分数（m_f）对浆液体系黏度的影响。可以看出浆液体系黏度随温度的降低和 m_f 的增加而增大。相对于单独的液体介质（表 5-6 和表 5-7），固体介质 ZIF-8 的加入明显提高了浆液体系的黏度，当 m_f 增至 0.15 时 303.15K 下浆液的黏度达到 62.2mPa·s，虽然此时浆液体系黏度较单独的乙二醇、2- 甲基咪唑 - 乙二醇溶液的表观黏度要大许多，但仍远小于文献中已报道的大部分离子液体[10-13] 的表观黏度，这些离子液体被认为是很好的 CO_2 捕集介质。从实验过程来看，对应条件下整个浆液体系仍表现出了良好的流动特性，且分离过程的实验现象表明，随着浆液中溶解气量的增加，浆液体积会一定程度变大，导致分离浆液的表观黏度较新鲜浆液反而有一定程度的减小。综合考虑浆液体系的分离能力和物性特征，采用浆液体系进行 CO_2 捕集时，浆液中合适的 ZIF-8 质量分数以及操作温度分别为 0.15 和 303.15K。

表 5-8 ZIF-8/ 乙二醇 -2- 甲基咪唑浆液黏度实验测定值

T/K	$\eta/(mPa \cdot s)$		
	$m_f=0.05$[①]	$m_f=0.1$	$m_f=0.15$
293.15	55.5		
303.15	32.0	45.7	62.2
313.15	20.3	30.9	49.3
323.15	13.7	27.5	31.1

① m_f 为浆液中 ZIF-8 的质量分数。

5.4 ZIF-8浆液黏度预测方程式建立

5.4.1 黏度预测方程式建立

目前悬浮浆液的黏度预测模型大多是在 Einstein 提出的黏度方程[14][式(5-25)]基础上发展起来的,该模型主要考虑了固体介质浓度对浆液黏度的影响:

$$\eta = \eta_{liquid}(1+2.5C) \tag{5-25}$$

式中 C——固体介质在浆液中的体积分数。

Thomas[15] 在式(5-25)基础上同时考虑了浆液中固体介质浓度和固体介质之间的相互作用对体系黏度的影响,提出了式(5-26)所示黏度预测方程式:

$$\eta = \eta_{liquid}(1+2.5C+10.05C^2+0.00273e^{16.6C}) \tag{5-26}$$

式(5-26)对固体体积分数范围为 0 ~ 0.625,固体颗粒粒径范围为 0.099 ~ 435μm 的悬浮浆液的黏度均表现出了较好的预测精度。

在本文中虽然 ZIF-8/乙二醇浆液分散均匀,但对于 ZIF-8/水-乙二醇浆液体系,由于水的存在,分散均匀后浆液与空气接触面仍有少量气泡出现,影响了浆液体积和固体介质体积分数的确定,因此这里选用浆液中 ZIF-8 的质量分数(x)代替体积分数(C)来关联 ZIF-8 浆液的黏度(η_1):

$$\eta_1 = \eta_{liquid} \times (1+a+x+bx^2+ce^{dx}) \tag{5-27}$$

式中 x——浆液中 ZIF-8 的质量分数;

η_{liquid}——浆液中液体介质(乙二醇、2-甲基咪唑-乙二醇、乙二醇-水)的黏度;

a、b、c、d——无因次参数。

对于 2-甲基咪唑-乙二醇溶液,综合考虑温度和 2-甲基咪唑含量的影响,建立了如下黏度(η_2)预测方程式:

$$\frac{\eta_2}{\eta_{glycol}} = \exp\left(\frac{[(ax+b)\times T+cx+d]\times x}{T^2}\right) \tag{5-28}$$

式中 x——溶液中 2-甲基咪唑的质量分数;

η_{glycol}——纯乙二醇的黏度;

T——体系温度,K;

a、b、c、d——无因次参数。

对于纯乙二醇体系黏度的模拟,这里选用的是 VTF 经验方程[16]:

$$\eta_{glycol} = a \times \exp\left(\frac{b}{c+T}\right) \tag{5-29}$$

式中 T——体系温度,K;

a、b、c——无因次参数。

利用 5.3 节所得分离介质的黏度实验测定值拟合得到了式(5-27)、式(5-28)和式（5-29）中的参数值，具体数值列于表 5-9 中。

表 5-9 黏度预测模型参数值

分离介质	a	b	c	d
乙二醇	0.0023	1882.7	−86.63	—
2- 甲基咪唑 - 乙二醇	3720	−2006	$-9.576×10^5$	$6.044×10^5$
ZIF-8/ 乙二醇 -2- 甲基咪唑	7.04	29.22	−0.2338	1.607
ZIF-8 / 水 - 乙二醇	−22.37	386.35	$5.401×10^7$	−360.4

5.4.2 模拟结果分析

图 5-11 ～图 5-13 展示了不同实验条件下纯乙二醇、2- 甲基咪唑 - 乙二醇溶液、ZIF-8/ 乙二醇 -2- 甲基咪唑浆液的黏度模拟值与实验值对比结果。可以看出，各种分离介质的黏度模拟值与实验值都吻合很好，说明所建黏度预测方程式的准确性和可靠性。

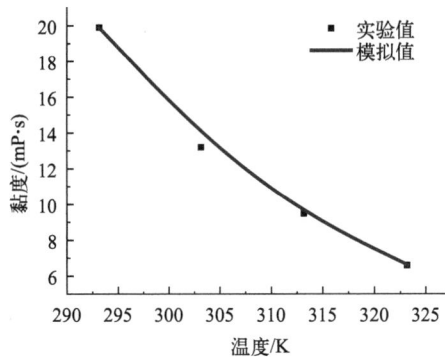

图 5-11 不同温度下纯乙二醇溶液黏度实验、模拟值对比

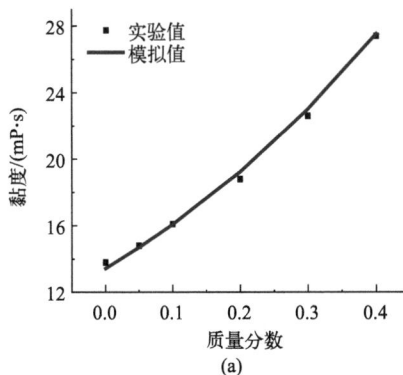

(a)

图 5-12

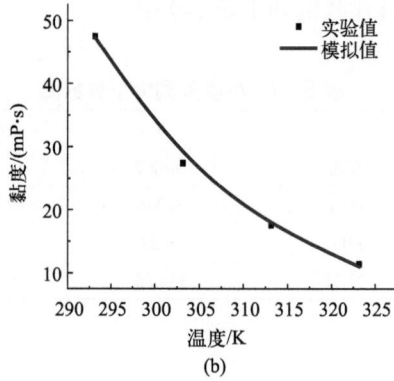

图 5-12　2- 甲基咪唑 – 乙二醇溶液黏度实验、模拟值对比

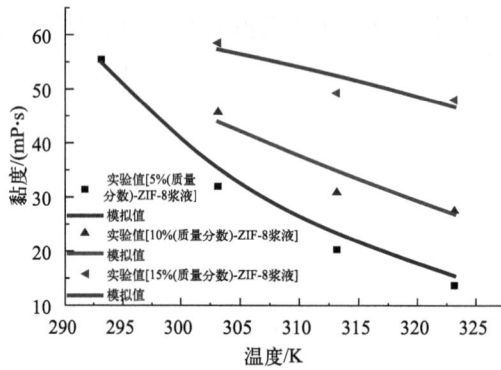

图 5-13　ZIF-8/ 乙二醇 -2- 甲基咪唑浆液黏度实验、模拟值对比

参考文献

[1] Liu Huang，Ping Guo，Guangjin Chen. Investigation of CO_2 capture efficiency and mechanism in 2-methylimidazole-glycol solution [J]. Separation and Purification Technology，2017，189：66-73.

[2] Rochelle G T. Amine scrubbing for CO_2 capture [J]. Science，2009，325（5948）：1652-1654.

[3] Zhou M，Wang Q，Zhang L，et al. Adsorption sites of hydrogen in zeolitic imidazolate frameworks [J]. Journal of Physical Chemistry B，2009，113（32）：11049-11053.

[4] Chowdhury F A，Yamada H，Higashii T，et al. CO_2 capture by tertiary amine absorbents：A performance comparison study [J]. Industrial & Engineering Chemistry Research，2013，52（24）：8323-8331.

[5] Wilcox J. Carbon Capture [M]. New York：Springer，2012.

[6] Anthony J L，Maginn E J，Brennecke J F. Solubilities and thermodynamic properties of gases in the ionic liquid 1-n-butyl-3-methylimidazolium hexafluorophosphate [J]. Journal of Physical Chemistry

B，2002，106（29）：7315-7320.

［7］姚德松，刘煌，陈莉，等 . CO₂ 在 ZIF-8/ 乙二醇 -2- 甲基咪唑浆液中溶解能力理论分析［J］. 化工进展，2021，40，315-321.

［8］Huang Liu，Desong Yao，Huashi Li，et al. The experimental and theory research on the sorption kinetic of CH₄ and C₂H₄ in ZIF-8/water-glycol slurry［J］. Microporous and Mesoporous Materials，2022，329：111559.

［9］宋兴福，罗妍，汪瑾，等 . 甲醇 - 乙二醇二元混合液密度和粘度的测定及关联［J］. 华东理工大学学报（自然科学版），2007，33（6）：750-753.

［10］Tomida D，Kumagai A，Qiao K，et al. Viscosity of［bmim］［PF₆］and［bmim］［BF₄］at high pressure［J］. International Journal of Thermophysics，2006，27（1）：39-47.

［11］Zhang J，Zhang S，Dong K，et al. Supported absorption of CO₂ by tetrabutylphosphonium amino acid ionic liquids［J］. Chemistry-A European Journal，2006，12（15）：4021-4026.

［12］Gurkan B，Goodrich B F，Mindrup E M，et al. Molecular design of high capacity，low viscosity，chemically tunable ionic liquids for CO₂ capture［J］. The Journal of Physical Chemistry Letters，2010，1（24）：3494-3499.

［13］Zhang Y，Zhang S，Lu X，et al. Dual amino-functionalised phosphonium ionic liquids for CO₂ capture［J］. Chemistry-A European Journal，2009，15（12）：3003-3011.

［14］Barnes H A. An introduction to rheology［M］. Amsterdam：Elsevier，1989（chapter 7）.

［15］Thomas D G. Transport characteristics of suspension：Ⅷ. A note on the viscosity of Newtonian suspensions of uniform spherical particles［J］. Journal of Colloid and Interface Science，1965，20（3）：267-277.

［16］Vogel H. The temperature dependence law of the viscosity of fluids［J］. Phys. Z.，1921，22：645.

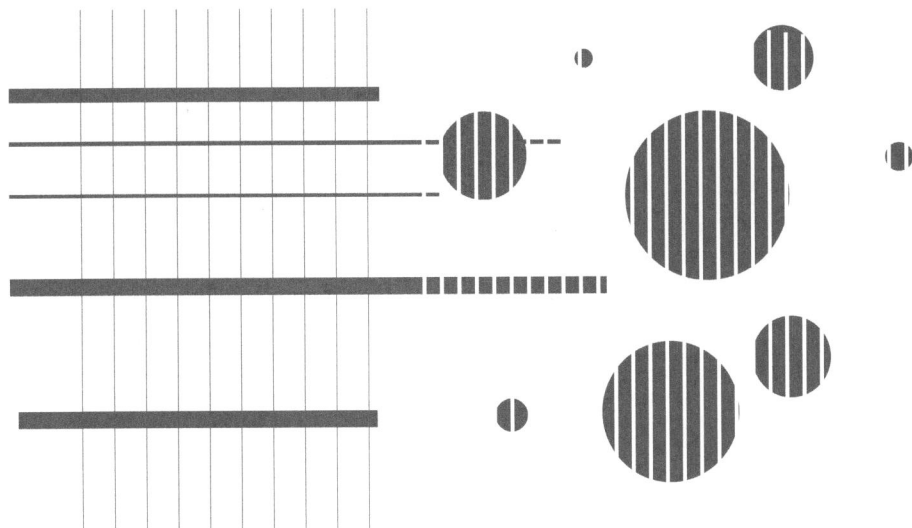

第6章

注 CO_2 对天然气相态性质
影响实验与理论研究

将捕集的 CO_2 进行利用或封存是实现碳中和目标的必要途径，其中将 CO_2 注入油气藏能同时实现提采油气和碳封存，被认为是当前实现碳中和的兜底技术。

注 CO_2 开发天然气藏技术提出已超过 30 年，但实际应用很少，存在以下原因：

① 与油藏不同，常规气藏采收率均比较高，废弃压力下再注 CO_2 提采性价比不高[1]；

② 常规气藏渗透率均比较高，在储层内 CO_2 与天然气会不同程度混合，这就需要对采出气进行进一步的脱碳处理[2]。

低渗、致密气藏的开发为注 CO_2 法实施提供了契机，相关原因是受气藏渗流能力的影响，这类型气藏采收率均比较低、存在应力敏感特征等[3,4]。

把 CO_2 注入致密气藏具有多重效果[5-7]：

① 维持储层压力，减弱应力敏感程度；

② 驱替岩心中自由天然气以及置换岩心孔道表面吸附的天然气，提高气藏采收率；

③ 实现 CO_2 埋存。

注 CO_2 驱天然气过程由于扩散和弥散作用 CO_2 仍会不同程度与天然气混合，改变天然气的相态性质；同时，近年来越来越多的高压、高含 CO_2 天然气藏被发现[8,9]。因此，掌握 CO_2- 天然气混合气相态性质是前提基础。

本章拟研究 CO_2 混入对天然气相态性质影响特征，同时考虑岩心孔道的影响；在此基础上进一步建立考虑 CO_2 注入和岩心微纳米孔道影响的相态预测理论模型。

6.1 PVT 筒中 CO_2 注入对天然气相态影响实验

依据标准《油气藏流体物性分析法》（GB/T 26981—2020），采用加拿大 DBR 公司生产的 JEFRI 全观测无汞高温高压多功能地层流体分析仪对 2 个致密气藏天然气注 CO_2 前后相态性质进行测定。

6.1.1 实验装置

图 6-1 为 PVT 实验系统实物图。

该套装置主要包括 1 个高低温试验箱、1 个高压 PVT 筒和与之配套的增压泵。实验系统最大工作温度为 200℃，最大工作压力为 70MPa。

图 6-1 PVT 实验系统实物图（JEFRI 全观测无汞高温高压地层流体分析仪）

6.1.2 实验材料

两个从实际致密气藏取得的天然气样（气样 1 和气样 2）以及以气样 1 为基础注入多个不同比例 CO$_2$ 的配制混合气（见表 6-1）。

表 6-1 实验用气样组分

项目	气样 1	气样 2	气样 1 +10% CO$_2$	气样 1 +30% CO$_2$	气样 1 +50% CO$_2$	气样 1 +75% CO$_2$	气样 1 +90% CO$_2$
CH$_4$（摩尔分数）/%	97.28	86.52	87.338	68.043	48.618	24.3027	9.7151
C$_2$H$_6$（摩尔分数）/%	1.83	7.97	1.69	1.302	0.946	0.472	0.189
C$_3$H$_8$（摩尔分数）/%	0.25	1.92	0.225	0.175	0.126	0.0593	0.0259
N$_2$（摩尔分数）/%	0.64	1.6	0.657	0.51	0.35	0.176	0.07
CO$_2$（摩尔分数）/%	—	1.34	10.09	29.97	49.96	74.99	90
n-C$_4$H$_{10}$/mol	—	0.65	—	—	—	—	—

6.1.3 结果及分析

图 6-2～图 6-7（书后另见彩图）给出了气样 1 至气样 1+90% CO$_2$ 天然气相对体积、偏差因子、体积系数、压缩系数、密度和黏度实验测定结果。可以看出，相同压力、不同 CO$_2$ 含量下，天然气的相对体积、体积系数、压缩系数等相差不大，整体随着 CO$_2$ 含量升高天然气的相对体积略有增加，体积系数略有降低，压缩系数

在高压下略有降低，低压下则略有增加。但随 CO_2 含量变化，天然气的偏差因子、密度和黏度变化较明显。以 40MPa 为例，从气样 1 到气样 1+90% CO_2，偏差因子从 1.0543 降低到 0.9274、密度从 $0.210g/cm^3$ 升高到 $0.597g/cm^3$、黏度从 $0.0254mPa \cdot s$ 升高到 $0.1629mPa \cdot s$。

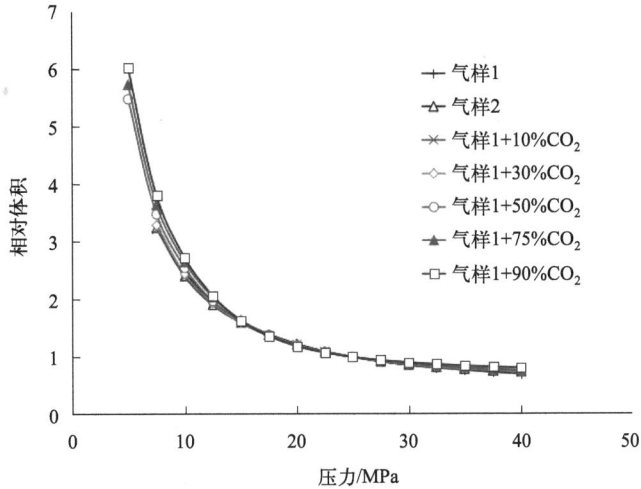

图 6-2　相对体积对比图

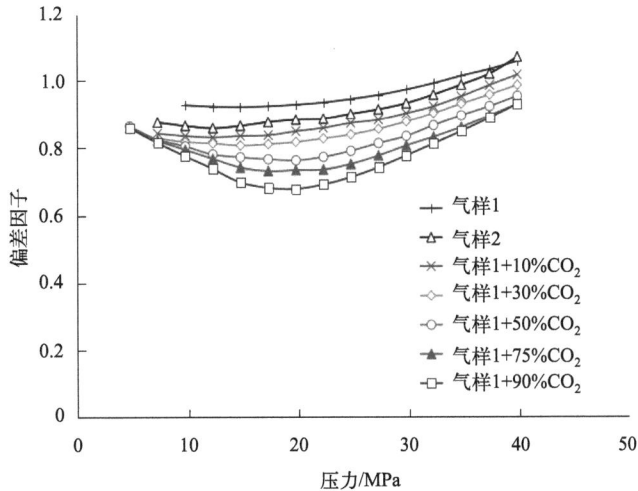

图 6-3　偏差因子对比图

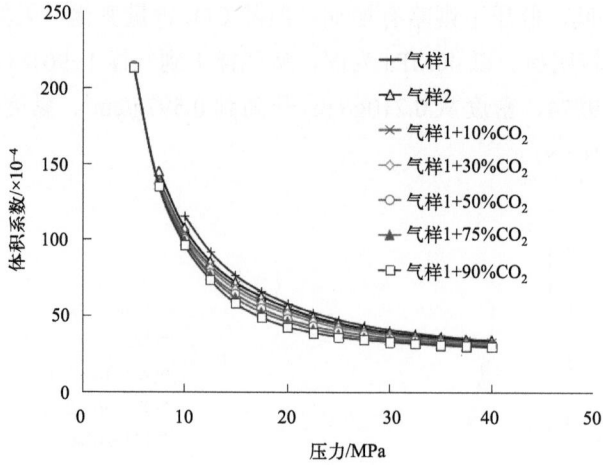

图 6-4　体积系数对比图

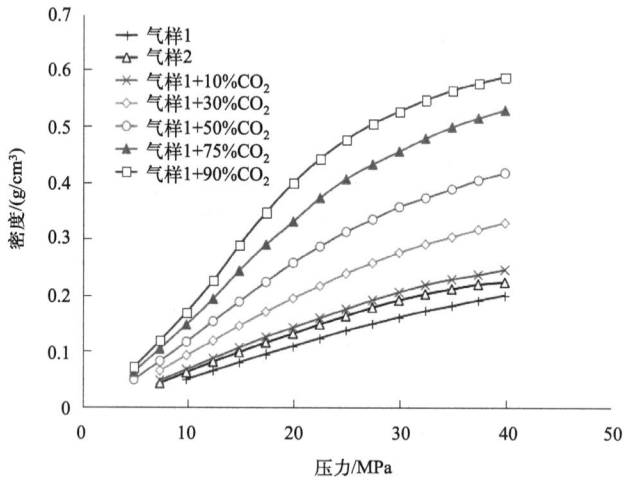

图 6-5　密度对比图

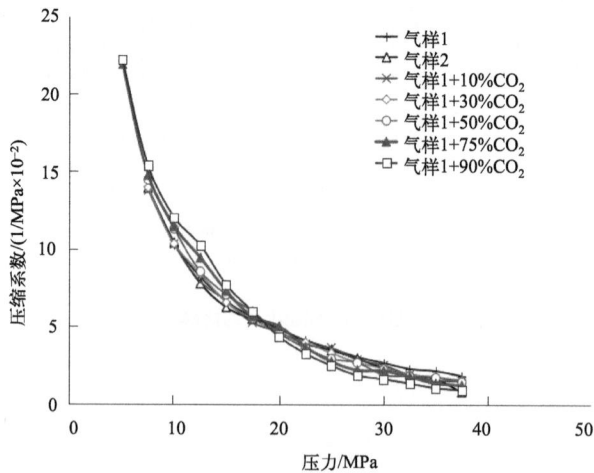

图 6-6　压缩系数对比图

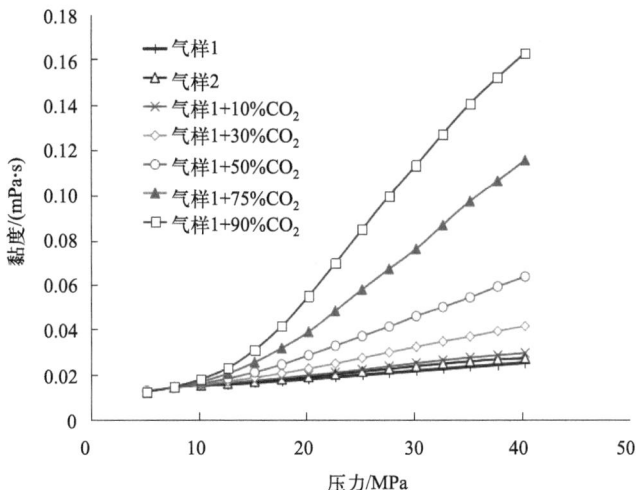

图 6-7　黏度对比图

6.2　多孔介质中 CO_2 注入对天然气相态影响实验研究

进行 3 个不同渗透率岩心（0.1mD、1mD、3.4mD）中天然气 *PV* 关系测定，分析多孔介质微纳米孔对天然气相态性质的影响。

6.2.1　实验装置

测试装置主要由全直径岩心夹持器、压力表、中间容器、回压阀等组成。通过泵控制压力，待压力稳定后恒速衰竭气体，通过记录压力表、泵刻度数据做出岩心中天然气的 *PV* 关系图。装置最大工作温度为 200℃，最大工作压力为 150MPa。

实验装置流程如图 6-8 所示。

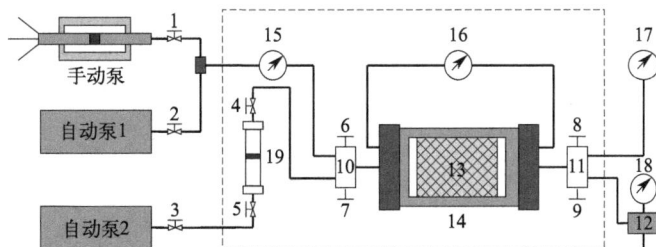

图 6-8　实验装置流程

1 ～ 9—阀门；10,11—三通阀；12—回压阀；13—岩心；14—全直径岩心夹持器；15 ～ 18—压力表；19—中间容器

6.2.2 实验流体

实验所用流体包括 3 个天然气样（CO_2 含量分别为 0%、10%、50%），气样组分及组成见表 6-2。

表 6-2 实验用气样组分

组分	气样 1（摩尔分数）/%	气样 1+10% CO_2（摩尔分数）/%	气样 1+50% CO_2（摩尔分数）/%
CH_4	97.28	87.338	48.618
C_2H_6	1.83	1.69	0.946
C_3H_8	0.25	0.225	0.126
N_2	0.64	0.657	0.35
CO_2	0	10.09	49.96

6.2.3 实验步骤

① 将岩心洗净吹干后装入全直径岩心夹持器中，并按照图 6-8 所示安装连接实验装置，检漏后再抽真空；

② 所有阀门关闭，将中间容器装满样品气，然后打开阀门 3、5、4，自动泵用恒压模式将中间容器压力恒定到 5MPa，围压恒定为 9MPa，记录自动泵此刻排量，打开阀门 7 用自动泵将中间容器样品气恒压驱入岩心，当系统恒定在 5MPa 后再次记录自动泵此时排量，两个排量相减就是岩心孔隙体积；

③ 打开阀门 1、6、9，按照围压、回压、入口压力顺序逐渐将压力升至围压 49MPa，回压 42.5MPa，当压力稳定后，将温度升至地层温度 85℃；

④ 待压力稳定后用自动泵恒速驱替 6 倍孔隙体积气体后关闭出口阀门；

⑤ 待系统稳定后，记录初始出入口压力、围压、手动泵刻度，依次降低入口压力、围压至下个压力点，待压力稳定后，记录出入口压力、围压、手动泵刻度等数据；

⑥ 当手动泵活塞达到最前端时，关闭阀门 6，打开阀门 2，将手动泵里的气打入自动泵，当手动泵活塞到达最底端后，关闭阀门 1，打开阀门 6，待稳定一段时间后，记录出入口压力、围压、自动泵刻度，待压力稳定后，降低压力进行下一个点的记录，直至设定的最低压力。

6.2.4 结果及分析

如图 6-9（书后另见彩图）所示，随着压力降低，天然气在岩心和 PVT 筒中的相对体积均先缓慢增大，压力低于 15MPa 后，相对体积增长速度加快。多孔介质的存在一定程度上改变了天然气组分的临界性质，使得偏差因子稍有增加（图 6-10，书后另见彩图），随着天然气中 CO_2 含量增加，混合气体偏差因子减小幅度变大。以 40MPa 为例，气样 1 在 1mD 岩心中偏差因子为 1.0604，气样 1+10% CO_2 的偏差因子为 1.0156，降低了 0.0448，气样 1+50% CO_2 的偏差因子为 0.9606，降低了 0.0998。

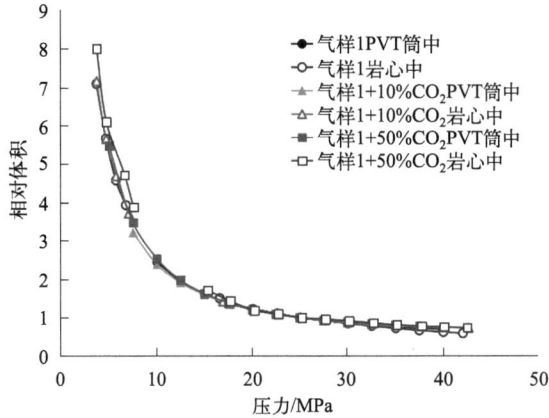

图 6-9　1mD 岩心中不同气样 *P*-*V* 关系对比

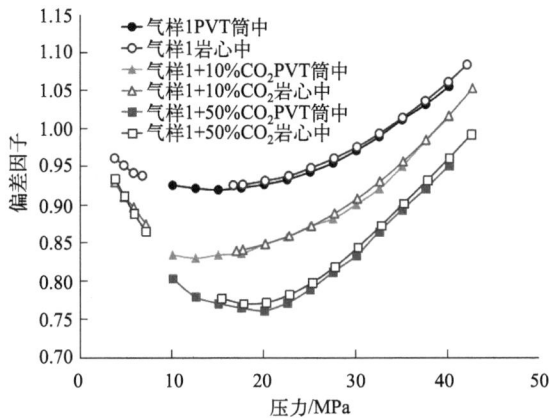

图 6-10　不同气样在多孔介质与 PVT 筒中偏差因子实验值对比

综合图 6-10～图 6-12（书后另见彩图），岩心内天然气偏差因子较 PVT 内虽有增长，但变化幅度不大，随着岩心渗透率降低，这种变化也不太明显。

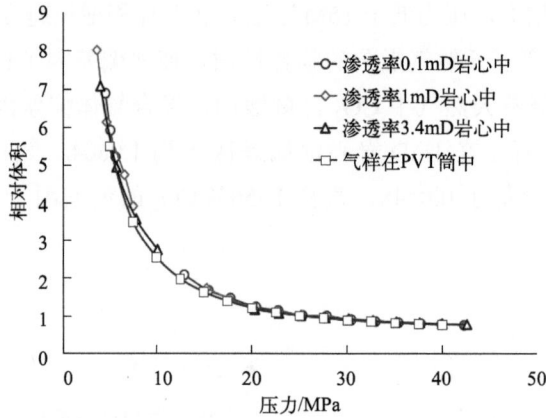

图 6-11　混合气在不同渗透率岩心中 P-V 关系对比图

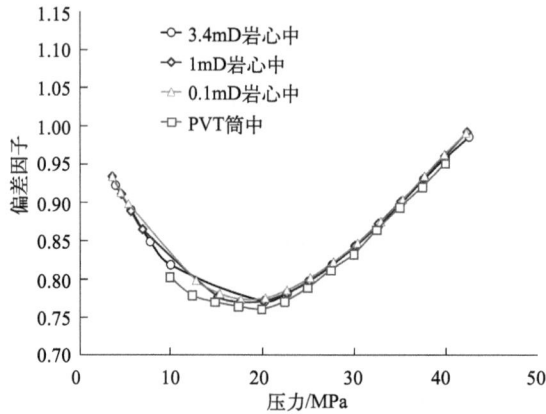

图 6-12　混合气在不同渗透率岩心中偏差因子实验值对比

6.3　CO$_2$ 注入对天然气相态影响理论预测模型

6.3.1　PVT 筒中注 CO$_2$ 天然气混合流体偏差因子预测模型建立[7,10]

6.3.1.1　模型构建

　　目前计算天然气偏差因子的方法大致分为两类：一类是完全基于数理统计建立的经验公式[11-16]；另一类是基于状态方程的方法[17-19]。其中基于状态方程的方法主要以立方型状态方程为基础，理论依据强，计算精度相对较高。这里同样以已有状态方程为基础，对其中参数进行改进，建立能有效模拟预测注 CO$_2$ 天然气相态性质预测模型。

　　SRK 状态方程[20]：

$$p = \frac{RT}{v-b} - \frac{a(T)}{v(v+b)} \tag{6-1}$$

式中，$a(T)$ 可表示为：

$$a(T) = a_c a(T_r) \tag{6-2}$$

$$b = 0.8664 \frac{RT_c}{P_c} \tag{6-3}$$

新建的 $a(T_r)$ 表达式为：

$$a(T_r) = \exp\left[m \times \left(1 - \sqrt{T_r} \right) \right] \tag{6-4}$$

$$m = m_0 + xx(1) \times \left(1 - \frac{P_r}{T_r} \right) + xx(2) \times \left(1 - \frac{P_r}{T_r} \right)^2 \tag{6-5}$$

$$m_0 = xx(3) + xx(4) \times \omega + xx(5) \times \omega^2 \tag{6-6}$$

新建立的相互作用系数计算表达式如下所述。

① CH_4 分子与别的组分之间相互作用关联式。

$$k_{CH_4-i} = xx(6) + xx(7) \times \left(\sqrt{\omega_i} - \sqrt{\omega_{CH_4}} \right) \tag{6-7}$$

② CO_2 分子与别的组分之间相互作用关联式。

$$k_{CO_2-i} = xx(8) + xx(9) \times \left(\omega_i - \omega_{CO_2} \right) + xx(10) \times \left(\omega_i - \omega_{CO_2} \right)^2 \tag{6-8}$$

将式（6-1）改写为 z 的形式，并以立方型形式表示：

$$z^3 - z^2 + z(A - B - B^2) - AB = 0 \tag{6-9}$$

其中：

$$A = a(T)p/(R^2 T^2), \quad B = bp/(RT) \tag{6-10}$$

求解式（6-9）即可得目标混合气的偏差因子 z。

式（6-5）～式（6-8）中 $xx(1)$～$xx(10)$ 为未知参数，由实验数据拟合确定，见表 6-3。

表 6-3　$xx(1)$～$xx(10)$ 参数数值（摩尔分数）

项目	$0 \leqslant y_{CO_2} < 10\%$	$10\% \leqslant y_{CO_2} < 50\%$	$y_{CO_2} \geqslant 50\%$
$xx(1)$	-6.0389×10^{-2}	-0.4047	3.1042×10^{-4}
$xx(2)$	-1.1827×10^{-2}	-6.1355×10^{-2}	3.8546×10^{-2}
$xx(3)$	0.9477	7.6833	3.6513
$xx(4)$	-22.6132	-228.0426	-93.3122
$xx(5)$	0.3681	1338.4589	1134.8709
$xx(6)$	4.6583×10^{-4}	-30.4510	-366.3445
$xx(7)$	4.2746×10^{-3}	-6.5163	1957.1810
$xx(8)$	3.1145×10^{-2}	-3.033	-12.3021

续表

项目	$0 \leqslant y_{CO_2} < 10\%$	$10\% \leqslant y_{CO_2} < 50\%$	$y_{CO_2} \geqslant 50\%$
xx（9）	4.0706	12.2274	34.4373
xx（10）	9.3546	−54.7882	−105.7270

6.3.1.2　计算分析

采用所建立的相态模型，对气样 1、气样 2、气样 1+10% CO_2、气样 1+30% CO_2、气样 1+50% CO_2、气样 1+75% CO_2、气样 1+90% CO_2 流体偏差因子进行计算，相关结果示于图 6-13 ～图 6-15 中。图 6-13 同时给出了采用常规的 SRK、PR 和 PT 状态方程所得模拟结果，可以看出，常规状态方程模拟精度要远远低于本书所修正的 SRK 状态方程。如图 6-14，气样 2 偏差因子实验值与模拟值绝对平均误差为 0.96%；随着 CO_2 气体含量增加，相同压力下偏差因子减小幅度变大（图 6-15，书后另见彩图），不同含量 CO_2 混合气体偏差因子实验值与模拟值绝对平均误差低于 0.9%。

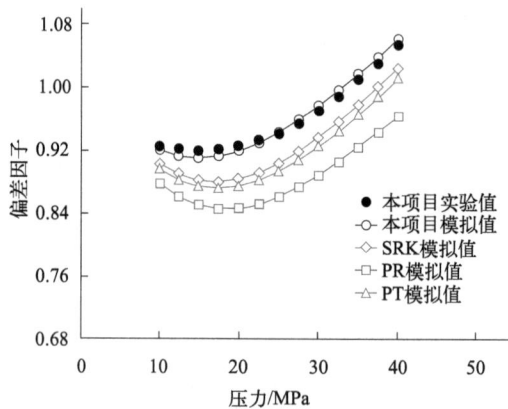

图 6-13　气样 1 偏差因子实验值与模拟值对比图

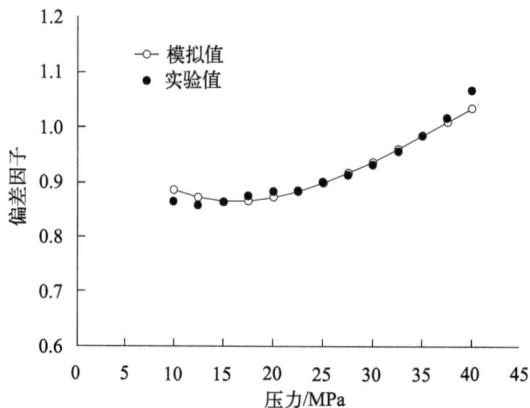

图 6-14　气样 2 偏差因子实验值与模拟值对比图

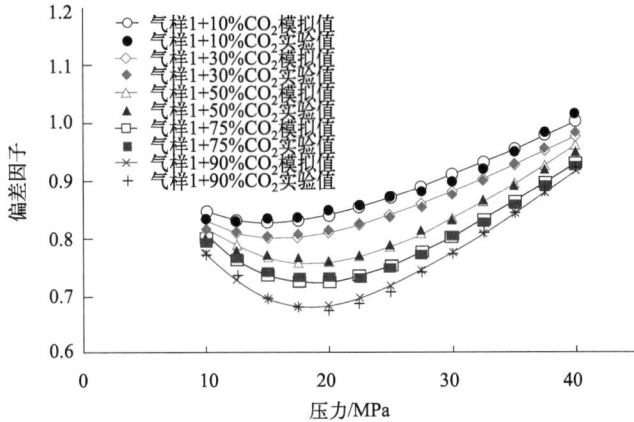

图 6-15　气样 1 与不同含量 CO₂ 混合气体偏差因子实验值与模拟值对比图

6.3.2　多孔介质中天然气相态性质预测模型建立

6.3.2.1　模型构建

在 PVT 筒中注 CO_2 天然气状态方程修正的常规预测模型基础上将多孔介质对气体组分的临界性质（T_c，P_c）影响考虑进来：

$$c = 0.044\left(\frac{T_c}{P_c}\right)^{1/3} \tag{6-11}$$

$$T_c = T_c - T_c\left[0.9409c/r_p - 0.2405\left(c/r_p\right)^2\right] \tag{6-12}$$

$$P_c = P_c - P_c\left[0.9409c/r_p - 0.2405\left(c/r_p\right)^2\right] \tag{6-13}$$

$$r_p = \left(\frac{8}{1000}\times\frac{K}{\phi}\right)^{1/2} \times 1000 \tag{6-14}$$

式中　　T_c、P_c——气体组分的临界温度和临界压力；

r_p——孔道拟平均直径，nm；

K——岩心渗透率，mD；

ϕ——岩心直径，cm。

6.3.2.2　计算分析

采用所建立模型模拟预测了不同气样在 0.1mD、1mD 和 3.4mD 三块不同岩心中偏差因子。如图 6-16 和图 6-17 所示，多孔介质中的偏差因子模拟值和实验值吻合较好，气样 1、气样 1+10% CO_2、气样 1+50% CO_2 在 1mD 岩心中实验值与模拟值绝对平均误差分别为 0.51%、0.66%、0.38%。随着岩心渗透率变化，模型预测值与实验值同样吻合良好。

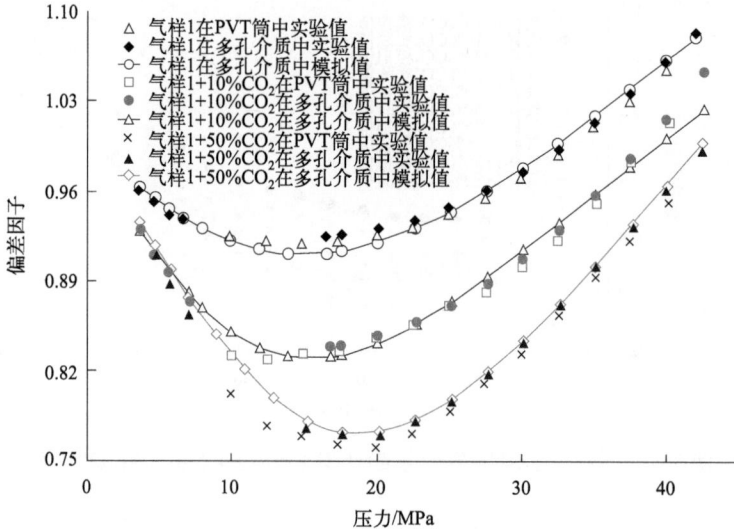

图 6-16　不同气样偏差因子在 PVT 筒和多孔介质中实验值与多孔介质中模拟值和实验值对比

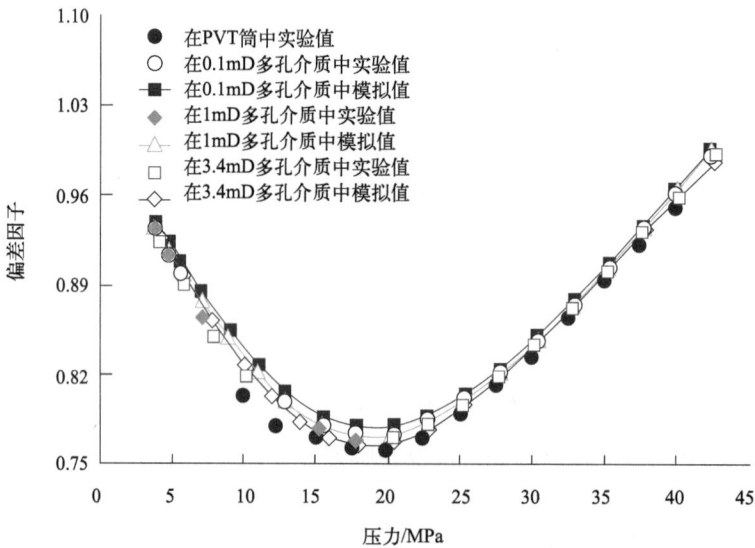

图 6-17　气样 1+50% CO$_2$ 混合流体偏差因子在 PVT 筒中实验值与不同渗透率岩心中模拟值和实验值对比

参考文献

[1] Kuhn M，Munch U. CLEAN CO$_2$ Large-Scale Enhanced Gas Recovery in the Altmark Natural Gas Field – GEOTECHNOLOGIEN Science Report No. 19 [M]．Springer Publishing Company，Incorporated，2013.

[2] Hamza A，Hussein IA，Al-Marri MJ，et al. CO$_2$ enhanced gas recovery and sequestration in

depleted gas reservoirs：A review［J］. Journal of Petroleum Science and Engineering，2021，196：107685.

［3］Kuuskraa VA，Guthrie HD. Translating lessons learned from natural gas R&D to geologic sequestration technology，Second annual conference on CO₂ sequestration［J］. Alexandria，2003，5：5e9. VA.

［4］Dou H，Zhang H，Yao S，et al. Measurement and evaluation of the stress sensitivity in tight reservoirs［J］. Petroleum Exploration and Development，2016，43（6）：1116-23.

［5］Liu H，Yao D，Yang B，et al. Experimental investigation on the mechanism of low permeability natural gas extraction accompanied by carbon dioxide sequestration［J］. Energy，2022，253：124114.

［6］Al-Hashami A，Ren SR，Tohidi B. CO₂ Injection for Enhanced Gas Recovery and Geo-Storage：Reservoir Simulation and Economics［M］.［2025-07-18］.

［7］Liu H，Tian Z，Guo P，et al. Study the high pressure effect on compressibility factors of high CO₂ content natural gas［J］. Journal of Natural Gas Science and Engineering，2021，87：103759.

［8］Krooss B M，Van Bergen F，Gensterblum Y，et al. High-pressure methane and carbon dioxide adsorption on dry and moisture-equilibrated pennsylvanian coals［J］. Int. J. Coal Geol.，2002，51（2），69-92.

［9］Wei L，Lu X，Song Y. Formation and pool-forming model of CO₂ gas pool in eastern Changde area，Songliao Basin［J］. Petroleum Exploration and Development，2009,36（2）：174-180.

［10］Huang Liu，Yiming Wu，Ping Guo，et al. Compressibility factor measurement and simulation of five high-temperature ultra-high-pressure dry and wet gases［J］. Fluid Phase Equilibria，2019，500：112256.

［11］Beggs D H，Brill J P. A study of two-phase flow in inclined pipes［J］. JPT，1973，25（5）：607-617.

［12］Kumar N. Compressibility factor for natural and sour reservoir gases by correlations and cubic equations of state［J］. Adisoemarta Paulus，2004.

［13］Heidaryan E，Moghadasi J，Rahimi M. New correlations to predict natural gas viscosity and compressibility factor［J］. Journal of Petroleum Science & Engineering，2010，73：67-72.

［14］Ehsan H，Amir S，Jashid M. A novel correlation approach for prediction of natural gas compressibility factor［J］. Journal of Natural Gas Chemistry，2010，19：189-192.

［15］Sanjari E，Lay E. An accurate empirical correlation for predicting natural gas compressibility factors［J］. Journal of Natural Gas Chemistry，2012，21：184-188.

［16］Xiao X，Yan K，Wang H，et al. A new approach to predicting the compressibility factor of ultra high-pressure gas reservoirs［J］. Natural Gas Industry，2012，32：42-46.

［17］Mohasen-Nia M，Moddaress H，Mansoori G A. Sour natural gas and liquid equation of state［J］. Journal of Petroleum Science & Engineering，1994，12：127-136.

［18］Li Q，Guo T M. A study on the supercompressibility and compressibility factors of natural gas mixtures［J］. Journal of Petroleum Science & Engineering，1991，6：235-247.

［19］Yan K L，Liu H，Sun C Y，et al. Measurement and calculation of gas compressibility factor for condensate gas and natural gas under pressure up to 116 MPa［J］. Journal of Chemical Thermodynamics，2013，：38-43.

［20］Soave G. Equilibrium constants from a modified Redlich-Kwong equation of state［J］. Chemical Engineering Science，1972，27：1197-1203.

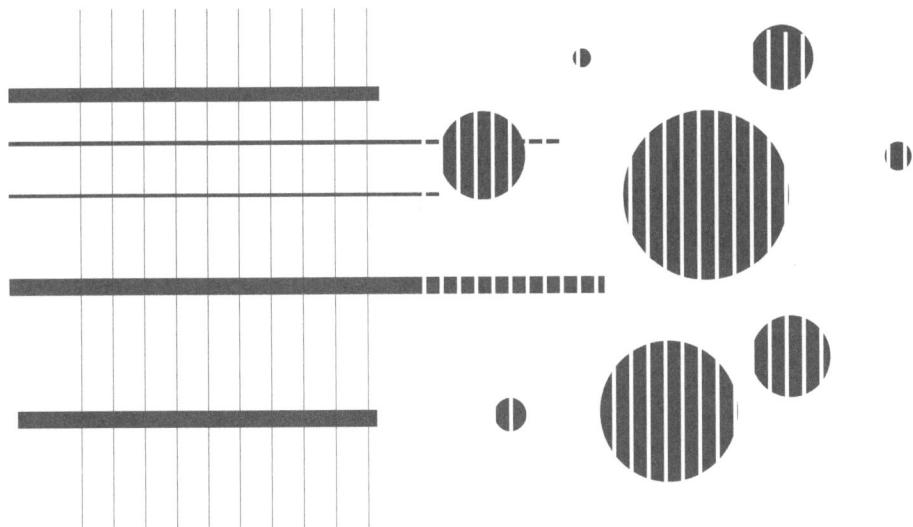

第 7 章

注 CO_2 开发致密气机理研究

除了掌握 CO_2 对天然气相态性质影响之外，在实施注 CO_2 开发低渗、致密气藏技术之前还需要掌握一系列作用机理，例如：CO_2 与天然气在致密气储层岩心中的竞争吸附特性[1-4]；CO_2 在致密气藏中的扩散特征[5-9]；注 CO_2 驱致密气过程规律及主控因素等[7,10-13]。

本章拟采用室内实验法对这些机理展开研究[14]。

7.1　CO₂、天然气在低渗岩心中吸附测定

测定 CO_2、CH_4 在多个实际致密砂岩岩心（0.1mD 和 1mD）中吸附特征，并考察束缚水对气体吸附量的影响。

7.1.1　实验装置

致密砂岩吸附气体能力测定所用装置涉及两套：一套为山东中石大石仪科技有限公司生产的 HKY-Ⅱ型全自动吸附气含量测试系统，用于测定岩心粉末上气体吸附量（图 7-1）；另一套为笔者团队自制高压设备，用于测定实际柱塞岩心中气体吸附量（图 7-2）。

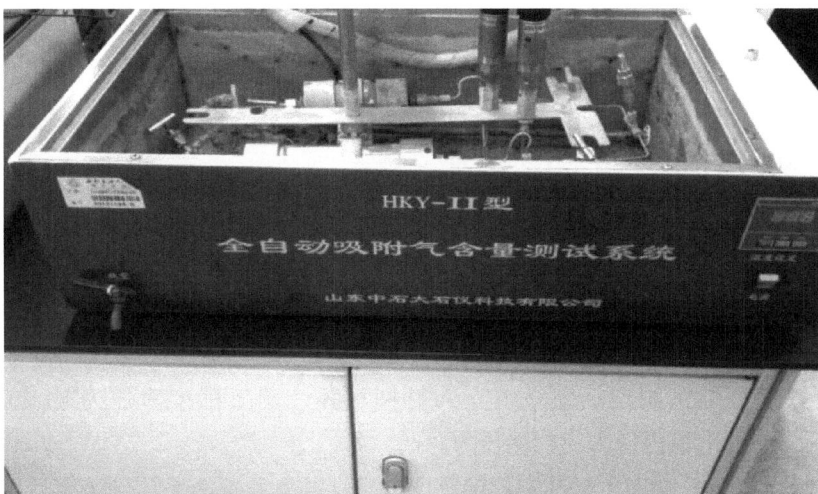

图 7-1　HKY-Ⅱ型全自动吸附气含量测试系统

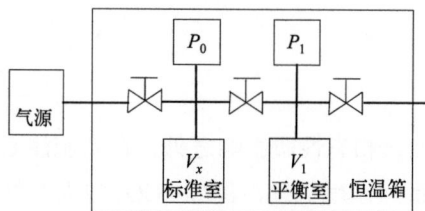

图 7-2　实验装置流程图

P_0—标准室 V_x 满值压力；P_1—平衡后的平衡压力；V_x—标准模块体积；V_1—平衡室的总体积

7.1.2　实验材料

本部分所用实验材料主要包括从现场取回的 7 块柱塞岩心。岩心具体物性参数见表 7-1。其中编号为 1、2 的岩心取自同一块全直径岩心的相邻部位，所表现出的孔隙度和渗透率基本一致。

表 7-1　岩心物性参数

岩心编号	长度 /cm	直径 /cm	孔隙度 /%	渗透率 /mD
1	2.41	6.09	5.79	0.028
2	2.41	5.88	5.75	0.026
3	2.42	6.45	7.97	0.083
4	2.41	7.97	2.94	0.12
5	2.40	5.03	6.67	0.55
6	2.36	6.93	8.41	1.05
7	2.37	6.09	7.01	3.48

注：1mD=0.9869×10⁻⁹m²。

7.1.3　实验步骤

岩心粉末上气体吸附量测定采用商用自动化仪器，数据处理参考标准《煤的甲烷吸附量测定方法》（MT/T 752—1997）。

实际柱塞岩心上气体吸附量测定步骤及数据处理过程如下：

① 打开标准室阀门，向系统充入目标气体，调节标准室压力至设定压力，10min 后记录标准室内压力为初始压力。

② 缓慢打开平衡室和标准室连接阀门，当标准室和平衡室达到平衡后，采集标准室和平衡室内的时间和压力以及温度等相关数据。

③ 自低而高逐个压力点进行测试，重复步骤①和②，直至最后一个压力点测试

结束。

　　吸附量计算步骤如下所述。

　　根据标准室、平衡室的平衡压力及温度，计算不同平衡压力点的气体吸附量。首先利用气体状态方程，见式（7-1）：

$$\Delta PV = \Delta nZRT \tag{7-1}$$

式中　ΔP——气体前后压差，MPa；

　　　　V——气体体积，cm^3；

　　　　Δn——吸附气体的摩尔数，mol；

　　　　Z——气体压缩因子；

　　　　R——摩尔气体常数；

　　　　T——热力学温度，K。

　　根据式（7-1）求出吸附气体的摩尔数 Δn。

　　再计算各个压力点下的单位岩心质量下的吸附量，见式（7-2）：

$$\Delta n_i = \frac{\Delta n}{m} \times 1000 \tag{7-2}$$

式中　Δn_i——吸附量，mmol/g；

　　　　Δn——吸附总摩尔数，mol；

　　　　m——岩心重量，g。

7.1.4　结果及分析

（1）致密砂岩上气体吸附量

　　现有测定岩心上气体吸附能力均参考标准《煤的甲烷吸附量测定方法》（MT/T 752—1997），该方法实施过程首先需要将岩心破碎成颗粒（0.17～0.25mm），然后测定气体在岩心颗粒上的吸附量。与柱塞岩心相比，岩心被破碎成颗粒后岩心内部部分不连通的孔道以及基质会暴露给气体，使得固体介质的比表面积会明显提高，测定出来的气体吸附量可能高于实际值而失真。为了证实这种推测并获得可靠的致密砂岩岩心中 CO_2、天然气吸附量，这里将与岩心 1 物性基本一致的 2 号岩心破碎成颗粒，分别测定 CH_4 在柱塞岩心 1 和 2 号岩心颗粒上的吸附量。相关结果见图 7-3，可以明显看出，CH_4 在岩心粉末上的饱和吸附量为 0.032mmol/g，在柱塞岩心上的饱和吸附量为 0.0035mmol/g，前者是后者的 7 倍多。这是因为块状岩心中气 - 固接触面积要远远低于气 - 岩心粉末体系，同时当岩心磨成粉末后，部分在块状岩心气体不能进入的微小孔道也暴露在了气体分子面前。因此，采用柱塞岩心来研究致密砂岩上气体吸附量更具有代表性。接下来拟以柱塞岩心为吸附介质研究 CO_2、CH_4 在岩心上的吸附效果。

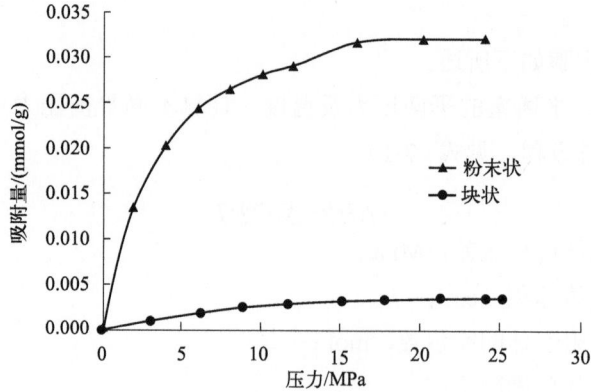

图 7-3　粉末状岩心和柱塞岩心等温吸附甲烷曲线对比

（2）选用 0.1mD、1mD 块状岩心：测定 CO_2、CH_4 及 CO_2 和 CH_4 各占 50% 的混合气吸附特征

从图 7-4 可以看出，随着压力增大，气体在砂岩孔隙上吸附量开始呈现近线性增长，当压力增大到一定程度时，吸附量趋于饱和，增长变缓。25MPa 压力条件下，0.1mD 岩心中 CO_2、CH_4 及其混合气最终吸附量分别为 0.008mmol/g、0.0052mmol/g、0.0056mmol/g。在相同条件下，CO_2、CH_4 及其混合气在砂岩中的吸附量大小顺序为：CO_2 ＞混合气（CO_2：CH_4=1：1）＞ CH_4，说明 CO_2 具备置换砂岩上吸附天然气的能力。砂岩岩心渗透率越小，岩心气体吸附量大。

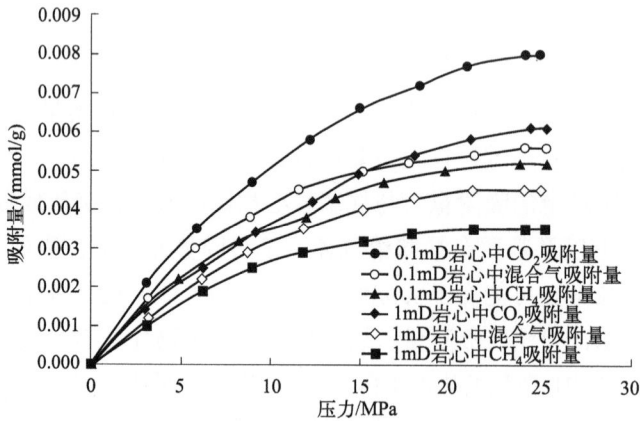

图 7-4　CO_2、CH_4 及其混合气在 0.1mD 和 1mD 岩心中的吸附曲线

（3）选用 0.1mD、1mD 块状岩心：测定 CO_2 和 CH_4 各占 50% 混合气在岩心含不同水率情况下吸附特征

从图 7-5 可以看出，低压下，随着压力增大，气体吸附量快速增大；当压力增

大到一定程度时，吸附量趋于饱和，不再明显增长。当岩心中存在束缚水时，孔隙表面水分子形成吸附水膜，同时，水分子不仅吸附于孔隙壁面上，也部分存在于孔隙中央，水的存在堵塞了砂岩中的部分孔隙孔喉，孔隙空间被水分子占据将降低 CH_4 等气体的吸附量，束缚水含量越大，砂岩的气体吸附量越小。在 25MPa 下，混合气在 0.1mD 岩心中束缚水饱和度 0%、30%、50% 下最终吸附量分别为 0.0056 mmol/g、0.004 mmol/g、0.0036 mmol/g。

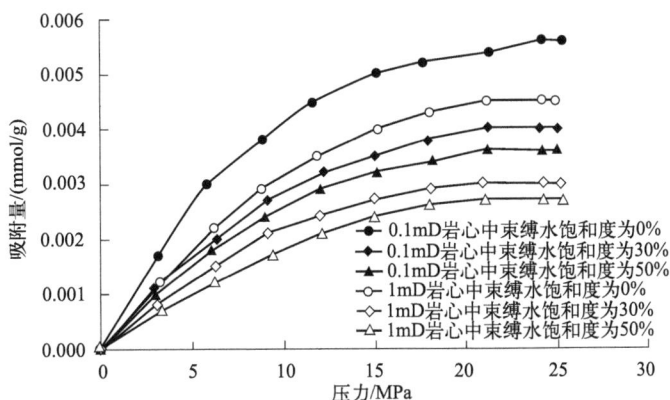

图 7-5　混合气在不同束缚水含量的两种渗透率岩心中的吸附曲线对比

与图 7-4 所示单组分吸附效果相比，干岩心上混合气的最终平衡吸附量要低于 CO_2 纯组分而高于 CH_4 纯组分吸附结果。但低压（5MPa）下干岩心上混合气吸附量与 CO_2 纯组分吸附量基本相当。这同样是因为 CO_2 与 CH_4 存在竞争吸附，混合气注入后，CO_2 分子优先吸附在孔隙壁面上，此时岩心孔道内自由气相中 CH_4 分子的势能逐渐增大。但压力增长到一定程度后，CH_4 在高分压作用下吸附逐渐体现出来。这也同样表明致密砂岩上 CO_2 吸附能力要强于 CH_4，CO_2 提高致密砂岩 CH_4 采收率在机理上可行。

7.2　致密砂岩岩心中 CO_2- 天然气扩散特征

7.2.1　实验装置

CO_2 在致密砂岩中的扩散特征表征在图 7-6 所示的 QTKS- I 型气体扩散系数测定系统中进行。

该实验系统主要由岩心夹持器、温控系统、气相色谱、手动围压泵和液体双作用泵等组成。各部分技术指标如下。

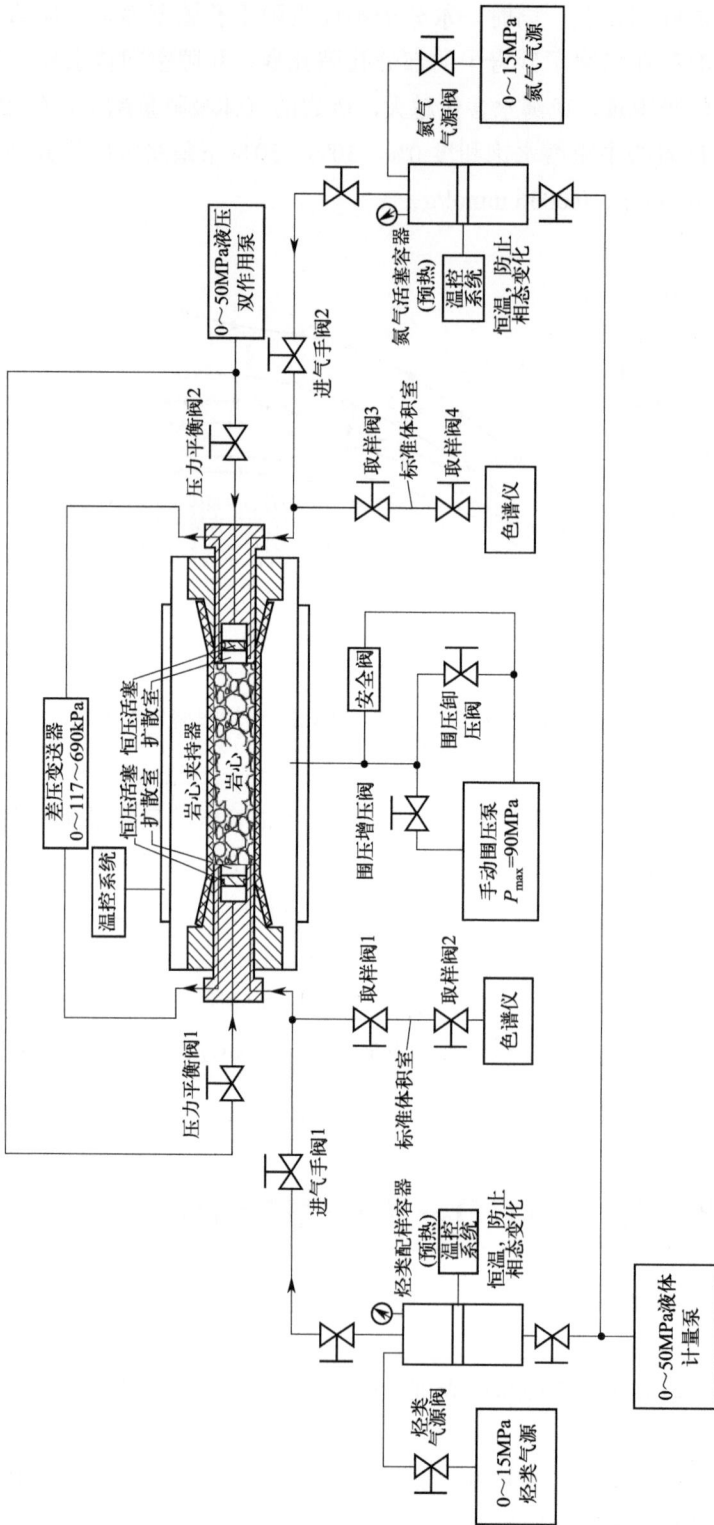

图 7-6 扩散系数测定实验原理

① 岩心直径：$\phi25.4mm$；两个扩散室的体积均为 40mL。

② 适用岩心长度：30 ～ 60mm。

③ 岩心最高温度：150℃。

④ 最高环压：90MPa。

⑤ 最高内压：50MPa。

⑥ 高静压电容式智能变送器量程：0 ～ 117 ～ 690kPa。

⑦ 气相色谱：美国 HP—6890 色谱仪。

7.2.2　实验样品

实验所用岩心为表 7-1 中编号为 4、5、6、7 四块岩心。地层水为 $CaCl_2$ 水型，根据现场水质分析报告（表 7-2）在实验室配制。所用气体包括纯 CO_2 和 CH_4。

表 7-2　地层水分析结果

地层水阴阳离子含量 /(mg/L)						总矿化度	水型	pH 值	密度 /(g/cm³)
K^++Na^+	Ca^{2+}	Mg^{2+}	SO_4^{2-}	HCO_3^-	Cl^-				
4136.5	1529	111	44.5	658.5	8322.5	14947.5	$CaCl_2$	6.1	1.02

7.2.3　实验步骤

（1）准备气样和仪器

按照实验原理图，连接管线，将岩心放入加持器，围压加至 3MPa，抽真空 0.5h 左右。使岩心、烃类气体扩散室、CO_2 扩散室所处系统为真空状态。然后将 CO_2 和天然气分别注入 2 个活塞容器内。

（2）建立实验条件

关闭面板上的所有阀门和柱塞控压端的压力平衡阀。打开围压增压阀，关闭围压降压阀。用加压泵给夹持器加压至实验压力，压力稳定后关闭围压增压阀。在程序的"配置"菜单内设置实验温度，打开仪器柜面板上的"加热"开关。等待温度、围压稳定，约 2.5h。打开压力平衡阀 1 和 2，用液压泵给恒压活塞加压到 $P_{控}$，使 $P_{内}-P_{控}\geqslant3MPa$，将氮气和天然气分别注入 2 个活塞容器内。通过液体计量泵对天然气及氮气活塞容器增压至 $P_{内}$，待压力稳定。

（3）开展实验

缓慢打开进气阀 1，使差压变送器的值在 50kPa 内；当差压变送器的值＞ 50kPa

时，迅速关闭进气阀 1。缓慢打开进气阀 2，当差压变送器的值＞ 50kPa 时，迅速关闭进气阀 2，缓慢打开进气阀 1。重复上述操作，直到岩心两端压力等于 $P_内$ 时，关闭进气阀 1 和进气阀 2，等待气体进行扩散。

（4）取样

打开取样阀 1 或取样阀 3，放定量的气体到标准体积室内，关闭取样阀 1 和取样阀 3，缓慢打开取样阀 3 或取样阀 4，使气体进入色谱仪进行浓度分析。重复取样步骤，直到实验结束。

7.2.4 数据处理

依据行业标准《岩石中烃类气体扩散系数测定方法》（SY/T 6129—2006）来计算岩心中气体扩散系数：

$$D = \frac{\ln\left(\Delta C_0 / \Delta C_i\right)}{E\left(t_i - t_0\right)} \tag{7-3}$$

其中：

$$\Delta C_i = \Delta C_{1i} - \Delta C_{2i}$$

$$E = A\left(1/V_1 + 1/V_2\right)/L$$

将式（7-3）进行变形，得到：

$$\ln\left(\Delta C_0/\Delta C_i\right) = DE\left(t_i - t_0\right) \tag{7-4}$$

$\ln\left(\Delta C_0/\Delta C_i\right)$ 与 t_i 呈线性关系，采用最小二乘法拟合，得到斜率 S，根据 S 可以求得岩样中 CO_2 气体的扩散系数：

$$D = S/E \tag{7-5}$$

式中　D ——CO_2 气体在岩样中的扩散系数，cm^2/s；

ΔC_0 ——初始时刻 CO_2 气体在两扩散室中的浓度差，%；

ΔC_i ——i 时刻 CO_2 气体在两扩散室中的浓度差，%；

t_i ——i 时刻，s；

t_0 ——初始时刻，s；

C_{1i} ——i 时刻 CO_2 气体在甲烷扩散室中的浓度，%；

C_{2i} ——i 时刻 CO_2 气体在 CO_2 扩散室中的浓度，%；

A ——岩样的截面积，cm^2；

L ——岩样的长度，cm；

V_1、V_2 ——甲烷扩散室和 CO_2 扩散室容积，cm^3；

E ——中间变量，cm^{-2}；

S ——斜率，s^{-1}。

7.2.5　实验结果及分析

（1）4 号（0.1mD）岩心中 CO_2 扩散结果

首先选择 4 号岩心测定储层条件（85℃，5MPa）下 CO_2 在其中的扩散系数，实验过程数据见表 7-3。可以看出进行到 57600s 时，CH_4 储存室内 CO_2 摩尔浓度从 0 升高到了 14.3%，CO_2 储层室内 CH_4 摩尔浓度从 0 提高到 11.95%。随着时间推移，CO_2 在岩心中扩散速度逐渐变慢。进行到 72000s 时，CH_4 储存室内 CO_2 摩尔浓度升高到 16.54%。15MPa 和 25MPa 下 0.1mD 岩心中 CO_2 扩散实验测定数据如表 7-4 和表 7-5 所列。结合表 7-3 中数据和式（7-3），计算得出 85℃、5MPa 下 CO_2 在 4 号岩心中的扩散系数为 $6.87 \times 10^{-9} \text{m}^2/\text{s}$。

在此基础上进一步测定了 15MPa 和 25MPa 下 CO_2 在 4 号岩心中的扩散系数（图 7-7）。可以看出，随着压力降低，CO_2 在岩心中扩散系数增大。这是因为随着压力降低，气体体相密度减小，CO_2 和 CH_4 在岩心中扩散阻力降低。当实验压力为 5MPa 时，CO_2 扩散系数从 25 MPa 下的 $2.57 \times 10^{-9} \text{m}^2/\text{s}$ 升高到 $6.87 \times 10^{-9} \text{m}^2/\text{s}$。

表 7-3　5MPa 下 0.1mD 岩心中 CO_2 扩散实验测定数据

序号	累积扩散时间/s	天然气扩散室浓度 /%					CO_2 扩散室浓度 /%				
		甲烷	乙烷	丙烷	氮气	CO_2	甲烷	乙烷	丙烷	氮气	CO_2
1	57600	84.98	1.56	0.14	0.46	14.3	11.95	0.16	0.08	0.16	85.7
2	61200	83.28	1.54	0.15	0.43	14.6	14.17	0.15	0.09	0.18	85.41
3	64800	83.47	1.55	0.16	0.41	14.41	14.92	0.18	0.10	0.22	84.58
4	68400	82.3	1.48	0.14	0.42	15.66	14.35	0.21	0.09	0.20	85.15
5	72000	81.52	1.43	0.13	0.38	16.54	13.72	0.22	0.11	0.21	85.74

表 7-4　15MPa 下 0.1mD 岩心中 CO_2 扩散实验测定数据

序号	累积扩散时间/s	天然气扩散室浓度 /%					CO_2 扩散室浓度 /%				
		甲烷	乙烷	丙烷	氮气	CO_2	甲烷	乙烷	丙烷	氮气	CO_2
1	59400	89.47	1.42	0.15	0.41	14.78	13.55	0.51	0.06	0.18	84.02
2	63000	85.3	1.49	0.14	0.44	14.84	14.58	0.26	0.07	0.18	83.99
3	66600	85.03	1.43	0.16	0.32	15.04	11.3	0.46	0.09	0.19	83.34
4	70200	82.94	1.36	0.13	0.35	15.22	16.06	0.38	0.08	0.22	83.26
5	73800	80.27	1.39	0.14	0.36	15.18	16.88	0.36	0.10	0.21	83.55

表 7-5 25MPa 下 0.1mD 岩心中 CO_2 扩散实验测定数据

序号	累积扩散时间/s	天然气扩散室浓度 /%					CO_2 扩散室浓度 /%				
		甲烷	乙烷	丙烷	氮气	CO_2	甲烷	乙烷	丙烷	氮气	CO_2
1	57600	76.55	1.21	0.16	0.46	21.62	41.78	0.66	0.12	0.21	57.23
2	61200	76.4	1.12	0.15	0.48	21.85	41.97	0.51	0.08	0.18	57.26
3	64800	75.92	1.35	0.15	0.43	22.15	41.65	0.65	0.06	0.19	57.45
4	68400	75.64	1.18	0.14	0.4	22.64	41.56	0.49	0.09	0.22	57.64
5	72000	75.15	1.16	0.16	0.41	23.12	41.2	0.58	0.11	0.25	57.86

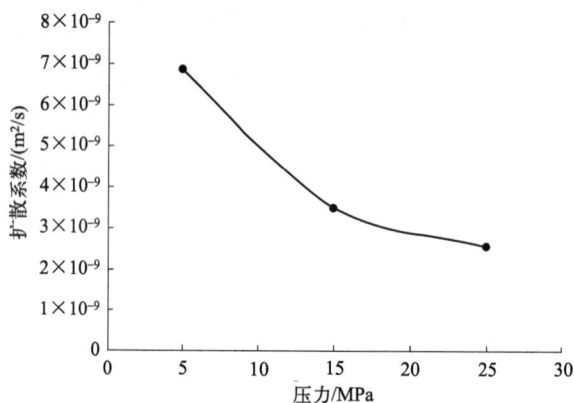

图 7-7 CO_2 扩散系数随压力变化

（2）5号（0.5mD）岩心中 CO_2 扩散数据

接下来测定 CO_2 在 5 号、6 号和 7 号岩心中扩散系数。图 7-8 给出了 5 号岩心内测试结果。25MPa 下 5 号岩心内 CO_2 扩散系数为 $6.58\times10^{-9}m^2/s$；15MPa 下 CO_2 的扩散系数变为 $6.73\times10^{-9}m^2/s$；在废弃压力 5MPa 下 CO_2 的扩散系数为 $7.17\times10^{-9}\ m^2/s$，扩散系数同样是随着压力的增加逐渐减小。

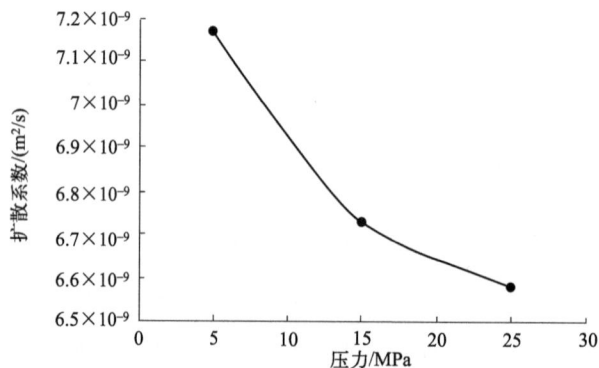

图 7-8 5 号岩心扩散系数随注气平衡压力的变化

（3）6号（1mD）岩心扩散数据

图 7-9 给出了 6 号岩心内 CO_2 扩散测定结果：25MPa 下 CO_2 的扩散系数为 $1.79 \times 10^{-8}m^2/s$；15MPa 下 CO_2 的扩散系数为 $3.60 \times 10^{-8}m^2/s$；5MPa 下 CO_2 的扩散系数升至 $4.63 \times 10^{-8}m^2/s$。

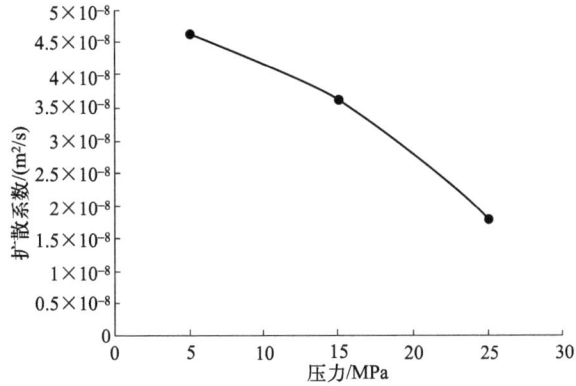

图7-9　6号岩心扩散系数随注气平衡压力的变化

（4）7号（3mD）岩心扩散数据

图 7-10 给出了 7 号岩心内 CO_2 扩散系数测定结果：25MPa 下 CO_2 的扩散系数为 $3.63 \times 10^{-8}m^2/s$；15MPa 下 CO_2 的扩散系数为 $4.79 \times 10^{-8}m^2/s$；5MPa 下 CO_2 的扩散系数变为 $6.64 \times 10^{-8}m^2/s$。

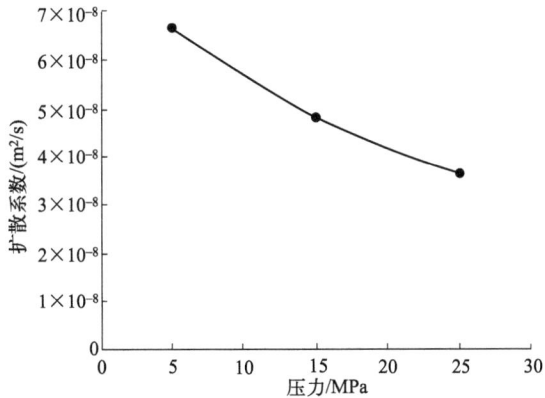

图7-10　7号岩心扩散系数随注气平衡压力的变化

综合不同岩心实验结果（图 7-11）可以发现随着岩心渗透率增加，CO_2 扩散系数逐渐变大。以 5MPa 为例，CO_2 在 6 号（1mD）岩心中的扩散系数为 $4.63 \times 10^{-8}m^2/s$，远高于在 5 号（0.5mD）岩心中的 $7.17 \times 10^{-9} m^2/s$。这是因为岩心渗透率越高，对应的岩心平均孔道半径一般越大，气体在岩心中渗流阻力减小。整体来看，CO_2 在目标致密岩心中的扩散系数均比较小。

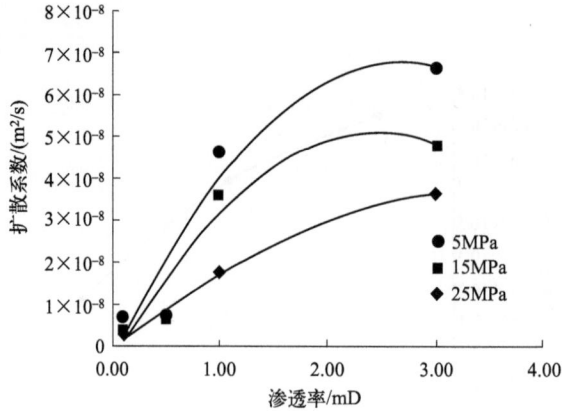

图 7-11　CO_2 扩散系数与渗透率关系

（5）6 号（1mD）岩心（含束缚水）扩散数据

从 7.1 部分可知，束缚水的存在能显著降低气体在致密砂岩岩心上的吸附能力，它也同样对气体扩散会有影响。因此进一步测定了 CO_2 在含束缚水（35%）1 号岩心中的扩散系数。从图 7-12 可以看出，束缚水的存在明显降低了 CO_2 在岩心中的扩散能力。在地层压力 25MPa 下对应的 CO_2 扩散系数为 $2.04 \times 10^{-9} m^2/s$，15MPa 下对应的 CO_2 扩散系数为 $5.35 \times 10^{-9} m^2/s$，在废弃压力 5MPa 下对应的 CO_2 扩散系数为 $8.37 \times 10^{-9} m^2/s$。25MPa 下 CO_2 在含束缚水 6 号岩心中扩散系数约为干岩心中的 1/10，这种差别随着压力降低进一步变大（图 7-13）。因此，致密砂岩岩心中束缚水的存在会一定程度阻碍 CO_2 的注入，但同时也会延缓 CO_2 的突破。

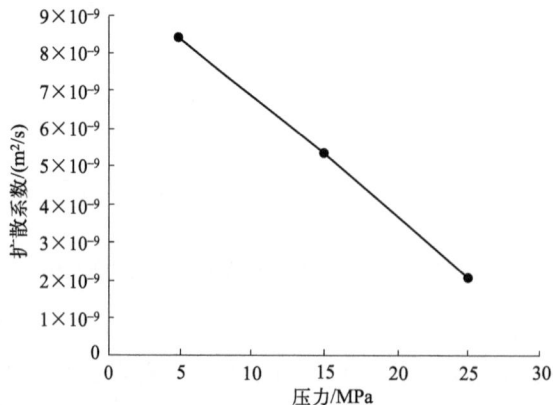

图 7-12　6 号岩心（含束缚水）扩散系数随注气平衡压力的变化

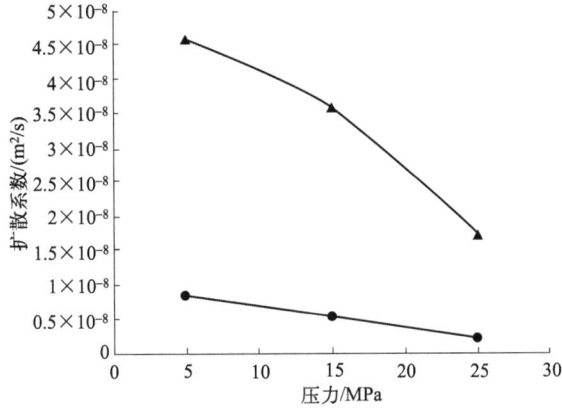

图 7-13　CO_2 扩散系数与束缚水关系

7.3　注 CO_2 提高低渗气藏采收率长岩心实验

从致密砂岩岩心中 CO_2 吸附和扩散特征可以初步得出注 CO_2 开发致密气能有效实现气体置换且 CO_2 突进不会太明显这一认识。基于此，进一步进行注 CO_2 提采致密气长岩心实验评价，掌握相关开发特征并明确主控因素。

7.3.1　实验装置

长岩心实验在团队自研制的长岩心驱替实验系统（图 7-14）中完成。此套系统主要包括注入泵、中间容器、长岩心夹持器、回压调节器、压力表、控温系统、气量计和气相色谱仪。长岩心夹持器是整套系统中最关键的部分，主要由长岩心外筒、胶皮套和轴向连接器组成。

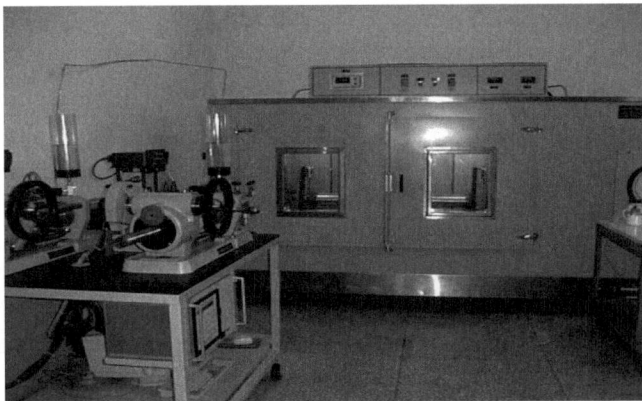

图 7-14　长岩心实验装置

各部分的技术指标如下：

（1）长岩心夹持器

压力范围 0 ～ 70MPa ；温度范围 0 ～ 200℃ ；岩心长度 0～ 1000mm。

（2）注入泵系统：Ruska 全自动泵

工作压力 0 ～ 70.0MPa ；工作温度为室温；速度精度 0.01mL/s。

（3）回压调节器

工作压力 0 ～ 70.0MPa ；工作温度为室温至 200℃ 。

（4）压力表

最大工作压力 100.0MPa ；工作温度为室温至 200℃ 。

（5）控温系统

工作温度为室温至 200℃ ；控温精度 0.1℃ 。

（6）气量计

计量精度 1mL。

（7）气相色谱仪

美国 HP6890 型气相色谱仪。

7.3.2　实验样品

由于没有足够多实际储层岩心，长岩心实验所用岩心采用人造岩心，岩心制作过程孔渗参考实际岩心孔渗范围。

表 7-6 给出了 4 块人造长岩心的基础物性。

表 7-6　长岩心选取情况

编号	长度 /cm	直径 /mm	孔隙度 /%	渗透率 /mD
8	100	25	14.84	1
9	100	25	12.62	3
10	100	25	11.41	0.5
11	100	25	7.22	0.1

地层水为 $CaCl_2$ 水型，参考现场提供水质分析报告（表 7-7）在实验室自行配制。

表 7-7　地层水分析结果

地层水阴阳离子含量 /（mg/L）						总矿化度	水型	pH 值	密度 /（g/cm³）
K⁺+Na⁺	Ca²⁺	Mg²⁺	SO₄²⁻	HCO₃⁻	Cl⁻				
4136.5	1529	111	44.5	658.5	8322.5	14947.5	CaCl₂	6.1	1.02

实验用气体为纯 CO_2 和 CH_4。

7.3.3　实验方案

（1）注气时机优化

考虑束缚水，在 1mD 岩心中开展注 CO_2 驱时机优化实验：地层压力为 25MPa，先进行衰竭开发，衰竭至设定压力后开展连续 CO_2 驱，优选的衰竭压力分别为 16 MPa、12 MPa、8 MPa、5MPa。

（2）注气速度优化

考虑束缚水，在 1mD 岩心中开展 4 组注入速度优化实验，优选合适的注入速度：地层压力为 25MPa，先进行衰竭开发，衰竭到优选的注气压力，再开展不同注 CO_2 速度驱替实验。

（3）渗透率对 CO_2 驱效果影响

考虑束缚水，在不同渗透率（0.1mD、0.5mD、3mD）岩心中开展注气提高采收率实验：地层压力为 25MPa，先衰竭到优选的注气压力，再开展注 CO_2 连续驱替实验。

（4）地层倾角对 CO_2 驱效果影响

考虑束缚水，设定不同倾角条件（5°、45°），在 1mD 岩心中开展注 CO_2 气驱替实验。

7.3.4　实验步骤

（1）实验准备

实验前清洗烘干岩心，然后将岩心放入长岩心夹持器后按照实验流程图正确安装各实验仪器，并对各实验仪器进行校正。对岩心抽空 12h。

（2）岩心建立束缚水

设定夹持器出口端回压阀工作压力为地层压力 25MPa，往岩心内注入地层水，地层水注入过程确保围压高于岩心内压 2.5 ～ 3 MPa，直至岩心内饱和水压达到

25MPa。设定实验温度为气藏温度 85℃。恒温 12h 后，25MPa 下用天然气（甲烷代替）驱替岩心内地层水至所需的束缚水饱和度。气藏初始环境建立。

（3）开展模拟开发实验

将岩心内压力衰竭至设定压力后开展 CO_2 驱。衰竭过程中记录出气量，岩心两端压差，记录泵的排量、入口压力、出口压力、围压、出气量、组分含量的变化数据。考虑到 CO_2 突破后采出天然气中 CO_2 含量会快速升高而影响天然气的热值，涉及后续的脱碳以及相应成本，因此，实验过程当岩心出口端采出气中 CO_2 浓度超过10%（摩尔分数）时停止注气，实验结束。泄压，准备下一组实验。

7.3.5　结果及分析

（1）不同 CO_2 注气时机实验结果

选择 8 号（1mD）长岩心首先进行了多个不同压力（5MPa、8MPa、12MPa 和16MPa）下天然气衰竭开发模拟实验，相关结果见图 7-15。

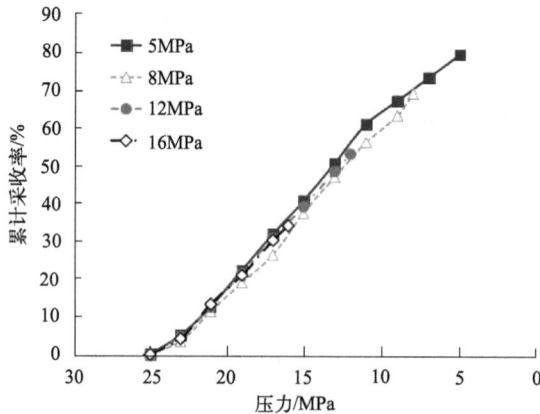

图 7-15　累计采收率随注入压力的变化

从图 7-15 可以看出，由于岩心比较均质且不受其他因素（水体等）的影响，衰竭采收率较高。衰竭压力为 5MPa 时，CH_4 采收率达到 79.47%，随着衰竭压力升高，CH_4 采收率逐渐减小。当衰竭压力为 16MPa 时，最终的 CH_4 采收率为 34.13%。

接下来进行注 CO_2 连续驱实验，相关实验结果见图 7-16 和图 7-17。整体来看，衰竭压力越低，CO_2 注入后突破岩心端面越早，但最终 CH_4 采收率相对越高。以5MPa 注入时机为例，当 CO_2 注入倍数为 0.4HCPV 时 CO_2 突破岩心端口，此时采出气中 CH_4 含量为 99.02%，CH_4 的采收率为 88.14%，较衰竭过程提高了 8.67 个百分点。而当 CO_2 初始注入压力升高到 16MPa 时，当 CO_2 注入倍数为 0.6HCPV 时 CO_2 才突破岩心端口，最终的 CH_4 采收率降至 65.79%。这是因为压力越高，岩心内 CO_2-CH_4 之间相互扩散程度越弱，降低了 CO_2 在岩心内运移速度，延缓了其突破岩心端面时间。

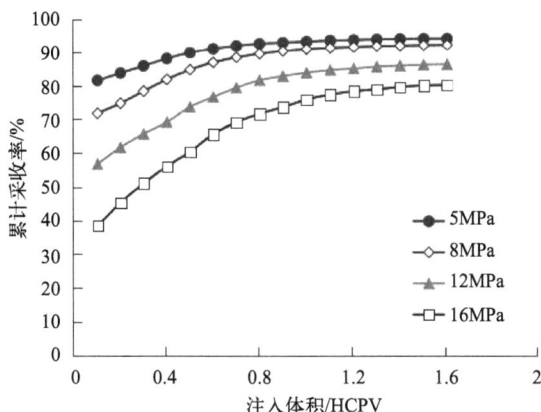

图 7-16　累计采收率随注入体积 HCPV 的变化

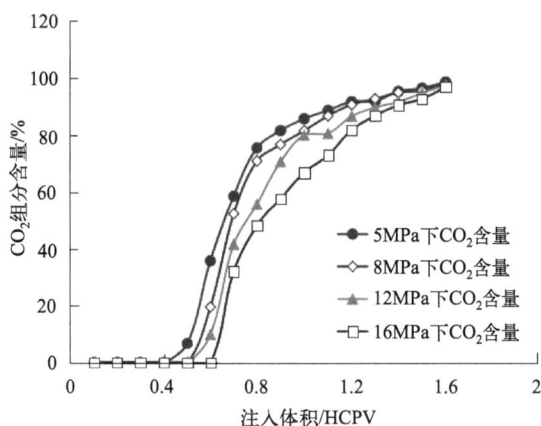

图 7-17　CO_2 组分含量随注入体积 HCPV 的变化

但从采收率来看，致密岩心内 CO_2 驱替天然气并不是一个完全活塞驱替的过程，存在一定的扩散或弥散，CO_2 注入压力越低时，开始衰竭过程天然气采收率越高，使得最终的采收率也越高，因此，衰竭过程对天然气的采收率起到了决定作用。此外，在实际应用过程中，衰竭压力越低，CO_2 注入压力越低，对应的注入难度和注入成本也会降低。从提高天然气采收率和注 CO_2 时机两个角度来看，选择相对低的注入压力更合适。

（2）不同 CO_2 注入速度实验结果

相对于注入时机，注入速度同样是影响气驱开发效果的一个重要参数。这里选择衰竭压力为 5MPa，对比了 4 个 CO_2 注入速度（0.05mL/min、0.1mL/min、0.2mL/min 和 0.4 mL/min）对 CH_4 采收率效果的影响，相关实验结果见图 7-18～图 7-20。

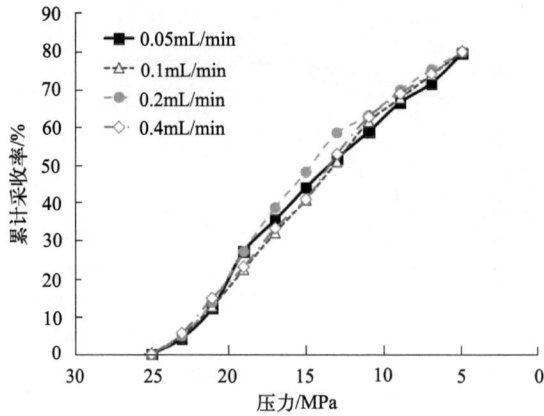

图 7-18　累计采收率随注入速度的变化

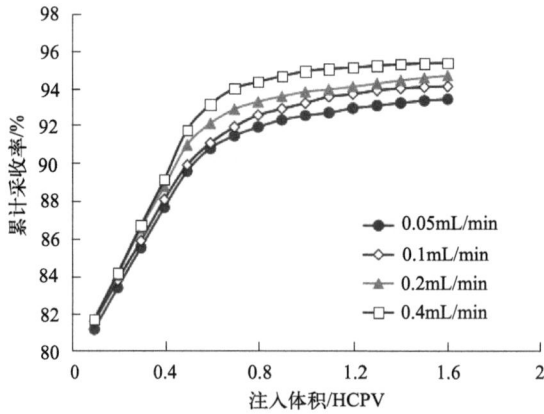

图 7-19　累计采收率随注入体积 HCPV 的变化

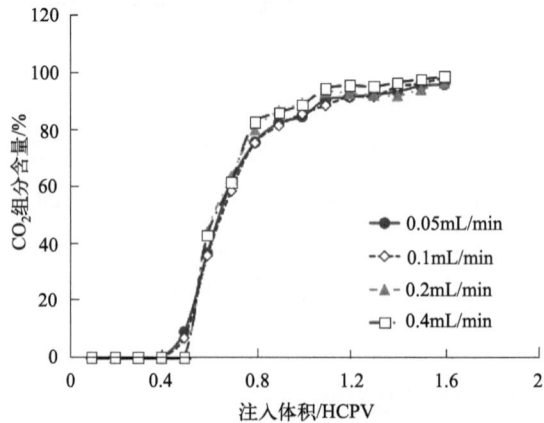

图 7-20　CO_2 组分含量随注入体积 HCPV 的变化

可以看出，衰竭过程 CH_4 采收率分布在 79% 左右。随着 CO_2 注入，CH_4 采收率逐渐增大，随着注入速度从 0.05 mL/min 增加到 0.4 mL/min，CH_4 采收率从 93.49% 增加到 95.42%。这意味着在考虑的注入速度范围内，用相对较高的注入速度驱替更有利于天然气的采收。这也可能是由于岩心的低渗透特性，在岩心中的压力扩散需要一定的时间，随着注入速度的增加，岩心中入口侧的压力迅速增加，使得长岩心中两端的压差增加，从而反过来增强了 CO_2 在岩心中的驱替范围，导致 CO_2 突破时间延长（图 7-20），提高了 CO_2 对 CH_4 的驱替效率。在实际过程中，相对较高的 CO_2 注入速度可能更适合天然气的采收。简而言之，低渗气藏合适的 CO_2 注入速度需要通过实验、数值模拟研究和经济评估相结合来确定。

（3）不同渗透率岩心中实验结果

致密气藏储层渗透率在水平、垂直方向上一般存在韵律特征。这里进一步选择 9 号、10 号、11 号长岩心研究岩心渗透率对注 CO_2 驱替致密气效果的影响。从图 7-21 可以看出，随着岩心渗透率变大，相同衰竭压力下 CH_4 采收率升高。5MPa 下，从 0.1mD 岩心衰竭得到的 CH_4 采收率为 77.86%，从 3mD 岩心衰竭得到的 CH_4 采收率为 78.27%。

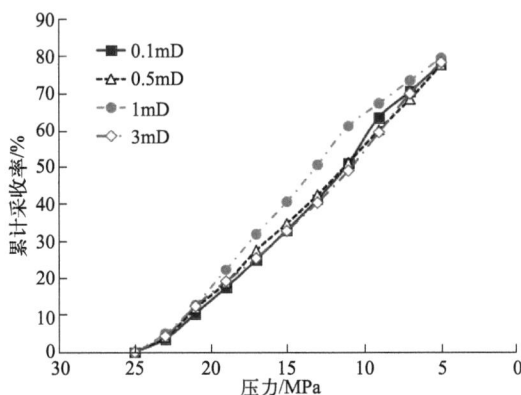

图 7-21 累计采收率随岩心渗透率的变化

图 7-22 和图 7-23 给出了进一步的 CO_2 驱替结果，相同驱替条件下，随着岩心渗透率增加 CH_4 采收率升高。0.1mD 岩心中 CO_2 驱替过程提高 CH_4 采收率为 14.64%，总采收率 92.50%；3mD 中 CO_2 驱替过程提高 CH_4 采收率为 19.24%，总采收率为 97.51%。

从图 7-23 进一步可以看出，注入 0.8HCPV CO_2 后突破 0.1mD 岩心端面，而 3mD 岩心内 CO_2 突破端面发生在注 0.6HCPV 左右。这是因为岩心渗透率相对越小，CO_2 扩散系数较小，延缓了 CO_2 的突破时间；但低渗透岩心内 CO_2 的驱替效率要小于在高渗岩心内的驱替效率，使得高渗岩心内 CH_4 的总采收率要高于低渗透岩心。

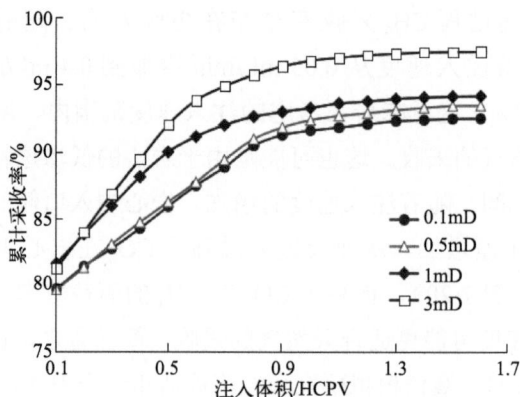

图 7-22　累计采收率随注入体积 HCPV 变化

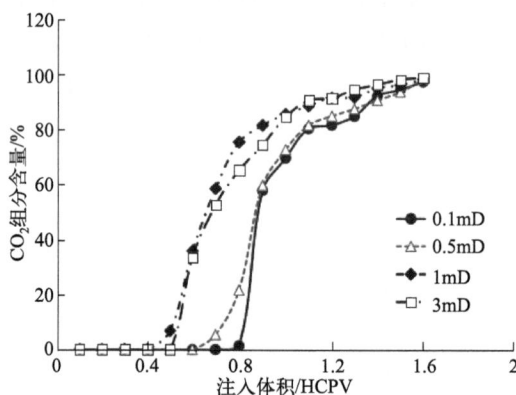

图 7-23　CO₂ 组分含量随注入体积 HCPV 的变化

（4）不同地层倾角实验结果

受地质条件和储层内水动力学影响，实际油气藏储层一般都具有倾角，部分油气藏储层的倾角超过了 20° 甚至更高。考虑到 CO_2 与天然气之间物理化学性质的差异，针对这种类型的气藏，CO_2 注入位置对天然气开发效果可能会有影响，因此进一步选择 5° 和 45° 两个倾角，进行了不同位置注 CO_2 驱替致密气实验研究。

选择 8 号（1mD）岩心，通过改变长岩心装置进、出口端相对位置实现不同倾角，注 CO_2 驱替速度为 0.1mL/min。相关实验结果见图 7-24 ～ 图 7-26，可以看出，衰竭过程中不同倾角对 CH_4 采收率的影响差别不明显。在 CO_2 驱替天然气实验中，水平驱替条件下 CH_4 总采收率 94.17%；高注低采（5° 倾角）方式下 CH_4 总采收率 93.71%；高注低采（45° 倾角）方式下 CH_4 总采收率 92.69%。低注高采（5°倾角）方式下 CH_4 总采收率 94.54%；低注高采（45° 倾角）方式下 CH_4 总采收率95.74%。低注高采采收率略高是因为长岩心装置进出口压力差和 CO_2 与 CH_4 的重力差共同促进了 CO_2 在岩心中的驱替。由于 CO_2 的密度略高于 CH_4 的密度，在 CO_2

驱替过程中，随着倾角的增大，注入的 CO_2 更有可能沉积在长岩心装置的低侧，即岩心内 CO_2 的驱替速率降低，驱替效率增大，使得 CH_4 的采收率提高。

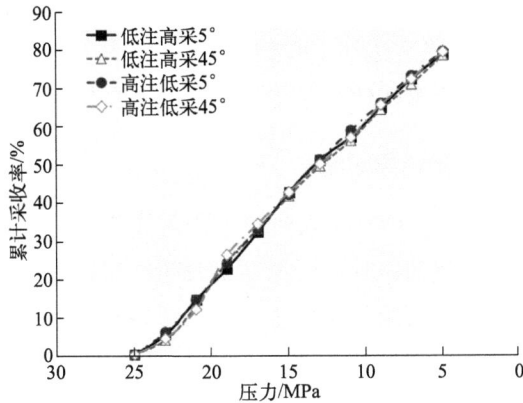

图 7-24 累计采收率随地层倾角的变化

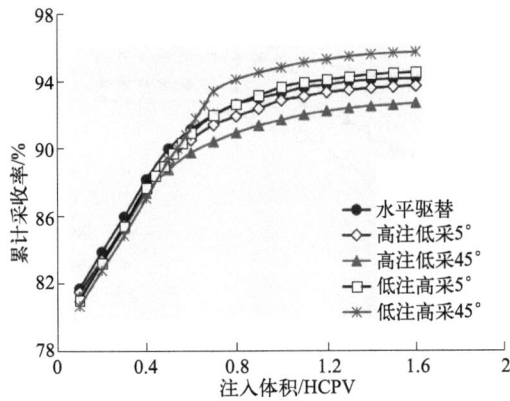

图 7-25 累计采收率随注入体积 HCPV 的变化

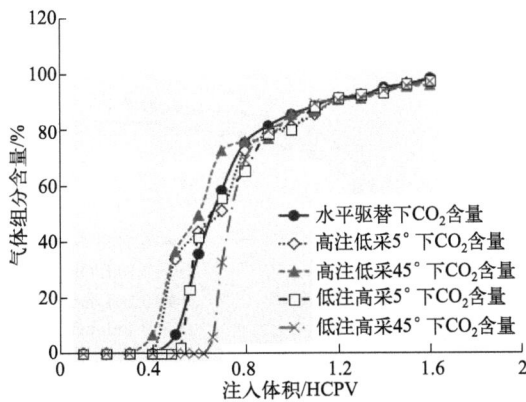

图 7-26 CO_2 组分含量随注入体积 HCPV 的变化

从图 7-26 可以看出，CO_2 水平驱替天然气时 CO_2 突破岩心端面发生在注 0.5HCPV 后，地层倾角为 5° 高注低采时 CO_2 突破岩心端面发生在注 0.5HCPV 后，地层倾角为 45° 高注低采时 CO_2 突破岩心端面发生在注 0.4HCPV 后。分析认为当岩心入口端抬高时，受重力作用影响，CO_2 更容易窜至低部位，CO_2 突破较早，过渡带（出口见 CO_2 到 CO_2 浓度达到 100% 阶段）的时间更长。这意味着在采用 CO_2 驱开采低渗天然气时，不能忽视 CO_2 与天然气之间的重力差作用，优选低部位注入。

（5）不同注气参数实验结果对比

图 7-27～图 7-30 汇总了 CO_2 注入时机、注入速度、储层渗透率、储层倾角对提高驱替致密岩心内天然气的影响。研究结果表明：对目标气藏而言，注 CO_2 提高采收率是可行的；早期采用衰竭开发到废弃压力再注气是最佳开发方式（图 7-27）；CO_2 注入速度对提高天然气采出程度影响不大（图 7-28）；储层物性越好，即渗透率越高，天然气采出程度相对越高（图 7-29）；底部注气能延缓 CO_2 突破，提高气藏采收率（图 7-30）。

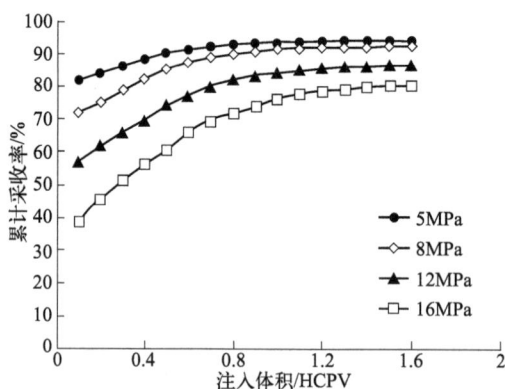

图 7-27 不同衰竭压力下注 CO_2 时天然气累积采出程度随注入体积的变化

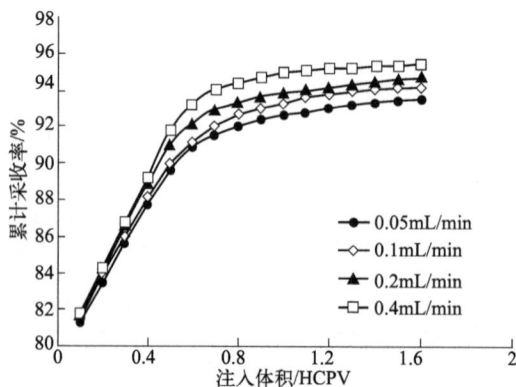

图 7-28 不同 CO_2 注入速度时天然气累积采出程度随注入体积的变化

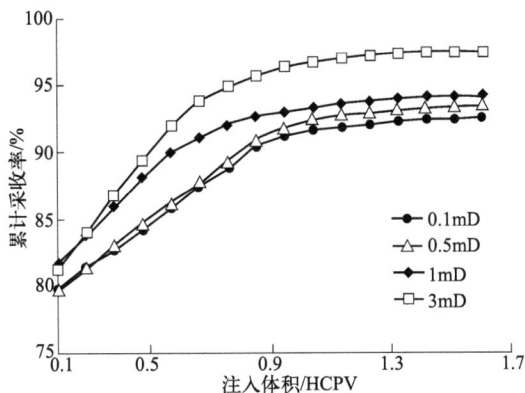

图 7-29　不同渗透率岩心中天然气累积采出程度随 CO_2 注入体积的变化

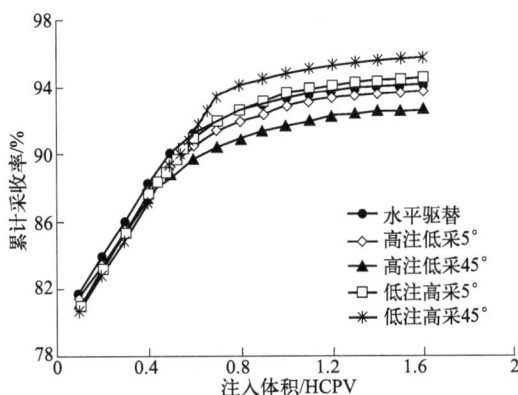

图 7-30　不同倾角岩心中天然气累积采出程度随 CO_2 注入体积的变化

（6）注 CO_2 开发致密气过程 CO_2 埋存效果评价

注 CO_2 开发致密气不仅为了有效提高天然气的采收率，同时希望实现对 CO_2 的埋存。前面几部分内容主要关注了注 CO_2 提采天然气的效果，本节进一步对 CO_2 埋存效果进行评价。

图 7-31 给出了长岩心实验过程不同注气条件下 CO_2 封存量的计算值，可以看出，对于采用同一组岩心、不同操作条件下的实验，天然气采收率越高、对应的 CO_2 封存量也越高，这是因为较高的天然气采收率下对应于岩心中留给贮存 CO_2 的空间也更多。例如，对于 5MPa 的 1.05mD 岩心，在关闭长芯出口阀门后，CO_2 封存量为 5.06kg/m³，高于其他条件下 CO_2 的封存量。然后对于相同实验条件下采用不同渗透率岩心实验，表现为岩心孔隙体积越大，对应的 CO_2 封存量也越大。需要注意的是，在所有这些实验条件下，由于天然气废弃压力较低，对应的 CO_2 封存量均不太高。在实际应用过程中，虽然当采出气中的 CO_2 浓度达到一定程度时，需要关闭生产井，但之后还可以进一步往气藏注入 CO_2 进行封存，直至达到原始气藏压

力。因此，在这里进一步评估了将 CO_2 注入至 25MPa 下的封存效果。令人振奋的是，相对于驱替天然气过程，长岩芯出口关闭后继续注入 CO_2 能有效提高封存量，最高可达 $64.36kg/m^3$。整体来看，注 CO_2 开发低渗、致密气藏过程，相对较高的孔隙体积、较小的气藏废弃压力、较高的注气速率或较低的 CO_2 注入速度更有利于对 CO_2 的封存。

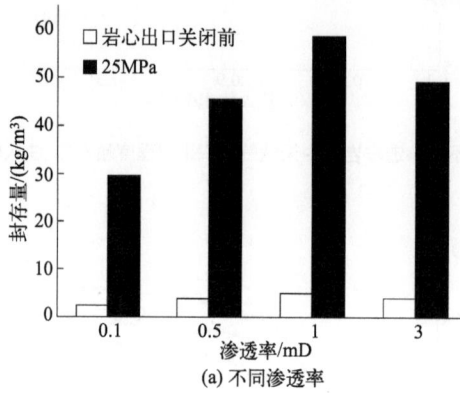

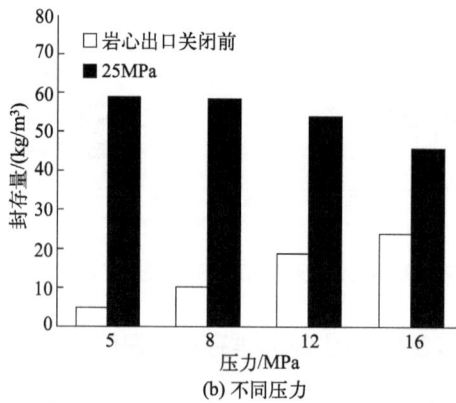

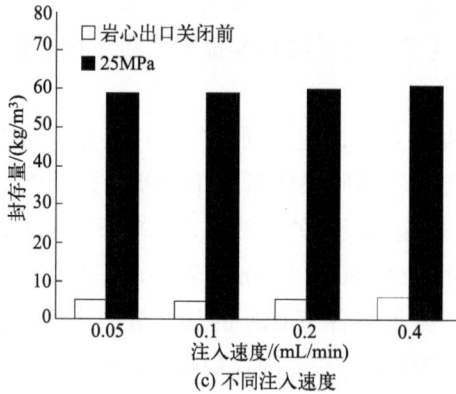

(a) 不同渗透率

(b) 不同压力

(c) 不同注入速度

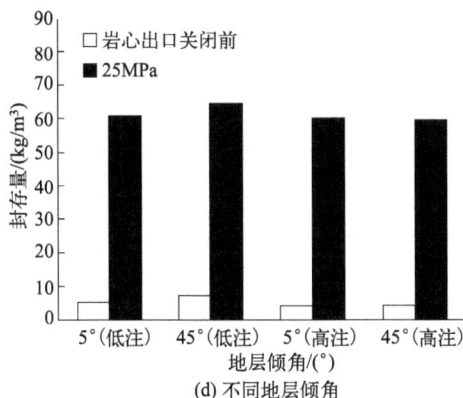

图 7-31　不同注气条件下 CO_2 封存效果评价

参考文献

[1] 欧成华. 高温高压下烃类气体在储层孔隙介质表面吸附的实验与理论研究 [D]. 成都: 西南石油大学, 2000.

[2] 欧成华, 易敏, 郭平, 等. N_2、CO_2 和天然气在岩心孔隙内表面的吸附量的测定 [J]. 石油学报, 2000, 21 (5): 68-71.

[3] 陈存社, 徐辉, 李晓娟. 超临界二氧化碳在聚苯乙烯中的吸附和解吸附过程 [J]. 高分子材料科学与工程, 2004, 20 (2): 155-157.

[4] 胡林. 基于多孔介质的 CO_2 吸脱附特性的实验研究 [D]. 重庆: 重庆大学, 2009.

[5] 柳广弟, 赵忠英, 孙明亮, 等. 天然气在岩石中扩散系数的新认识 [J]. 石油勘探与开发, 2012 (5).

[6] Tharanivasan A K, Yang C, Gu Y. Measurements of molecular diffusion coefficients of carbon dioxide and methane in heavy oil [N]. Proceeding of the 55th Annual Technical Meeting of the Petroleum Society, The Canadian International Petroleum conference, 2004

[7] Nogueira M, Mamora D. Effect of flue gas impurities on the process of injection and storage of CO_2 in depleted gas reservoirs [G]. SPE EPA DOE Exploration and Pro-duction Environmental Conference, 2005.

[8] 郭彪, 侯吉瑞, 于春磊, 等. CO_2 在多孔介质中扩散系数的测定 [J]. 石油化工高等学校学报, 2009, 22 (4): 38-40.

[9] Hughes T J, Honari A, Graham B F, et al. CO_2 sequestration for enhanced gas recovery: new measurements of supercritical CO_2-CH_4 dispersion in porous media and a review of recent research [J]. International Journal of Greenhouse Gas Control, 2012, 9: 457-468.

[10] Chaback J J, Williams M L.P-X behavior of a rich-gas condensate in and mixture with CO_2 and (N_2+CO_2) [J]. SPE24132, 1994

［11］Seo J G，Mamora D D. Experimental and simulation studies of sequestration of supercritical carbon dioxide in depleted gas reservoirs［J］. Journal of Energy Resources Technology，2005，127（1），1-6.

［12］Oldenberg C，Benson S. CO$_2$ Injection for enhanced gas production and carbon sequestration［J］. SPE 74367，2002

［13］Taheri A，Hoier L，Torsaster O. Miscible and immiscible gas injection for enhancing of condensate recovery in fractured gas condensate reservoirs［J］. SPE 164934，2013.

［14］Huang Liu，Desong Yao，Bowen Yang，et al. Experimental investigation on the mechanism of low permeability natural gas extraction accompanied by carbon dioxide sequestration［J］. Energy，2022，253：124114.

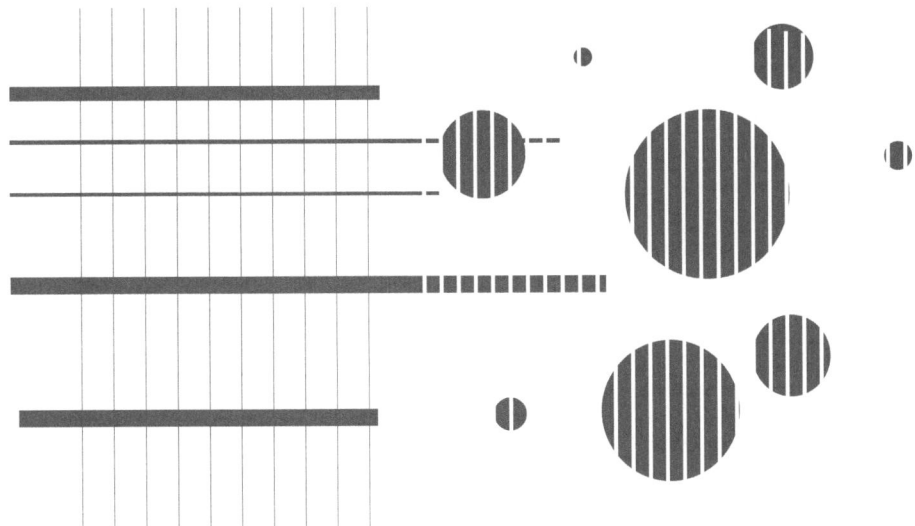

第8章

注 CO_2 对原油相态性质影响
实验与理论研究

注 CO_2 提高原油采收率包括注 CO_2 驱和注 CO_2 吞吐两种方式，前者主要通过驱替的方式将储层中的原油置换出来，同时在驱替过程溶解在气 - 液接触带的原油中改善原油的物性，提高原油流动能力和采收率[1,2]；后者主要通过溶解在原油中提高原油流动性而实现提采目的，同时在 CO_2 返排过程中 CO_2 对原油附带有一个萃取、驱替的效果[3]。不管是通过溶解提高原油流动能力还是抽提原油组分都属于 CO_2- 原油之间的相态作用。针对体相（常采用 PVT 筒装置模拟）中 CO_2- 原油之间相互作用评价已有较多的实验和理论研究报道[4-6]；岩心内 CO_2- 原油混合体系相态研究由于实验难度大而报道较少，为了简化实验难度，现有研究主要依赖微流控装置而很少使用实际岩心，在对应的理论研究过程通常用毛管力来描述岩心微纳米孔道对流体相态的影响[7,8]。

本章拟分别研究体相和实际岩心内原油注 CO_2 前后相态特征，并建立相应相态性质预测理论模型。

8.1　PVT 筒中 CO_2 注入对原油相态影响实验评价

8.1.1　实验装置及方法

相关实验同样在加拿大 DBR 公司生产的 JEFRI 全观测无汞高温高压多功能地层流体分析仪（图 6-1）中进行。实验方法遵循标准《油气藏流体物性分析方法》（GB/T 26981—2020），对地层原油进行单次脱气、等组成膨胀等实验。

8.1.2　实验样品

实验样品包括从现场取回的三个油藏脱气原油和伴生气，在实验室配制成 A、B、C 三个原油，原油井流物组成见表 8-1。原油 A 中 C_1 组分含量为 14.63%，高于原油 B（2.85%）和原油 C（3.72%）的 C_1 含量；原油 A、原油 B 和原油 C 中 C_{11+} 含量分别为 49.71%、38.87%、36.69%。

表 8-1　原油井流物组成

组分	A 油样（摩尔分数）/%	B 油样（摩尔分数）/%	C 油样（摩尔分数）/%
CO_2	0.64	—	—
C_1	14.63	2.85	3.72
C_2	4.77	2.70	2.39
C_3	8.36	5.58	3.96
IC_4	1.62	4.05	3.16

组分	A 油样（摩尔分数）/%	B 油样（摩尔分数）/%	C 油样（摩尔分数）/%
NC_4	1.95	3.54	3.72
IC_5	1.08	5.43	3.35
NC_5	1.18	2.47	1.3
C_6	1.14	2.59	6.85
C_7	4.42	11.10	11.81
C_8	3.05	11.64	12.41
C_9	2.88	6.29	4.61
C_{10}	4.59	2.90	6.03
C_{11+}	49.71	38.87	36.69
C_{11+} 分子量	263.1	274.1	248.4
C_{11+} 密度	0.8816	0.8867	0.8741

三个原油对应的地层温度和压力见表 8-2。

表 8-2　地层温度和压力

油样	地层温度 /℃	地层压力 /MPa
A 油样	65	18.2
B 油样	55.3	12.05
C 油样	34.51	1.96

8.1.3　结果及分析

（1）单次脱气

单次脱气实验结果见表 8-3。可以看出，三个原油体积系数比较接近，原油 A 气油比最大（$36m^3/m^3$），原油 B 气油比为 $4.68m^3/m^3$，原油 C 气油比为 $6m^3/m^3$。A、B、C 三个原油在常温常压下脱气油密度分别为 $0.8759g/cm^3$、$0.9162g/cm^3$、$0.8406g/cm^3$。

表 8-3　地层原油单脱性质

物性参数 油样	体积系数	气油比 /(m^3/m^3)	脱气原油密度（20℃） /(g/cm^3)
A 油样	1.038	36	0.8759
B 油样	1.052	4.68	0.9162
C 油样	1.062	6	0.8406

（2）等组成膨胀实验

A、B 和 C 三种地层原油等组成膨胀测试结果如表 8-4 所列和图 8-1 所示。可以看出，三种原油在地层温度下的泡点压力分别为 6.39MPa，0.75MPa 和 0.62MPa。等组成膨胀过程，当实验压力高于原油泡点压力时，随着压力降低，原油体积呈近

线性缓慢增加（图 8-1）；当压力低于泡点压力时，原油中伴生气脱出，随着压力的
降低，相对体积快速增加。

表 8-4　A 地层流体 PV 关系数据

A 油样		B 油样		C 油样	
压力 /MPa	相对体积	压力 /MPa	相对体积	压力 /MPa	相对体积
**18.2	0.8785	**12.10	0.9795	10	0.9876
16	0.8897	10.75	0.981	7.24	0.9898
14	0.8998	8.75	0.9826	4.48	0.9919
12	0.9088	6.75	0.985	**1.96	0.9934
10	0.919	4.75	0.9866	0.92	0.9956
8	0.9313	2.75	0.9881	0.69	0.997
*6.39	1	1.75	0.9889	*0.62	1
6	1.0348	*0.75	1	0.48	1.0101
4	1.2486	0.52	1.0252	0.38	1.024
2	1.9325	0.38	1.074	—	—
—	—	0.21	1.1292	—	—

注：** 表示地层压力；* 表示饱和压力。

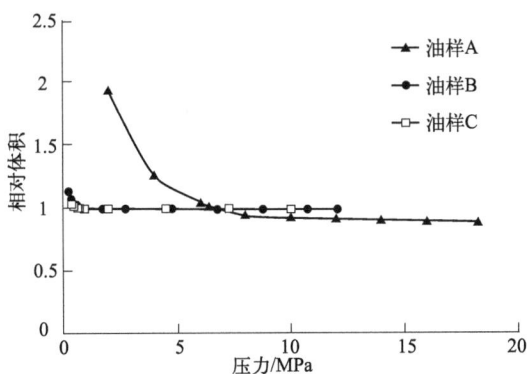

图 8-1　地层原油恒质膨胀相对体积与压力关系曲线

8.2　多孔介质中 CO_2 注入对原油饱和压力影响实验研究

多孔介质对地下油气相态的影响已经是一个不争的事实，为研究多孔介质对原
油和注 CO_2 后原油流体相态的影响，本节首先建立了多孔介质中注入气与原油相态
研究的实验测试方法，然后进行了原油 A、原油 B、原油 C 饱和 CO_2 后在岩心内等
组成膨胀实验、原油 A 饱和 CO_2 后在不同渗透率岩心中的等组成膨胀实验，以及不
同压力下饱和 CO_2 后原油 A 在岩心中等组成膨胀实验，得到不同实验环境下对应原

油的饱和压力。

8.2.1　实验装置

多孔介质中原油饱和 CO_2 相态实验在图 8-2 所示的全直径岩心驱替装置中完成，此套系统主要包括高温恒温箱、自动泵、手动泵、回压阀、高压中间容器以及其他辅助装置。

图 8-2　自主研发高温高压（200℃，150MPa）全直径岩心驱替装置

全直径岩心夹持器实物见图 8-3，其最大工作压力为 150MPa，最大工作温度为 200℃。

图 8-3　全直径岩心夹持器照片

实验装置流程如图 8-4 所示。

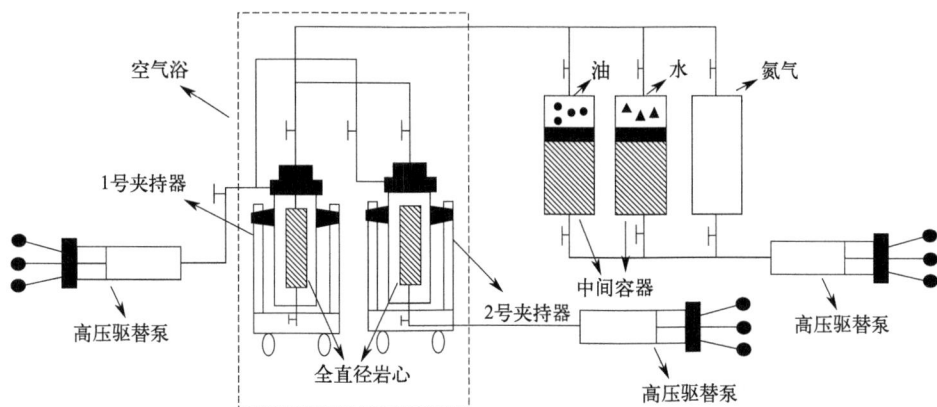

图 8-4　实验装置流程

8.2.2　实验材料

（1）流体样品

流体样品包括配制的 A、B 和 C 三个原油（具体见 8.1.2 部分相关内容），以及纯 CO$_2$ 气样。

（2）实验岩心

表 8-5 给出了所用全直径岩心参数，图 8-5（书后另见彩图）为全直径岩心实物照片。

表 8-5　全直径实验用岩心参数

岩心编号	渗透率 /mD	长度 /mm	直径 /mm	孔隙体积 /mL
1	0.5	51.18	99.70	48.457
2	1.0	49.96	100.46	61.240
3	3.4	63.00	98.94	61.899

8.2.3　实验测试流程

实验测试流程如下所述。

① 将岩心依次放入图 8-4 中的一个夹持器中，先用甲苯清洗以去除有机物和弱极性组分，再用乙醇清洗以去除极性化合物；

② 将清洗后的岩心拆卸下来，放在烘箱中，在温度为 100℃下烘干，直到岩心重量稳定；

图 8-5　全直径岩心照片

③ 将清洗过的渗透率相近的两块岩心分别放入图 8-4 中的夹持器 1 和夹持器 2 中。将两个岩心抽真空，然后通过连接的自动泵在低压（约 1MPa）下饱和地层水；

④ 通过两台自动泵逐渐增大岩心的内压和围压，直至岩心内压与地层压力相等，且围压比岩心内压高约 2 MPa；

⑤ 然后关闭两个夹持器之间的阀门，使用自动泵注入活油到夹持器中，以取代岩心中的水，注入速度为 0.1mL/min。在夹持器出口处只存在油相后，进一步注入总孔隙体积为 6.0PV 的活油，以保证岩心内只存在束缚水和活油，然后打开两个夹持器之间的阀门，用自动泵逐渐降低岩心中地层水饱和的压力；

⑥ 对于每一个压力步骤，持续 5h 以上，使两个容器内的压力达到相等，并记录泵的压力和体积变化。将两个保持器的压力降至油的泡点压力以下后，岩心中出现了气体，此时出现了一个"V"形拐点（两个岩心中的油量 + 连接线 + 泵的体积变化）；

⑦ 最后，将电池中的压力降低到所需的低数据。根据 *P-V* 曲线确定了岩心内油的泡点压力。

数据处理过程：a. 每个压力点下的体系总体积为岩心孔隙体积与手动泵前后刻度差体积之和；b. 每个压力点下的相对体积等于各个压力点体系总体积除以泡点压力点对应体系体积。

8.2.4　结果及分析

（1）不同油样

首先让原油 A、原油 B 和原油 C 在各自地层压力下饱和 CO$_2$，然后对其进行单次脱气实验，测试结果见表 8-6 和表 8-7。饱和 CO_2 后 A、B、C 原油的气油比分别升至 131.81m^3/m^3、131.03m^3/m^3 和 22.46m^3/m^3，泡点压力（与地层压力一致）变为 18MPa、12MPa 和 2MPa。CO_2 的溶解使得原油中 CO_2 含量快速增长，其他组分含量同比降低（表 8-7）。

表 8-6　饱和 CO_2 后地层原油物性参数

样品	气油比 /(m^3/m^3)	泡点压力 /MPa	体积系数	原油密度 /(g/cm^3)	原油黏度 /($mPa \cdot s$)
饱和 CO_2 后 A 原油	131.81	18	1.33	0.7235	1.7294
饱和 CO_2 后 B 原油	131.03	12	1.39	0.6703	4.8562
饱和 CO_2 后 C 原油	22.46	2	1.14	0.7303	4.4846

表 8-7　饱和 CO_2 后 A、B 和 C 油样组成

油样	A 油样（摩尔分数）/%	B 油样（摩尔分数）/%	C 油样（摩尔分数）/%
CO_2	41.16	49.29	10
C_1	7.5	1.62	3.35
C_2	2.63	0.73	2.16
C_3	3.32	1.03	3.45
IC_4	0.83	1.61	3.37
NC_4	1.18	1.05	2.61
IC_5	0.82	1.82	2.65
NC_5	0.47	0.47	1.74
IC_6	1.62	1.73	4.51
C_{7+}	40.47	40.65	66.17
C_{7+} 分子质量	263.1	274.1	248.4
C_{7+} 相对密度	0.8816	0.8867	0.8741

　　然后进行 PVT 筒和 3.4mD 岩心内 3 个饱和 CO_2 原油的等组成膨胀实验，相关实验结果见图 8-6 ～图 8-8。

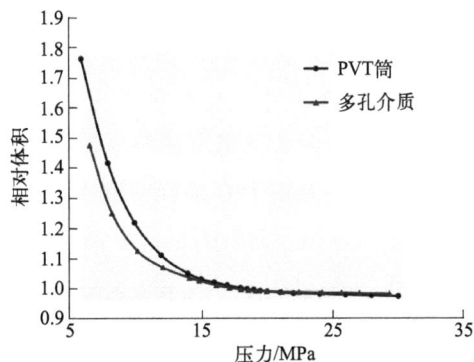

图 8-6　饱和 CO_2 的 A 油样在多孔介质和 PVT 筒中 PV 曲线对比

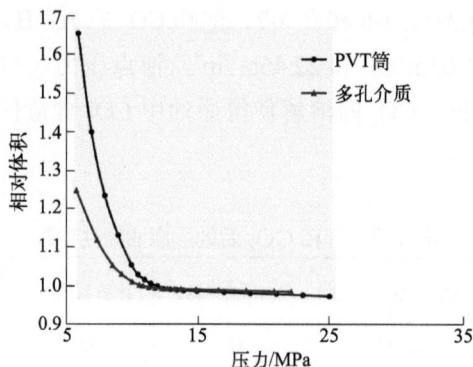

图 8-7　饱和 CO_2 的 B 油样在多孔介质和 PVT 筒中 *PV* 曲线对比

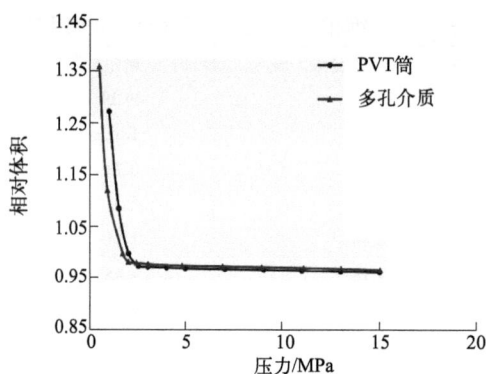

图 8-8　饱和 CO_2 的 C 油样在多孔介质和 PVT 筒中 *PV* 曲线对比

图 8-6 为原油 A 饱和 CO_2 后在 PVT 筒和多孔介质中 *PV* 关系，可以看出原油在多孔介质中泡点压力（17.16MPa）低于 PVT 筒中（18MPa）。图 8-7 为原油 B 饱和 CO_2 后在 PVT 筒和多孔介质中 *PV* 关系，原油在多孔介质中泡点压力（11.34MPa）低于 PVT 筒中低（12MPa）。图 8-8 为原油 C 饱和 CO_2 后在 PVT 筒和多孔介质中 *PV* 关系，同样，原油在多孔介质中泡点压力（1.70MPa）低于 PVT 筒中（2MPa）。

表 8-8 汇总了 3 种原油饱和 CO_2 后在 PVT 筒和多孔介质中的泡点压力，多孔介质中原油的泡点压力明显低于 PVT 筒中。这是由于与 PVT 筒相比，岩心微小孔洞中原油的相态同时受毛管压力、吸附、孔道束缚等多重作用的影响，使得泡点压力降低。其中 C 油样的差异最大，主要由于 C 油样密度大，重组分含量较高，油气界面张力大，各影响因素对原油流体相态的影响也就更强。

表 8-8　不同油样饱和 CO_2 后泡点压力变化

油样	泡点压力（PVT 筒内）/MPa	泡点压力（岩心内）/MPa	泡点压力降低幅度 /%
饱和 CO_2 的原油 A	18.0	12.0	2.0
饱和 CO_2 的原油 B	17.16	10.88	1.7
饱和 CO_2 的原油 C	4.67	9.33	15

（2）不同岩心渗透率

接下来将饱和了 CO_2 的 A 油样在不同渗透率（3.4mD、1mD、0.5mD）岩心中开展等组成膨胀实验，实验结果见图 8-9～图 8-11。

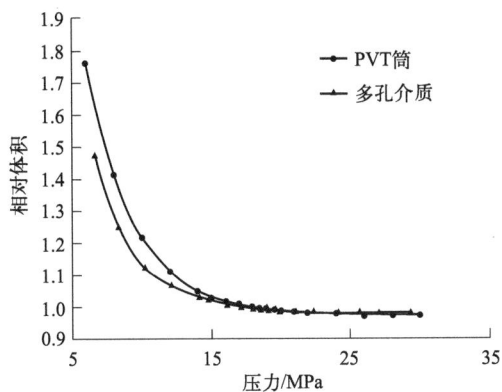

图 8-9 饱和 CO_2 的原油在 3.4mD 岩心和 PVT 筒中 PV 曲线

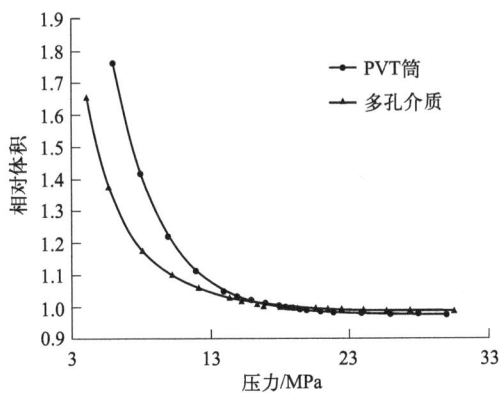

图 8-10 饱和 CO_2 的原油在 1mD 岩心和 PVT 筒中 PV 曲线

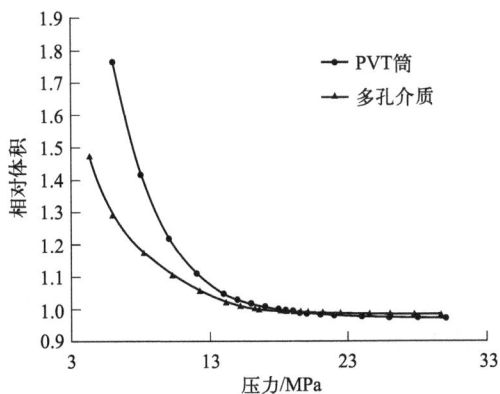

图 8-11 饱和 CO_2 的原油在 0.5mD 岩心和 PVT 筒中 PV 曲线

图 8-9 给出了原油 A 饱和 CO_2 后在 PVT 筒和 3.4mD 岩心内 PV 关系，可以看出原油在岩心中泡点压力为 17.16MPa，低于 PVT 筒中的 18MPa。图 8-10 给出了原油 A 饱和 CO_2 后在 PVT 筒和 1.0mD 岩心中 PV 关系，同样原油在岩心中泡点压力（16.87MPa）低于 PVT 筒中结果（18MPa）。图 8-11 为原油 A 饱和 CO_2 后在 PVT 筒和 0.5mD 岩心中 PV 关系，岩心内原油泡点压力（16.55MPa）低于 PVT 筒中结果（18MPa）。

表 8-9 和图 8-12 汇总了原油 A 饱和 CO_2 后在不同渗透率岩心和 PVT 筒中 PV 关系。随着岩心渗透率减小，PV 关系线向左下方偏移，与 PVT 中 PV 关系线偏离越远，使得原油饱和压力逐渐降低。0.5mD 岩心内所测原油饱和压力较 PVT 筒中降低了 8.06%。这是因为岩心渗透率越小，对应的孔隙直径越小，岩心对原油的相态影响（包括毛管压力、吸附作用、束缚作用等）越大，使得泡点压力降得越多。

表 8-9 饱和 CO_2 原油 A 在不同渗透率岩心中泡点压力对比

渗透率 /mD	3.4	1	0.5
泡点压力（PVT 筒）/MPa	18.0	18.0	18.0
泡点压力（岩心）/MPa	17.16	16.87	16.55
泡点压力降低幅度 /%	4.67	6.28	8.06

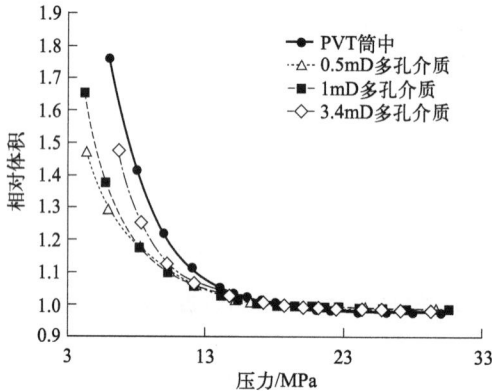

图 8-12 饱和 CO_2 原油 A 在不同渗透率岩心和 PVT 筒中 PV 曲线

（3）不同压力（不同 CO_2 溶解量）

最后对比饱和不同 CO_2 量后的原油 A 在 PVT 筒和岩心内相变实验结果。表 8-10 给出了 4 个不同压力下饱和溶解 CO_2 后原油基础相态性质，随着 CO_2 溶解量增加原油饱和压力升高、气油比升高，黏度和密度均逐渐减小。同样，随着 CO_2 溶解量增加，原油中 CO_2 含量逐渐升高（表 8-11）。

进行不同压力下饱和 CO_2 后的原油 A 在 3.4mD 岩心和 PVT 筒中等组成膨胀实验，实验结果见图 8-13 和图 8-14。

表 8-10　原油 A 在不同压力下饱和 CO_2 后物性参数

物性参数	压力 1	压力 2	压力 3	压力 4
气油比 /（m³/m³）	109.46	88.71	69.65	54.78
泡点压力 /MPa	16.50	12.37	10.84	8.50
体积系数	1.25	1.22	1.17	1.14
原油密度 /（g/cm³）	0.7602	0.7701	0.7916	0.8071
原油黏度 /（mPa·s）	1.7565	1.8844	2.1538	2.4649

表 8-11　不同压力下饱和 CO_2 油样井流物

气油比	109.46/（m³/m³）	88.71/（m³/m³）	69.65/（m³/m³）	54.78/（m³/m³）
CO_2	34.19	26.52	18.42	13.41
C_1	8.24	9.31	11.83	11.31
C_2	3.7	4.27	4.42	4.49
C_3	4.45	5.04	5.88	5.7
IC_4	0.87	1.13	1.4	1.41
NC_4	1.49	1.87	2.06	2.12
IC_5	0.9	0.94	1.26	1.29
NC_5	0.5	0.61	1.25	1.29
IC_6	1.9	1.81	1.91	2
C_{7+}	43.74	48.49	51.57	56.98

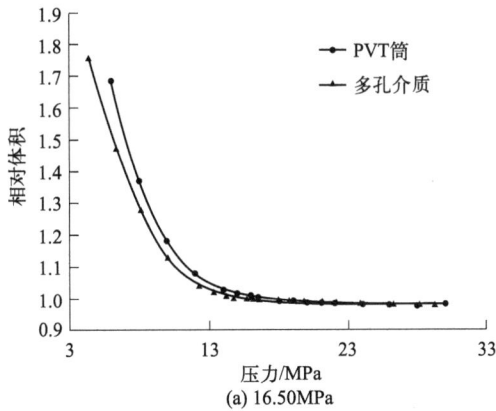

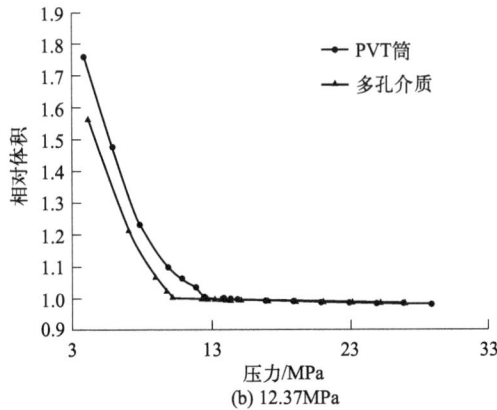

图 8-13

(c) 10.84MPa

(d) 8.50MPa

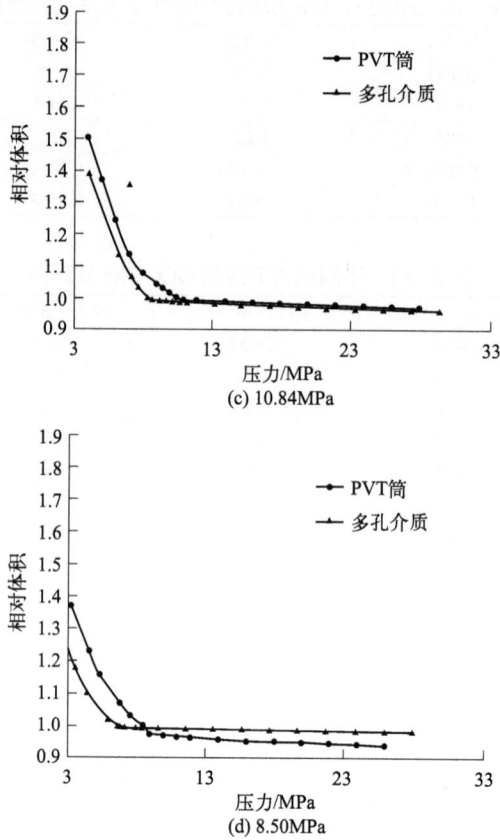

图 8-13　不同压力下饱和 CO_2 原油 A 在 PVT 筒和 3.4mD 岩心中 PV 关系

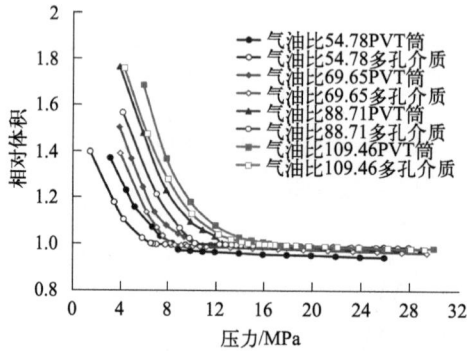

图 8-14　A 油样饱和不同量 CO_2 的 PV 曲线对比

图 8-13（a）给出了 16.5MPa 下饱和 CO_2 后原油 A（GOR=109.46 m³/m³）在 PVT 筒和 3.4mD 岩心中 PV 关系，原油在给定岩心中的泡点压力为 14.75MPa，比 PVT 筒中测定结果低 1.75MPa，下降幅度为 10.61%。图 8-13（b）给出了 12.3MPa 下饱和 CO_2 后原油 A（GOR=88.71m³/m³）在 PVT 筒和 3.4mD 岩心中 PV 关系，原

油在给定岩心中的泡点压力为 10.36MPa，比 PVT 筒中低 2.24MPa，下降幅度为 17.78%。图 8-13（c）给出了 10.84MPa 下饱和 CO_2 后原油 A（GOR=69.65m^3/m^3）在 PVT 筒和 3.4mD 岩心中 PV 关系，原油在给定岩心中的泡点压力为 8.34MPa，比 PVT 筒中低 2.16MPa，下降幅度为 20.57%。图 8-13（d）给出了 8.5MPa 下饱和 CO_2 后原油 A（GOR=54.78m^3/m^3）在 PVT 筒和 3.4mD 岩心中 PV 关系，原油在给定岩心中的泡点压力为 6.68MPa，比 PVT 筒中低 1.82MPa，下降幅度为 21.41%。

表 8-12 和图 8-14 汇总了不同压力下饱和 CO_2 原油 A 在 PVT 筒和 3.4mD 岩心中等组成膨胀实验结果。可以看出随着原油中溶解的 CO_2 量越多，岩心内原油 PV 关系线与 PVT 筒内原油 PV 关系线偏差逐渐减小，使得饱和压力的偏差也减小。意味着原油越轻，岩心孔道对其的相态性质影响可能越小。这是因为原油中溶解 CO_2 越多，原油越轻，油气间界面张力减小，岩心毛管力、吸附力等影响减弱。

表 8-12　A 油样不同 CO_2 含量在多孔介质（3.4mD）中物性参数变化

物性参数	压力 1	压力 2	压力 3	压力 4
气油比 /(m^3/m^3)	54.78	69.65	88.71	109.46
泡点压力（PVT 筒）/MPa	8.5	10.5	12.6	16.5
泡点压力（岩心）/MPa	6.68	8.34	10.36	14.75
泡点压力降低幅度 /%	21.41	20.57	17.78	10.61

8.3　CO_2 注入对体相原油相态影响理论模型建立

8.3.1　PVT 筒中原油相态模型

模型构成结合 PT 状态方程（包含新建立组分之间相互作用系数计算关联式）+ Pederson "+" 组分分割法 [12] + Kesler-Lee 假组分临界性质计算关联式 [13]，在模拟计算过程中 "+" 组分被分割为 3 个假组分。

（1）原 Patel-Teja EOS 状态方程 [11]

基本形式

$$P=\frac{RT}{V-b}-\frac{a(T)}{V(V+b)+c(V-b)} \tag{8-1}$$

该方程中包含 $a(T)$、b 和 c 三个参数，$a(T)$ 与温度有关，这些参数由以下公式求得：

$$a(T)=\Omega_a\frac{R^2T^2}{P_c}a(T)$$

$$b=\Omega_b\frac{RT_c}{P_c}$$

$$C=\Omega_c \frac{RT_c}{P_c} \tag{8-2}$$

式中：

$$\Omega_c=1-3\zeta_c \tag{8-3}$$

$$\Omega_a=3\zeta_c^2+3(1-2\zeta_c)\Omega_b+\Omega_b^2+\Omega_c \tag{8-4}$$

Ω_b 是下式的最小正根：

$$\Omega_b^3+(2-3\zeta_c)\Omega_b^2+3\zeta_c^2\Omega_b-\zeta_c^3=0 \tag{8-5}$$

$$\alpha(T)=[1+F(1-T_r^{0.5})]^2 \tag{8-6}$$

其中 F 和 ζ_c 为两个经验常数，为方便应用，Patel 和 Teja 将其关联成 ω 的函数，得到以下普遍化的关联式：

$$F=0.452413+1.30982\omega-0.295937\omega^2 \tag{8-7}$$

$$\zeta_c=0.329062-0.075799\omega+0.0211947\omega^2 \tag{8-8}$$

（2）新建立的二元交互作用系数关联式

如 Sun 等[13] 所使用的，除 CH_4 和 CO_2 与其他组分的相互作用外，其余组分 i 和 j 之间的二元相互作用参数（k_{ij}）均为零。CH_4 与其他组分相互作用时，相互作用参数计算公式如下：

$$k_{CH_4-j}=5.5809\times10^{-2}\times(\omega_j^{0.5}-\omega_{CH_4}^{0.5}) \tag{8-9}$$

式中　j——原油样品中除甲烷以外的组分。

CO_2 与其他组分（CH_4 除外）之间的 k_{ij} 关系如下：

$$k_{CO_2-j}=-0.5529+2.4484\frac{\omega_j}{\omega_{CO_2}}-5.4686\left(\frac{\omega_j}{\omega_{CO_2}}\right)^2 \tag{8-10}$$

式中　j——原油样品中除 CO_2 以外的组分。

（3）"+"组分分割方法——Pederson 分割方法

范德瓦尔斯型单流体混合规则被用来计算式（8-1）中的参数 $a(T)$、b 和 c。为了提高模型的性能，对 C_{7+} 馏分选择了 Pederson+ 馏分拆分方法。然后将 C_{7+} 的最终分布集中为 3 个伪组分，以减少总组分的数量。Kesler-Lee 提出的相关性被用来评估伪分量的关键特性和中心因素。

8.3.2　计算结果

利用经典状态方程（SRK、PR）和修正后的状态方程所建模型计算 PVT 筒中注 CH_4 后 A 原油相态特征，计算结果见图 8-15 和图 8-16。从图中可以看出，采用修正后的 PT 状态方程所建预测模型对注气后 A 原油的泡点压力和气油比模拟值与实验值最接近，整体平均偏差在 1%。

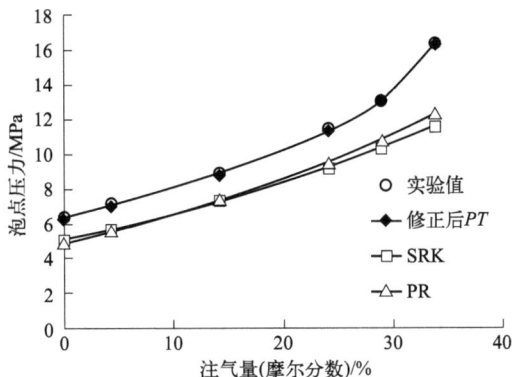

图 8-15　注 CO_2 原油体系泡点压力计算值与实验值对比

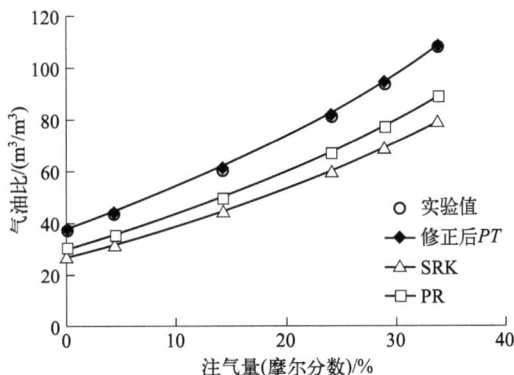

图 8-16　注 CO_2 原油体系气油比计算值与实验值对比

8.4　多孔介质中原油相态性质预测模型建立 [14]

针对多孔介质中原油相态性质模拟计算，文献中主要通过考虑毛管力作用来反映岩心微小孔道对流体相态的影响，在模拟计算结果中将采用常规方法计算获得的泡点压力减去毛管压力所得。需要说明的是这种方法在计算毛管力过程中需要用到各个组分的摩尔密度、等张比容等参数，计算比较复杂。这里拟基于前面所建的 PVT 筒中相态模型，将多孔介质对流体相态的影响用多孔介质孔道大小和流体组分直径之间的比例关系体现出来，并将其加入状态方程的引力项中，建立相应的热力学预测模型。

8.4.1 所建模型

为计算储层岩心中原油的泡点压力要考虑小孔对 CO_2- 原油混合物相平衡的影响，而不是复杂地计算气相和油相之间的毛管压力，可选择调整 PT EOS 的引力项实现。在这里，我们将小孔对油相行为的影响归因于小孔径对油组分分子的约束作用，因此，将油组分分子直径与岩心平均孔径的比值写进式（8-6）中：

$$\alpha(T)=[1+F(1-T_r^{0.5})]^2+C \tag{8-11}$$

$$C=-199.1318\times\frac{r_e}{r_p}-7.3938\times10^4\times\left(\frac{r_e}{r_p}\right)^2 \tag{8-12}$$

$$r_e=9.4\times\left(\frac{T_c}{P_c}\right)^{1/3} \tag{8-13}$$

$$r_p=\left(8\times\frac{K}{\varphi}\right)^{1/2}\times1000 \tag{8-14}$$

式中　r_e——油组分的分子动态直径，nm；

　　　r_p——岩心的平均孔径，nm；

　　　K——岩心渗透率，mD；

　　　φ——岩心的孔隙度，%。

式（8-12）中的参数由实验数据确定。需要注意的是，在计算多孔介质中原油样品的泡点时，均采用了相同的"+"组分分割法、假组分特征化方法以及甲烷或 CO_2 与其他组分的二元相互作用参数计算关联式。

8.4.2 计算结果

从表 8-13 可以看出，所建模型能较好地模拟预测目标原油在多孔介质中的泡点压力，同时计算结果与考虑毛管压力相比要简化得多，当然模型的普适性需要更多实验数据的检验或进一步优化。

表 8-13　储层多孔介质中原油泡点压力模拟值与实验值对比

油样类型	K/mD	T/K	泡点压力 - 实验值 /MPa	泡点压力 - 模拟值 /MPa	误差 /%
B 油样（饱和 CO_2）	3.4	328.15	10.88	11.02	1.29
A 油样（饱和 CO_2）	3.4	338.15	17.16	17.31	0.87
A 油样（饱和 CO_2）	1	338.15	16.87	16.91	0.24
A 油样（饱和 CO_2）	0.5	338.15	16.55	16.69	0.85
A 油样（GOR=54.78m³/m³）	3.4	338.15	6.68	6.88	2.99
A 油样（GOR=69.65m³/m³）	3.4	338.15	8.34	8.35	0.12
A 油样（GOR=88.71m³/m³）	3.4	338.15	10.36	10.16	1.93
A 油样（GOR=109.46m³/m³）	3.4	338.15	14.75	14.46	1.97
C 油样（饱和 CO_2）	3.4	307.65	1.70	1.63	4.12

8.5 CO_2 溶解对原油固相沉积条件影响研究

注 CO_2 驱油过程中 CO_2 流动速度要快于原油，除了前面所讲的 CO_2 完全溶解到原油中（混相带或驱替前缘）对后者相态性质的影响，在驱替后缘两相独立存在，二者之间的持续传质会改变气、油相组成并较易引发原油中出现固相沉积现象，这将对储层内流体渗流特征产生影响。本节拟研究混相压力以上代表性原油饱和 CO_2 前后的固相沉积压力。

8.5.1 实验装置

所用装置为加装了沥青质沉积条件测定模块的 PVT 分析系统：该装置以加拿大 DBR 公司生产的油气流体 PVT 分析系统为基础（图 8-17），改装增加了激光法测定固相沉积条件模块。整个实验系统主要由注入泵、PVT 筒、温控系统、氦氖激光发生器、沥青质沉积发生高压腔和激光接收示波器组成。

图 8-17　含固相沉积测定分析 PVT 系统

高温高压地层流体分析流程如图 8-18 所示。

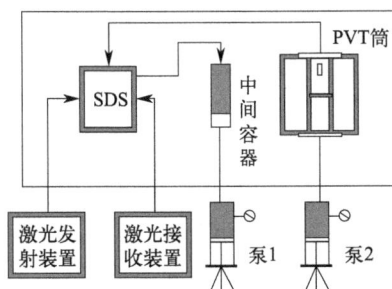

图 8-18　高温高压地层流体分析流程

8.5.2 实验样品

（1）伴生气

从现场取得脱气油和伴生气，伴生气摩尔组成见表 8-14。

表 8-14 伴生气摩尔组成

名称	原始样品组成 /%	名称	原始样品组成 /%
CO_2	2.75	NC_4	6.59
C_1	60.12	IC_5	1.64
C_2	10.78	NC_5	1.67
C_3	13.54	C_6	0.64
IC_4	2.12	C_7	0.15

（2）地层原油

参照国家标准《油气藏流体物性分析方法》（GB/T 26981—2020），在实验室将从国内某油井取回的脱气油和伴生气按校正后的生产气油比配制地层原油。如表 8-15 所列，原油中 C_1 含量为 17.214%，中间烃（$C_2 \sim C_6$）含量为 21.286%，C_{7+} 含量为 60.758%。

表 8-15 原油组成

组分	CO_2	C_1	C_2	C_3	IC_4	NC_4	IC_5	NC_5	C_6	C_{7+}
含量（摩尔分数）/%	0.742	17.214	2.934	4.363	0.924	3.390	1.579	2.109	5.987	60.758

对配制原油基础相态性质进行了测定，如表 8-16 所列，原油泡点压力为 9.3MPa，气油比为 38.6m³/m³。

表 8-16 单脱气实验数据

样品	气油比 /(m³/m³)	泡点压力 /MPa	地层原油密度 /(g/cm³)	脱气油密度 /(g/cm³)	体积系数 /(m³/m³)
配制样品	38.6	9.3	0.7593	0.8664	1.1785

固相沉积条件测定之前采用细管法测得储层温度下 CO_2- 原油的最小混相压力为 32.8MPa（图 8-19），为后续固相沉积实验条件设定提供参考依据。可以看出 CO_2- 原油混相压力低于油藏初始储层压力 36.4MPa，能实现 CO_2 混相驱。

8.5.3 实验步骤

具体实验步骤如下所述。

① 在储层温度、压力下从配样器往 PVT 筒中转入一定体积原油；

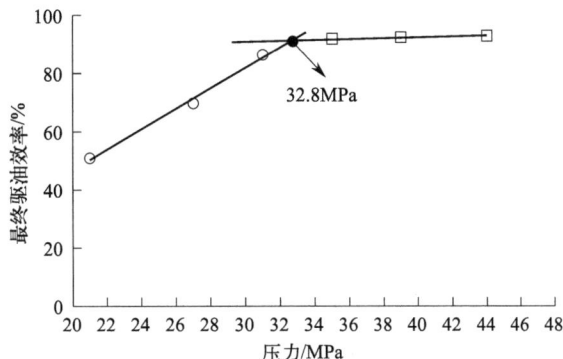

图 8-19　CO₂- 原油 MMP 测定结果

② 往固相沉积发生高压腔和与之相连的中间容器中注入氦气至与 PVT 筒压力一致；

③ 连通 PVT 筒和高压腔，恒压下逐渐回退中间容器中的活塞（同时推动 PVT 筒内活塞）让 PVT 筒中原油完全置换高压腔内氦气；

④ 关闭高压腔和与之所连中间容器之间的阀门，开启激光发射器，测定原油中激光透过率；

⑤ 通过 PVT 筒内活塞以 0.5MPa 左右压差逐渐降低 PVT 筒＋高压腔内原油压力，每个压力下稳定 30min，测定原油中激光透过率，直至降到设定压力；

⑥ 基于原油中激光透过率和压力变化曲线确定出原油内沥青质开始析出的初始压力。当考虑 CO₂ 溶解影响时，首先在 PVT 中让原油溶解给定量 CO₂ 后再进行步骤①～⑥。

8.5.4　结果及分析

对目标原油溶解 CO₂ 前后固相沉积条件进行测定，图 8-20 给出了两种流体恒温降压过程激光透过率测定结果。以储层原油为例，随着压力降低，原油密度减小，激光透过率（r）升高，当压力降到 11.5MPa 时（大于原油泡点压力），r 突然降低，这是由于原油中沥青质分子发生了聚集，对射入原油中的激光产生了散射作用。当压力降到泡点压力后，r 的降低速度变缓，这是由于此时原油中有气泡产生，且部分气泡悬浮在油相中，提高了原油的透光能力。当压力进一步降到 6MPa 以下后，r 又开始持续减小，这是因为压力降到远离泡点压力后原油脱气效果变强，此时剩余原油的黏度和密度增大，弱化了透光效率。

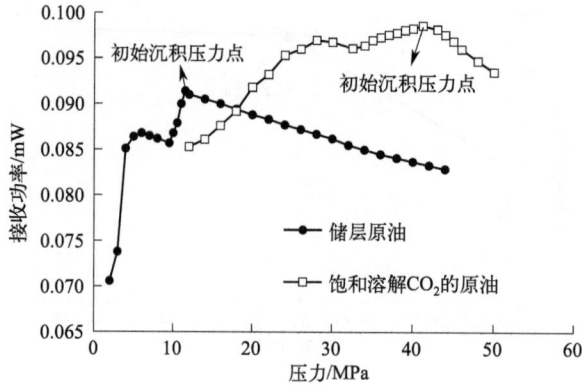

图 8-20 两种流体固相沉积条件测定实验结果

对于混相压力下饱和溶解了 CO_2 的原油，其内的激光透光率随压力降低变化规律与储层原油整体相似。高压下，随着压力降低，溶解 CO_2 原油体积膨胀更明显，使得原油中激光透过率相对于未溶解 CO_2 原油变化更快。沥青质初始沉积出现在 42.2MPa；之后在 42.2 ～ 32.8MPa 整个区间原油中激光透过率持续减小，说明有沥青质持续析出。

8.6 CO₂- 原油多级接触作用引发原油内固相沉积特征分析

从 8.5 部分实验结果可以明确 CO_2 溶解会弱化原油中沥青质分子稳定性，造成固相沉积现象。而对于 CO_2- 原油多级传质过程，固相沉积现象可能更严重。

在室内评价中，气 - 原油多次接触实验是每次将一定量的注入气与地层原油进行接触，在油气达到平衡后，再放出平衡气（保留平衡油），然后重复以上步骤。在此过程中地层原油的轻组分会不断被抽提，重组分占比会逐渐增加。本节 CO_2- 原油多级接触实验在混相压力（32.8MPa）以上、地层温度条件 142.6℃下进行，CO_2 与地层原油多次接触后，分别对接触前后气体、油样进行组分分析，分析两相传质机制；并进一步高压在线过滤出沉积固体量，确定其固相沉积程度。

8.6.1 实验装置与流程

原油固相沉积量测定装置主要包括：高压驱替泵、高温高压中间容器、流体配样器（图 8-21）、气量计、过滤器（图 8-22）等，固相沉积实验流程如图 8-23 所示。

图 8-21　流体配样器

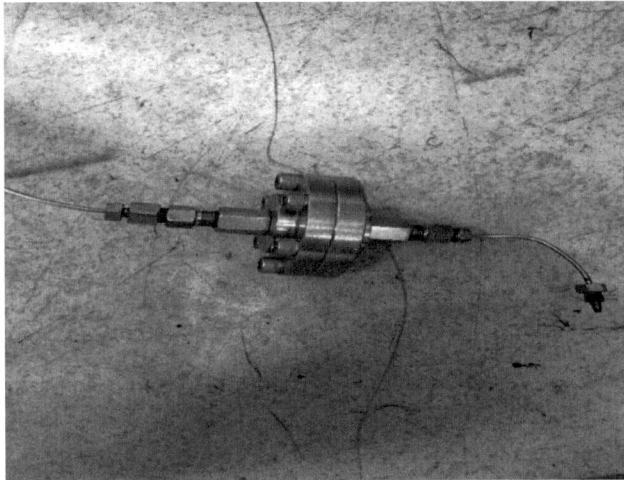

图 8-22　高温高压过滤器

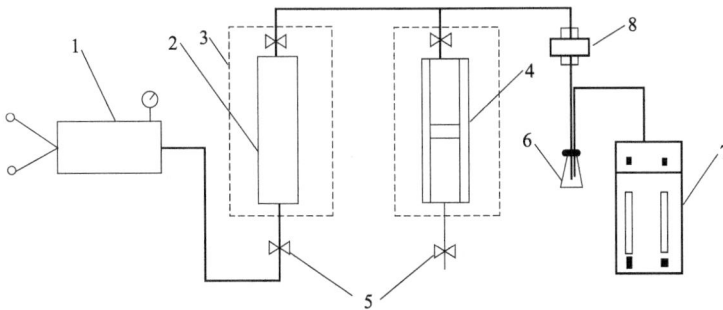

图 8-23　固相沉积实验流程

1—高精度泵；2—中间容器；3—恒温浴；4—配样器；5—阀门；6—三角瓶；7—气量计；8—过滤器

8.6.2 实验样品

实验用原油为 8.5 部分配制样品，CO_2 为纯气体。

8.6.3 实验步骤

具体实验步骤如下所述。

① 将配样器在油藏温度下恒温 4h，活塞推到顶部，恒压（高于 CO_2- 原油混相压力）下往其内转入 300 mL 预先配制好的地层原油；

② 恒压下往原油上部再转入 300 mL CO_2（已预热到 142.6℃）；

③ 开启配样器摇摆系统让 CO_2 和原油之间充分传质，实验过程通过驱替泵确保配样器内压力稳定；

④ 当驱替泵停止工作，说明 CO_2- 原油之间传质已经完成，让配样器静置 1h（平衡气相在上），然后在恒压下排掉配样器上部平衡气，并分析其组成；

⑤ 恒压下闪蒸出少量的平衡油，分析其组成；

⑥ 再重复步骤②～⑥，直至平衡油、气组成基本不再变化；

⑦ 将特制的高压过滤器与配样器相连，将配样器中平衡原油在恒压条件下过滤出，然后用 N_2 冲洗管线，确保所有原油都经过过滤器；

⑧ 最后将过滤器拆开，取出滤纸烘干和称重，确定出单位体积原油的固相沉积量。

8.6.4 结果及分析

针对 CO_2 抽提引发原油中沥青质沉积评价，采用 CO_2- 原油向后多级接触的方式：让原油与纯 CO_2 发生多轮次（10 轮次）接触，直至两种流体的组成和相态性质趋于稳定，最后采用过滤法确定固相沉积量。

（1）平衡气组成变化

如表 8-17 所列，第一次接触后，气相中 CO_2 摩尔浓度从初始的 100% 快速降低到 83.68%，C_1 升高到 15.17%，同时部分 $C_2 \sim C_{6+}$ 也被抽提到气相中。可以看出 CO_2 主要抽提的是原油中的 $C_1 \sim C_4$ 组分。之后随着平衡油相中 CO_2 含量增加、轻烃含量减少，CO_2 在原油中溶解能力减弱，同时其抽提轻烃组分的效果也降低。经过 8 次接触后，平衡气相中 CO_2 含量达到 99.922%，基本趋于稳定。

表 8-17　平衡气组分含量与接触次数关系

接触次数	CO_2	C_1	C_2	C_3	IC_4	NC_4	IC_5	NC_5	C_{6+}
0	100	—	—	—	—	—	—	—	—
1	83.674	15.169	0.793	0.133	0.098	0.087	0.024	0.017	0.005
2	88.976	10.268	0.425	0.091	0.053	0.139	0.015	0.009	0.024
3	93.012	6.339	0.212	0.038	0.340	0.028	0.005	0.005	0.021
4	95.909	3.694	0.131	0.020	0.175	0.038	0.013	0.002	0.018
5	97.391	2.426	0.072	0.008	0.072	0.016	0.006	0.001	0.009
6	98.279	1.647	0.026	0.006	0.026	0.005	0.004	0.002	0.005
7	99.641	0.339	0.006	0.003	0.006	0.003	0.002	0.000	0.000
8	99.922	0.067	0.002	0.002	0.002	0.002	0.001	0.002	0.000
9	99.972	0.023	0.001	0.001	0.001	0.001	0.001	0.000	0.000
10	99.979	0.013	0.000	0.000	0.000	0.001	0.001	0.001	0.005

（2）原油组成变化

图 8-24 ～图 8-26 给出了多级接触过程原油性质的变化。可以看出，一次接触后，CO_2 在原油中有效溶解，其摩尔百分含量升高到 8.982%，CO_2 的溶解和部分轻烃组分被抽提，使得原油中原有的组分浓度出现明显变化，C_1 从 17.214% 降到 16.445%，C_2 ～ C_4 总摩尔百分含量从 11.611% 降到 4.862%，C_5 ～ C_6 总摩尔百分含量从 9.675% 降到 8.603%，C_{7+} 摩尔百分含量从 60.758% 升高到 61.408%。在前 4 次接触过程中，原油中 CO_2 含量快速增长，说明 CO_2 在原油中持续有效溶解，这与原油的气 - 油比持续升高相一致（图 8-26）；在第 5 ～ 8 次接触过程中这些变化程度减弱，之后平衡油相组成基本趋于稳定。经过 10 次接触后，平衡油相气油比升高至近稳定（43.2m^3/m^3），CO_2 摩尔百分含量达到 25.33%，C_{7+} 摩尔百分含量升高至 64.369%。需要说明的是这些变化幅度与 CO_2- 原油接触比例有关系，因此这里获得的结果反应的是一个变化规律。

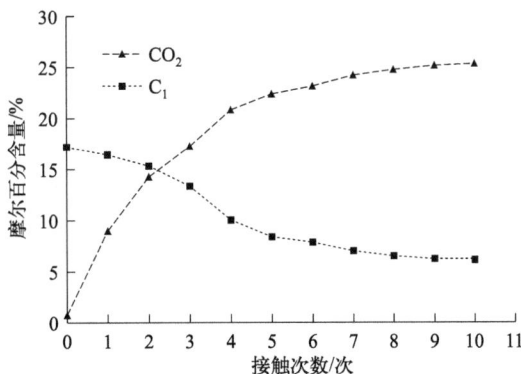

图 8-24　平衡油中 CO_2 及 C_1 摩尔百分含量与接触次数关系

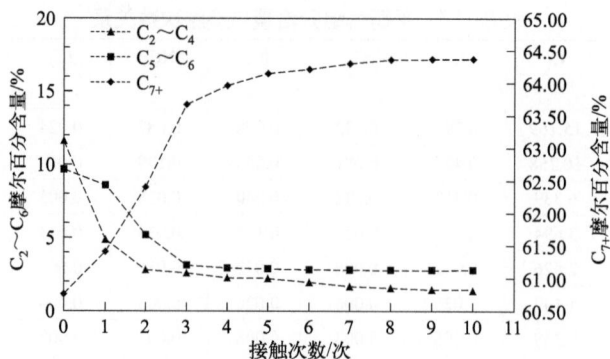

图8-25   平衡油中轻组分摩尔百分含量与接触次数关系

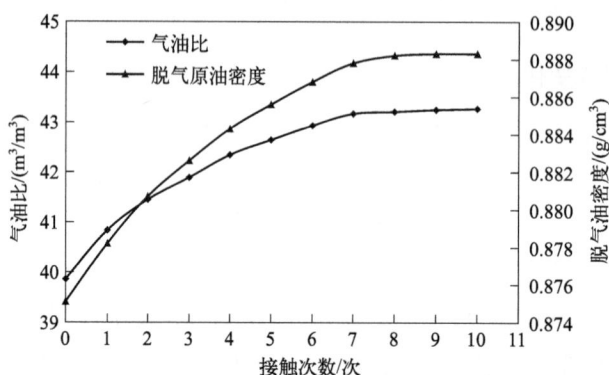

图8-26   地层原油气油比、脱气油密度随接触次数变化

虽然 CO_2 在平衡油相中的持续溶解使得后者的气油比逐渐升高，有利于原油的流动，但不同接触次数后平衡油相闪蒸后的脱气油密度同样出现了升高特征，如经过10次接触后，脱气油密度从初始的 $0.875g/cm^3$ 升高到 $0.888g/cm^3$，这是 CO_2 抽提原油中轻质组分导致的结果，可能引发固相沉积出现。

CO_2-原油经过多级接触后，由于 CO_2 的抽提使得原油中重烃含量持续增大，这可能会进一步加剧原油中沥青质沉积。因此在经过10次接触传质后，对平衡油相进行了高温高压原位过滤。图8-27（书后另见彩图）给出了沉积固相实物及元素分析结果，图8-28展示了沉积物的元素组成。可以看出实验过滤获得沉积物与现场取得沉积物，不管是外观形态还是元素组成方面均具有较好的一致性，现场取得沉积物可能掺杂了地层水中部分矿物质，使得 Cl^-、Ca^{2+} 等的含量稍高一些。最终确定出目标原油与 CO_2 多级接触后产生的沥青质沉积量为 $0.0682g/L$。虽然表观数值较小，但结合油田大的储量和较高的原油产量，由此引发的沥青质沉积危害不能忽视。

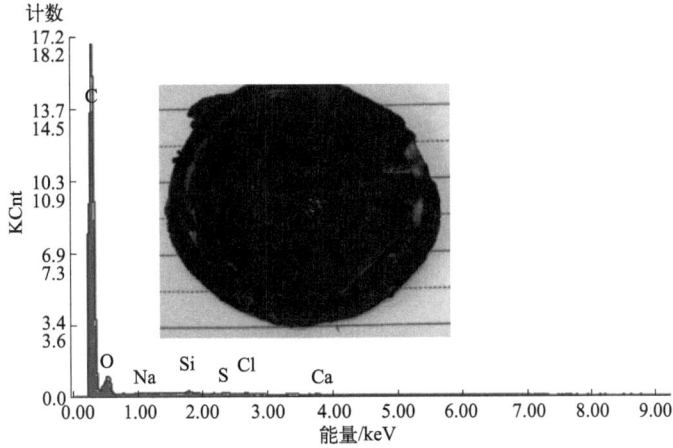

(a) 实验室过滤沉积物

(b) 现场取得沉积物

图 8-27　实验所用沉积物

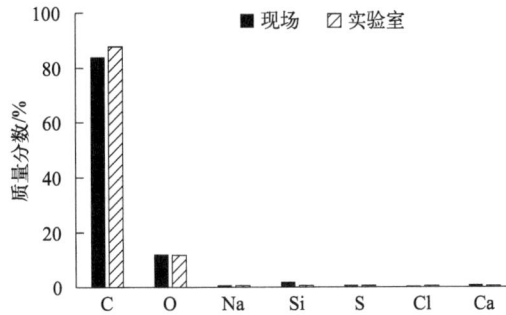

图 8-28　沉积物元素组成

参考文献

[1] 耿宏章，陈建文，孙仁远，等. 二氧化碳溶解气对原油粘度的影响 [J]. 石油大学学报（自然科

学版），2004，（4）：78-80.

［2］谷丽冰，李治平，欧谨. 利用 CO_2 提高原油采收率研究进展 [J]. 中国矿业，2007，16（10）：66-69.

［3］Monger TG，Coma JM. A Laboratory and Field Evaluation of the CO_2 Huff 'n' Puff Process for Light-Oil Recovery[J]. SPE Reservoir Engineering，1988，3（4）：1168-76.

［4］Tsuji T，Tanaka S，Hiaki T，et al. Measurements of bubble point pressure for CO_2+ decane and CO_2+ lubricating oil[J]. Fluid Phase Equilibria，2004，219：87-92.

［5］S Z A Ghafri，G C Maitland，J P M Trusler. Experimental and modeling study of the phase behavior of synthetic crude oil+ CO_2 [J]. Fluid Phase Equilibria，2014，365：20-40.

［6］H Chen，S L Yang，F F Li，et al. Effects of CO_2 injection on phase behavior of crude oil [J]. Journal of Disperison Science & Technology，2013，34：847-852.

［7］D R Sandoval，W Yan，M L Michelsen，et al. The phase envelop of multicomponent mixtures in the presence of a capillary pressure difference [J]. Industrial & Engineering Chemistry Research，2016，55：6530-6538.

［8］Du J，Li S，Sun L，et al. Influence of the capillary agglomeration in porous media on the dew point of condensate gas reservoir [J]. Natural Gas Industrial，2001，21：56-59.

［9］Soave G. Equilibrium constants from a modified Redlich-Kwong equation of state [J]. Chemical Engineering Science，1972，27：1197-203.

［10］Peng D Y，Robinson D B. A new two constant equation of state [J]. Industrial & Engineering Chemistry Fundamentals，1976，15：59-64.

［11］Patel N C，Teja A S. A new cubic equation of state for fluids and fluid mixtures [J]. Chemical Engineering Science，1982，37：463-73.

［12］Pederson K S，Thomassen P，Fredenslund A. Thermodynamics of petroleum mixtures containing heavy hydrocarbons. 1. Phase envelope calculations by use of the SRK equation of state [J]. Industrial & Engineering Chemistry Process Design and Development，1984，23：163-70.

［13］Kesler M G，Lee B I. Improve prediction to enthalpy of fraction [J]. Hydrocarbon Process，1976，55：153-8.

［14］Huang Liu，Ping Guo，Jianfen Du，et al. Investigating the influence of CO_2 injection and reservoir cores on the phase behavior of two low-permeability crude oils : experimental verification and thermodynamic model development [J]. Fuel，2019，239：710-718.

［15］张海龙. CO_2 混相驱提高石油采收率实践与认识 [J]. 大庆石油地质与开发，2020，39（2）：114-119.

［16］刘笑春，黎晓茸，杨飞涛，等. 长庆姬塬油田黄 3 区 CO_2 驱对采出原油物性影响 [J]. 油气藏评价与开发，2019，9（3）：36-40.

［17］叶航，刘琦，彭勃，等. 纳米颗粒抑制 CO_2 驱过程中沥青质沉积的研究进展 [J]. 油气地质与采收率，2020，27（5）：86-96.

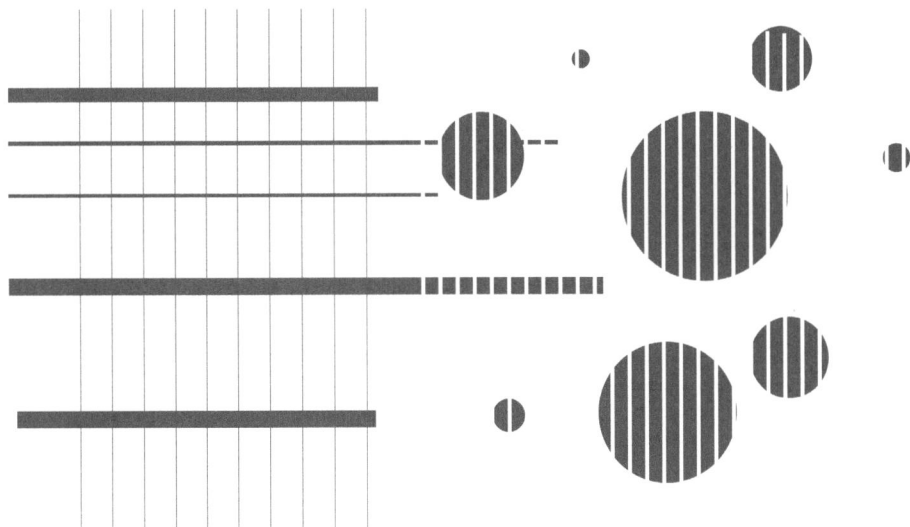

注 CO_2 提采低渗油藏机制评价

低渗油藏由于渗透率低，孔喉直径小，一些常规油藏提采方式（水驱、化学驱）难以有效实施[1, 2]。注气采油由于气体分子小，容易注入油藏且在油藏中波及程度高而被认为是提高低渗、超低渗油藏采收率的重要方式[3-5]。其中 CO_2 由于在原油中溶解度大，CO_2-原油界面张力小，甚至能实现混相驱而被寄予厚望[6-8]。本章以国内某低渗油藏为研究对象，将实际储层岩心组合成长岩心，评价注 CO_2 驱提高原油采收率效果，分析主控因素。

9.1 连续 CO_2 驱提高低渗油藏采收率单管长岩心实验

采用组合渗透率分别为 4.11mD、11.28mD、29.79mD 单管长岩心在压力为30MPa 下进行连续 CO_2 气驱实验，以及渗透率为 11.28mD 的长岩心分别在压力为30MPa、26MPa、23MPa 以及 20MPa 下的 CO_2 驱替实验研究，分析压力、岩心渗透率等对 CO_2 驱油效果的影响。

9.1.1 实验装置

CO_2 驱实验在高温高压长岩心驱替装置（图 7-14）中进行。

9.1.2 实验样品

（1）流体样品

实验流体包括从现场取得的脱气原油、根据地层水资料配制的地层水、纯度为99% 以上的 CO_2 气体。实验用油按照石油天然气行业标准《油气藏流体物性分析方法》（GB/T 26981—2020），在地层温度 126℃、压力 11.61MPa 下进行配制，配制原油气油比为 60.9m³/m³。原油流体组成见表 9-1，其中 C_1+N_2 为 28.26%，（$C_2 \sim C_6$）+ CO_2 为 15.97%，C_{7+} 为 55.75%。

表 9-1　配制流体组成分析

组分	摩尔含量 /%		
	单脱油	单脱气	井流物
N_2		4.84	1.91

续表

组分	摩尔含量 /%		
	单脱油	单脱气	井流物
CO$_2$		0.70	0.27
C$_1$	0.02	66.68	26.35
C$_2$	0.06	13.22	5.59
C$_3$	0.35	10.76	5.33
IC$_4$	0.25	1.83	1.31
NC$_4$	0.46	1.65	1.72
IC$_5$	0.17	0.13	0.36
NC$_5$	0.20	0.08	0.41
C$_6$	0.60	0.11	0.98
C$_{7+}$	97.88		55.75

地层原油在不同压力下的体积系数如表 9-2 所列。

表 9-2　配制流体在不同压力下的体积系数

压力 /MPa	体积系数
30	1.2350
26	1.2600
23	1.2807
20	1.3041

地层水根据地层水分析报告（表 9-3）在室内自行配制。水型为 CaCl$_2$ 型，总矿化度 57728.92mg/L。

表 9-3　地层水分析资料

地层水离子含盐 /(mg/L)							水型	pH 值
K$^+$+Na$^+$	Ca^{2+}	Mg^{2+}	SO$_4^{2-}$	HCO$_3^-$	Cl$^-$	总矿化度		
18735.8	3081.35	319.19	149.85	701.73	34741	57728.92	CaCl$_2$	6.5

（2）实验岩心

本次实验的岩心均为实际储层岩心，选出渗透率 5mD 左右的岩心 15 块组合；渗透率 10mD 左右的岩心 14 块组合；渗透率 30mD 左右的岩心 14 块组合。岩心在夹持器内按调和平均方法排序，具体分组及岩心从入口到出口的排序见表 9-4 ～表 9-6，岩心实物图见图 9-1 ～图 9-3（书后另见彩图）。从表 9-4、表 9-5 及表 9-6 分别可以看出，5mD 组的岩心平均孔隙度为 18.16%，平均渗透率为 4.11mD；10mD 组的岩心平均孔隙度为 18.01%，平均渗透率为 11.28mD；30mD 组的岩心平均孔隙度为 18.95%，平均渗透率为 29.79mD。

表 9-4　5mD 左右岩心基本物性参数及排序

排序	岩心编号	长度 L/cm	直径 /cm	孔隙度 /%	渗透率 /mD
1（入口）	34	5.528	2.483	25.93	5.77
2	2-4	6.181	2.481	14.68	3.19
3	2-3	5.618	2.491	14.93	5.1
4	36	6.023	2.495	20.72	3.37
5	24n	5.982	2.467	20.19	3.39
6	25	3.2	2.489	13.12	3.44
7	38y	5.721	2.493	17.14	4.4
8	30	5.971	2.467	20.35	4.4
9	38n	6.055	2.467	18.87	4.31
10	1-2	6.084	2.479	14.85	3.72
11	33	6.047	2.467	20.20	4.23
12	26	6	2.467	21.79	4.18
13	5-2	6.094	2.485	16.24	4.15
14	24y	4.752	2.487	12.79	4
15	32	5.991	2.467	20.61	4.01
备注	岩心总长 85.247cm，平均孔隙度 18.16%（算术平均），平均渗透率 4.11mD				

表 9-5　10mD 左右岩心基本物性参数及排序

排序	岩心编号	长度 L/cm	直径 /cm	孔隙度 /%	渗透率 /mD
1（入口）	3	6.279	2.5	18.54	13.1
2	7	6.2	2.5	17.72	7.9
3	71	5.252	2.5	15.94	12.99
4	2	6.229	2.5	18.98	12.99
5	1	6.221	2.5	18.87	8.79
6	12	6.212	2.5	18.74	12.79
7	2-11	6.137	2.5	17.63	8.82
8	13	6.149	2.5	18.01	12.66
9	11	6.261	2.5	18.29	12.04
10	15	6.268	2.5	17.7	11.54
11	20	6.225	2.5	17.79	11.45
12	17	6.181	2.5	18.17	11.37
13	6	6.2	2.5	17.3	10.72
14	18	6.3	2.5	18.41	10.79
备注	岩心总长 86.114cm，平均孔隙度 18.01%（算术平均），平均渗透率 11.28mD				

表 9-6　30mD 左右岩心基本物性参数及排序

排序	岩心编号	长度 L/cm	直径 /cm	孔隙度 /%	渗透率 /mD
1（入口）	1-9	6.029	2.5	18.75	28.95
2	2-15	6.073	2.5	18.78	30.32
3	1-6	6.068	2.5	19.01	29.74
4	2-20	6.121	2.5	17.83	29.62
5	45	6.148	2.491	19.3	30.24
6	2-1	6.112	2.5	18	28.93

排序	岩心编号	长度 L/cm	直径 /cm	孔隙度 /%	渗透率 /mD
7	1-5	6.075	2.5	18.96	29.87
8	2-4	6.1	2.5	18.42	29.75
9	50	6.153	2.491	19.52	30.14
10	1-12	6.057	2.5	19.15	30.27
11	42	6.177	2.491	20.32	28.96
12	43	6.159	2.491	19.61	29.66
13	1-10	6.121	2.5	18.57	30.31
14	1-18	6.011	2.5	19.1	30.31
备注	岩心总长 85.404cm，平均孔隙度 18.95%（算术平均），平均渗透率 29.79mD				

图 9-1　5mD 左右岩心图

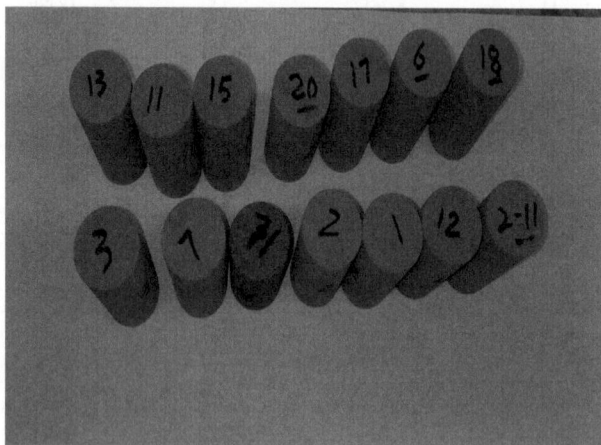

图 9-2　10mD 左右岩心图

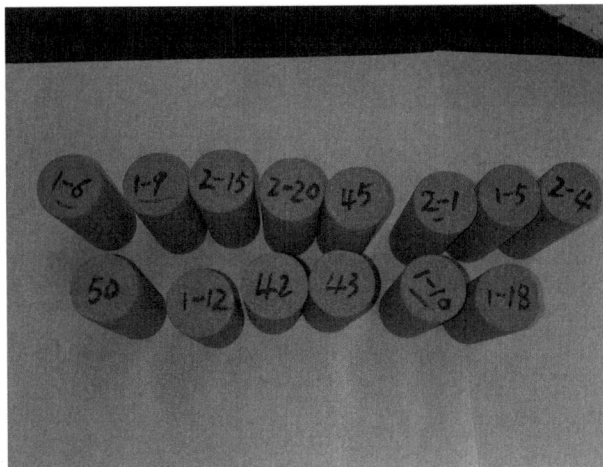

图 9-3　30mD 左右岩心图

9.1.3　实验步骤

本次共进行 6 组实验，30MPa 下在渗透率分别为 4.11mD、11.28mD、29.79mD 的长岩心中进行 CO_2 驱替实验共 3 组，选取渗透率 11.28mD 长岩心分别在 20MPa、23MPa、26MPa、30MPa 压力保持水平下驱替实验共 4 组，实验温度均为地层温度 126℃。每一组实验如下进行：

① 首先按岩心排列顺序装好岩心，对岩心系统清洗、吹干、抽空，在低压下饱和地层水，用死油驱替直到出口不出水为止，记录驱替处的水的体积，然后再用死油加压到实验压力，连通系统及回压阀，保持流动系统通畅；

② 用配制好的原油驱替（保持在实验压力下）死油，一般采用较慢的速度驱 4 ~ 5 倍 PV，测试出口端气油比与原始一样时结束驱替。到此完成原始状态建立过程；

③ 进行 CO_2 驱实验，驱替速度 0.125mL/min，直至岩心管出口端不出油为止；

④ 实验过程中每注入 0.1HCPV CO_2 记录一次驱替时间、泵读数、注入压力、注入速度、环压和回压，监测采出气油比和分离出的油量、气量；

⑤ 每组实验结束后清洗岩心：先用石油醚、蒸馏水和无水酒精清洗岩心，接着用氮气吹，并烘干岩心系统，然后重复步骤①和②，形成原始状态后，进行下一组实验。

9.1.4　结果及分析

9.1.4.1　储层物性对 CO_2 驱油效率的影响

进行 30MPa 下 4.11mD、11.28mD、29.79mD 三组长岩心 CO_2 连续气驱实验。实

验过程 3 组长岩心饱和原油体积（储层条件）分别为 34.21mL、33.0mL、31.40mL。

（1）4.11mD 组长岩心注 CO_2 驱实验结果

图 9-4 给出了 4.11mD 组长岩心气油比和累积采出程度随驱替倍数变化曲线。可以看出，在注气为 0.6~0.7HCPV 时 CO_2 突破岩心出口端面，采出端气油比大幅增加，突破点原油采收率为 53% 左右，突破后仍有少量油产出。气体突破前气油比与配制样品气油比接近，突破后则呈迅速上升趋势。注气 1.4HCPV，驱替结束时，得到最终的原油累积采出程度为 69.58%。

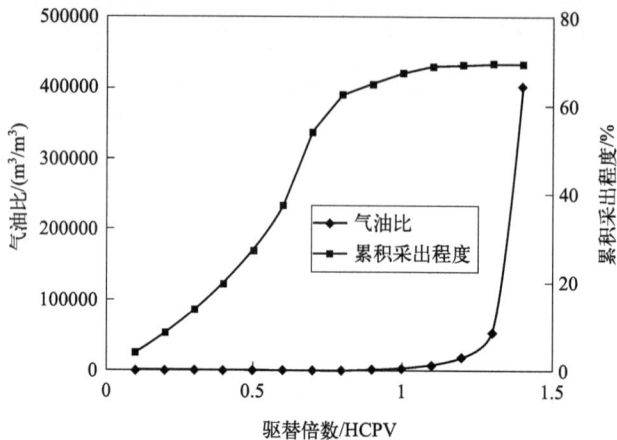

图 9-4　4.11mD 组长岩心 CO_2 驱采出原油气油比和累积采出程度变化曲线

（2）11.28mD 组长岩心注 CO_2 驱实验结果

图 9-5 为 11.28mD 组长岩心气油比和累积采出程度随驱替倍数变化曲线。可以看出，在注气为 0.4~0.5HCPV 时 CO_2 突破岩心出口端面，采出端气油比大幅增加，突破点原油采收率为 66% 左右，突破后仍有油产出。气体突破前气油比与配制样品气油比接近，突破后则呈迅速上升趋势。注气 1.9HCPV，驱替结束时得到最终的原油累积采出程度为 82.37%。

（3）29.79mD 组长岩心注 CO_2 驱实验结果

图 9-6 为 29.79mD 组长岩心气油比和累积采出程度随驱替倍数变化曲线。可以看出，在注气为 0.2~0.3HCPV 时 CO_2 突破岩心出口端面，采出端气油比大幅增加，突破点原油采收率为 73% 左右，突破后仍有少量油产出。气体突破前气油比与配制样品气油比接近，突破后则呈迅速上升趋势。注气 1.3HCPV，驱替结束时，得到最终的原油累积采出程度升至 88.51%。

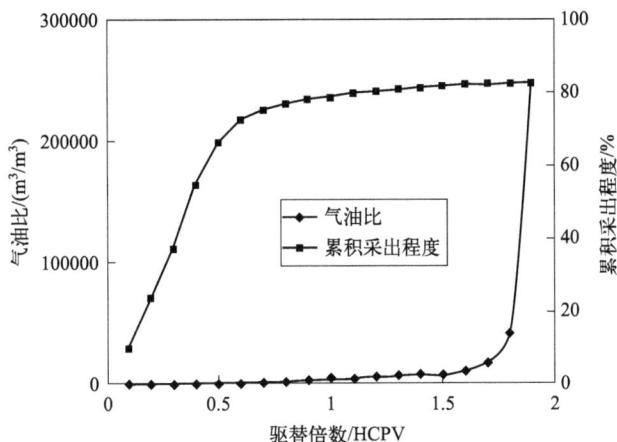

图 9-5　11.28mD 组长岩心 CO_2 驱采出原油体气油比和累积采出程度变化曲线

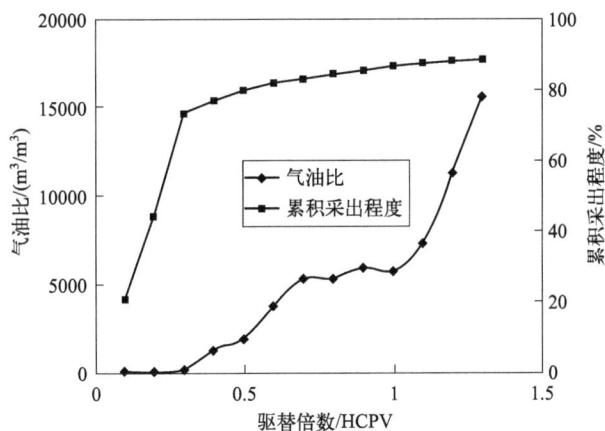

图 9-6　29.79mD 组长岩心 CO_2 驱采出原油气油比和累积采出程度变化曲线

（4）不同渗透率长岩心注 CO_2 驱实验结果对比

3 组不同渗透率长岩心 CO_2 驱实验结果对比见图 9-7。从实验结果可以看出，岩心物性越好，渗透率越高，最终采收率越高，气体突破越快；5mD 组长岩心由于渗透率较低，所需的驱替压力相对较大；气体突破后，采收率增加程度最小。

9.1.4.2　压力保持水平对 CO_2 驱油效率的影响

接下来采用 11.28mD 组长岩心分别在 20MPa、23MPa、26MPa 下进行压力保持水平 CO_2 驱替实验评价，分析压力对驱替效果的影响。

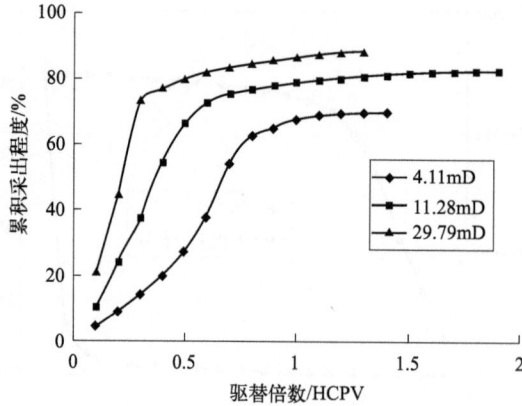

图9-7 30MPa压力下不同渗透率长岩心累积采出程度对比

（1）26MPa压力下注 CO_2 驱实验结果

图9-8给出了11.28mD组长岩心在压力26MPa下 CO_2 驱过程气油比和累积采出程度随驱替倍数变化曲线。可以看出，在注气为0.3~0.4HCPV时 CO_2 突破岩心出口端面，采出端气油比大幅增加，突破点原油采收率为63%左右。注入气体突破前气油比与配制样品气油比接近，突破后则呈迅速上升趋势。注气1.2HCPV，驱替结束时，得到最终的原油累积采出程度为74.61%。

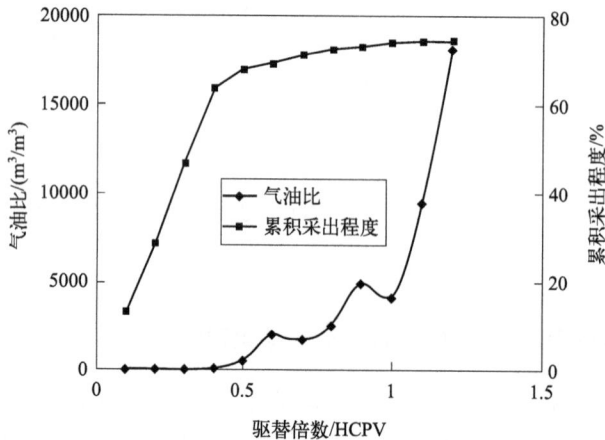

图9-8 26MPa初始驱替压力下采出原油气油比和累积采出程度变化曲线

（2）23MPa压力下注 CO_2 驱实验结果

图9-9给出了11.28mD组长岩心在压力23MPa下 CO_2 驱过程气油比和累积采出程度随驱替倍数变化曲线。可以看出，在注气为0.3~0.4HCPV时 CO_2 突破岩心出口端面，采出端气油比大幅增加，突破点原油采收率为58%左右，突破后仍有油产出。注入气体突破前气油比与配制样品气油比接近，突破后则呈迅速上升趋势。注气1.9HCPV，驱替结束时得到最终的油累积采出程度为69.58%。

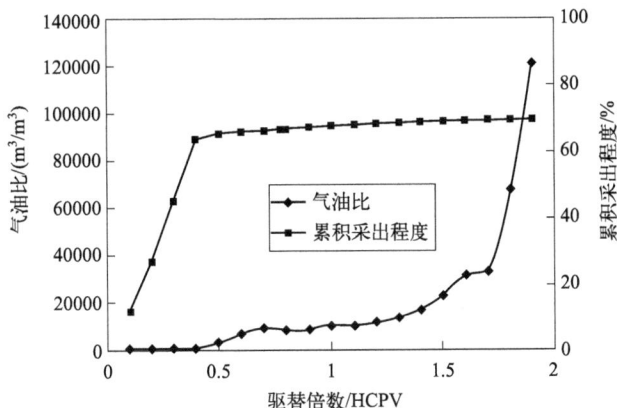

图 9-9　23MPa 初始驱替压力下采出原油气油比和累积采出程度变化曲线

（3）20MPa 压力下注 CO_2 驱实验结果

图 9-10 给出了 11.28mD 组长岩心在压力 20MPa 下 CO_2 驱过程气油比和累积采出程度随驱替倍数变化曲线。可以看出，在注气为 0.3~0.4HCPV 时 CO_2 突破岩心端面，采出端气油比大幅增加，突破点原油采收率为 56% 左右。注入气体突破前气油比与配制样品气油比接近，突破后则呈迅速上升趋势。注气 1.1HCPV，驱替结束时得到最终的油累积采出程度为 63.29%。

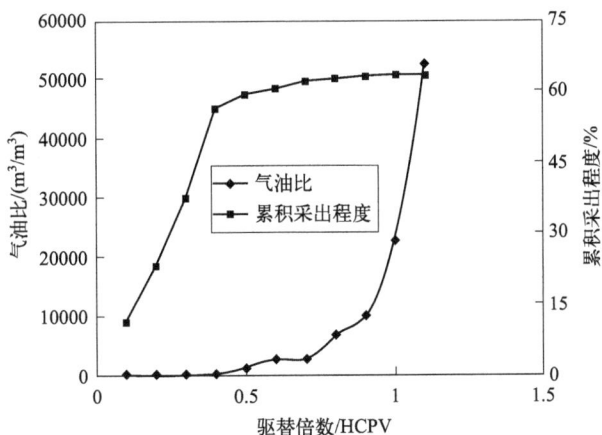

图 9-10　20MPa 初始驱替压力下采出原油气油比和累积采出程度变化曲线

（4）不同压力保持水平下实验结果对比

11.28mD 组长岩心在不同压力保持水平下的 CO_2 驱实验结果对比见图 9-11。从实验结果可看出，对于渗透率为 11.28mD 的长岩心，随压力保持水平增高，最终采收率越高；气体突破时间略有减缓；气体突破后采收率增加程度减小。这是因为压力相对越高，CO_2 在原油中溶解度越大，对后者的膨胀增能、降黏效果越好；同时注气压力越高，CO₂- 原油直接的混相效果也越好，有助于提高驱替效率。

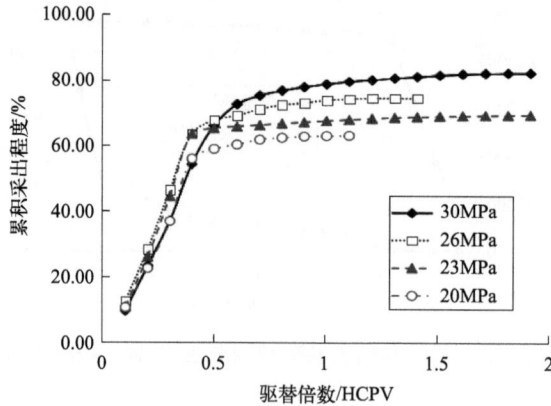

图 9-11　10mD 组长岩心不同初始驱替压力下原油累积采出程度对比

9.2　水驱 +CO₂- 水交替驱提高低渗油藏采收率双管长岩心实验

从单管长岩心驱替结果来看，注 CO₂ 驱提高低渗油藏采收率是可行的，注气压力越高，利用 CO₂ 混相驱效果越强，最终原油采收率相对越高。与低渗、致密气藏一样，低渗油藏同样普遍存在非均质特征，接下来进一步开展双管并联岩心（不同渗透率）注 CO₂ 驱效果评价实验。综合前期已有认识、现场现状和注气成本，水驱还是目前现场提高采收率最优选的方式，对于低渗气藏注水效果差、韵律特征明显的特点，一般在水驱之后进一步采用注气方式。因此，这部分双管并联长岩心驱替实验主要考虑水驱 + 注 CO₂ 连续驱、水驱 +CO₂- 水交替驱、水驱 +CO₂- 泡沫交替驱 3 种注 CO₂ 方式。

9.2.1　实验装置

实验装置采用 7.3.1 部分所述高温高压长岩心驱替系统（图 7-14）。

9.2.2　实验样品

（1）流体样品

流体样品包括从胜利油田现场取得的脱气原油和伴生气、纯度为 99% 以上的 CO₂ 气体、室内配制的地层水。在实验室将脱气油和伴生气在油藏温度 125℃、给定气油比下配制储层原油。

地层水离子分析见表 9-7，水型为 $CaCl_2$ 型，总矿化度为 87406 mg/L，气体为纯度 99% 以上的商品 CO_2 气。

表 9-7　H 井水质分析报告

井号	地层水离子含量 /（mg/L）						总矿化度 /（mg/L）	水型
	阳离子			阴离子				
	$K^+ + Na^+$	Ca^{2+}	Mg^{2+}	SO_4^{2-}	Cl^-	HCO_3^-		
H 井	29946	3405	420	0	53086	549	87406	$CaCl_2$

（2）岩心样品

高、低渗管各选取 11 块柱塞岩心组合成长岩心。夹持器内岩心排序参考调和平均方法，具体排序见表 9-8 和表 9-9，第一组岩心平均渗透率为 8.25mD，第二组岩心平均渗透率为 19.14mD。

表 9-8　A 井混相驱岩心物性及排列顺序（第一组）

序号	岩样编号	长度 /cm	直径 /cm	渗透率 /mD	排序
7	3（46/64）-2	8.59	2.47	8.151	出口
6	3（40/64）-3	9.40	2.47	8.465	
5	3（29/64）-5	9.05	2.47	8.560	
8	3（31/64）-2	10.43	2.47	7.773	
4	3（7/64）-4	9.69	2.47	8.723	
9	3（1/64）-2	9.72	2.47	7.573	
3	4（16/61）-4	10.29	2.47	8.903	
10	3（6/64）-3	9.12	2.47	7.152	
2	3（33/64）-2	10.29	2.47	9.000	
11	3（4/64）-1	9.23	2.47	7.077	
1	3（54/64）	9.69	2.47	9.415	入口

表 9-9　A 井混相驱岩心物性及排列顺序（第二组）

序号	岩样编号	长度 /cm	直径 /cm	渗透率 /mD	排序
7	3（26/64）-4	9.00	2.47	18.838	出口
6	3（8/64）-2	9.77	2.47	19.779	
5	3（8/64）-3	9.92	2.47	19.913	
8	3（26/64）-5	9.15	2.47	20.040	
4	3（55/64）-3	9.18	2.47	17.016	
9	3（9/64）-1	9.18	2.47	17.010	
3	3（35/64）	9.09	2.47	21.235	
10	3（55/64）-1	8.73	2.47	16.447	
2	3（29/64）-3	8.48	2.47	22.172	
11	3（21/64）-3	9.65	2.47	15.526	
1	3（8/64）-1	9.66	2.47	22.578	入口

9.2.3 实验步骤

（1）准备油样和仪器

准备好长岩心夹持器，将岩心按照要求顺序装入长岩心夹持器中，对各种仪器进行校正、清洗和吹干，试温和试压，然后抽空，并将其恒温到实验所要求的值 125℃。

（2）饱和地层水

控制入口泵将复配地层水分别注入 2 组长岩心，分别将 2 组长岩心系统压力建立到地层压力 31MPa，并记录泵值计算每组长岩心饱和水量。

（3）建立束缚水饱和度和原始地层条件

入口泵恒压将复配地层原油在地层压力 31MPa 下分别注入 2 组长岩心，用活油驱替地层水建立每组长岩心的束缚水饱和度，待出口端气油比与配样一致时，即建立起了原始地层条件。

（4）进行驱替实验

样品饱和完毕后，进行不同气水段塞比例条件下 CO_2 气水交替驱油效果测试实验 4 组；进行不同段塞条件下 CO_2 气水交替驱油效果测试实验 3 组；进行不同含水条件下 CO_2 气水交替驱油效果测试实验 4 组；进行不同驱替压力条件下 CO_2 气水交替驱油效果测试实验 4 组；进行水驱 +CO_2 泡沫驱实验 1 组；进行水驱 +CO_2 泡沫段塞 +CO_2- 水交替驱实验 1 组。

（5）清洗岩心

实验结束后，用石油醚和无水酒精清洗岩心，石油醚主要清洗岩心中的油，无水酒精清洗岩心中的水，清洗干净后，重复上述步骤（1）～（3），恢复原始状态，进行下一组实验。

9.2.4 结果及分析

9.2.4.1 水驱 + 连续 CO_2 驱替实验结果

为了对比分析，首先进行了 1 组双管并联长岩心水驱 + 连续 CO_2 驱实验，图 9-12 为实验过程采收率和含水率变化，图 9-13 为实验过程压差变化。如图 9-12 所示，随着水驱进行，两组岩心采收率开始均呈线性增长，压差也快速增大（图 9-13）。注水 0.9PV 后采出液体中含水率超过 98%，此时高渗管采收率为 42.44%，低渗管采收率为 37.1%，开始进行注 CO_2 连续气驱。

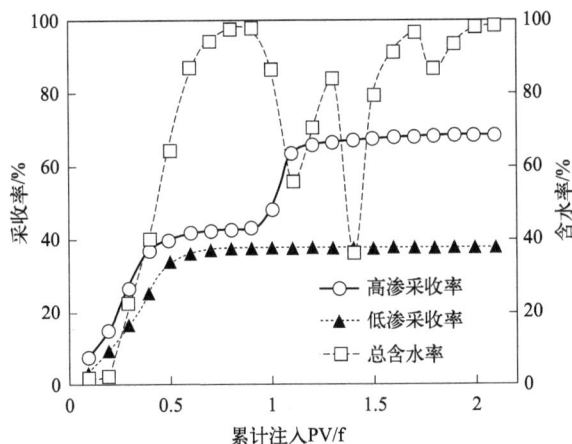

图 9-12　水驱 +CO₂ 连续驱过程中采收率和含水率变化线（f 为注入孔隙体积倍数，余同）

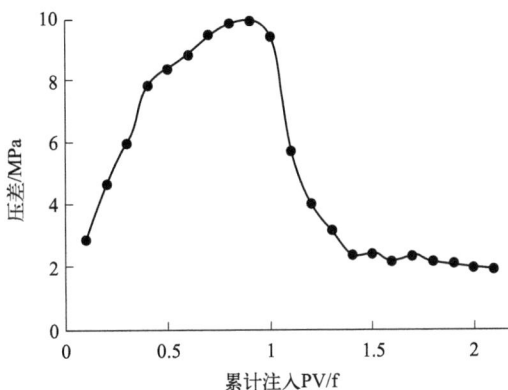

图 9-13　水驱 +CO₂ 连续驱过程驱替压差变化线

注气约 0.1PV 时 CO₂ 即突破相对高渗管岩心端面，此时高渗管原油采收率明显增加，采出流体表现为气 - 油两相流，但低渗管原油采收率无明显变化，且岩心压差快速减小。累计注入 2.1PV 流体后实验结束，高渗管最终采收率为 68.46%，低渗管采收率仅为 37.39%，总采收率为 53.28%，低渗管提采不明显。这是因为水驱过程已经在高渗管内形成优势通道，后续注入 CO₂ 易沿着水流通道窜进，快速突破高渗管岩心，此过程能一定程度提高对高渗管内原油驱替效率，但驱替压差的快速降低限制了 CO₂ 对低渗管内原油的动用能力。也就是说给定极差条件下水驱后进一步进行连续 CO₂ 驱不太适用。接下来进行水驱 +CO₂- 水交替驱实验，寄希望于利用水段塞的调剖作用提高 CO₂ 对低渗管的动用效果。

9.2.4.2　水驱 + 不同段塞比 CO₂- 水交替驱实验结果及分析

以优选注入段塞体积比大小为目标进行气水比分别为 1∶1、2∶1 和 1∶2 条件下

水驱 +CO₂- 水交替驱实验。图 9-14、图 9-15 给出了气水比 1∶1 下原油采收率和含水率变化、压差变化曲线。如图 9-14 所示，随着水驱进行，两组岩心原油采收率开始均呈近线性增长，驱替压差也快速增大。注入约 0.5PV 水后水从相对高渗管岩心出口端突破，此时驱替压差达到最大近 10MPa（图 9-15），此后两管原油采收率增长迅速减缓、驱替压差无太大变化。注水 0.9PV 后采出液体中水含量超过 98%，此时高渗管原油采收率为 43.32%，低渗管原油采收率为 38.17%，停止水驱开始进行 CO₂- 水交替驱。注入 1.2PV 流体后 CO₂ 突破相对高渗管岩心端面，受 CO₂ 作用的原油采出，高渗管原油采收率再次快速增长，低渗管原油采收率出现了缓慢增长，岩心两端压差缓慢降低。累计注入 1.3PV 后高渗管采收率增长趋于缓慢，采出流体中以水和 CO₂ 为主，此时受较高驱替压差作用低渗管原油采收率增长速率基本没变。累计注入 3.4PV 流体后实验结束，高渗管最终采收率为 75.73%，低渗管采收率为 45.23%，原油总采收率为 60.82%。

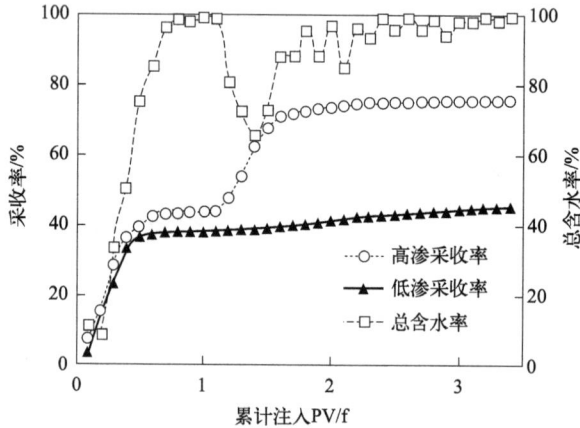

图 9-14　水驱 +CO₂- 水交替驱（气水比 1∶1）过程含水率与采收率变化线

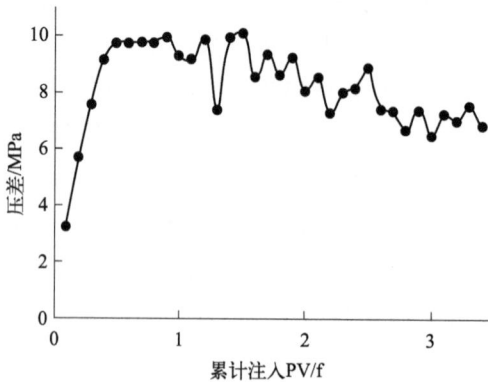

图 9-15　水驱 +CO₂- 水交替驱（气水比 1∶1）过程驱替压差变化线

　　图 9-16、图 9-17 给出了气水比 2∶1 下的实验结果。如图 9-16 所示，水驱结束后高渗管采收率为 41.2%，低渗管采收率为 38.4%。注水 0.85PV 后开始 CO_2- 水交替驱，注入 1.15PV 流体后 CO_2 突破高渗管岩心端面。气体突破后，高渗管采收率快速增加，低渗管采收率增长缓慢，岩心两端驱替压差快速减小。累计注入 2.6PV 流体后实验结束，高渗管最终采收率为 72.45%，低渗管采收率为 43.8%，总采收率为 58.45%。

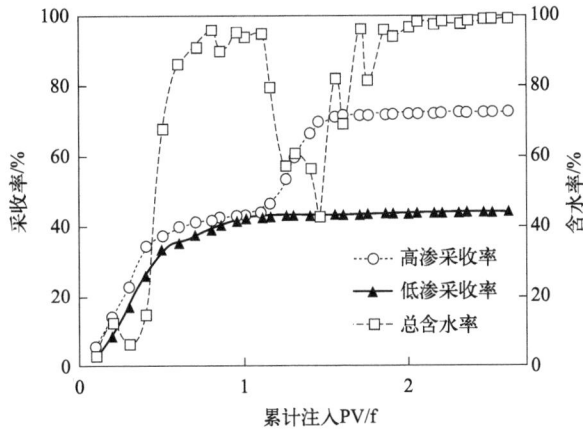

图 9-16　水驱 +CO_2- 水交替驱（气水比 2∶1）过程含水率与采收率变化线

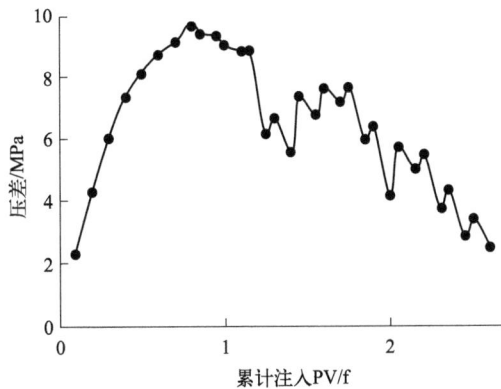

图 9-17　水驱 +CO_2- 水交替驱（气水比 2∶1）过程驱替压差变化线

　　图 9-18、图 9-19 给出了气水比 1∶2 时的实验结果。注水 0.9PV 后高渗管采收率为 42.3%，低渗管采收率为 37.33%，采出液体中含水超过 98%，开始进行 CO_2- 水交替驱。注入 1.95PV 总流体后 CO_2 突破高渗管岩心端面。CO_2 突破后，高渗管采收率快速增加，低渗管采收率同样出现了较快增长，岩心两端驱替压力没有降低。累计注入 3.2PV 流体后实验结束，高渗管最终采收率为 82.57%，低渗管采收率为 53.24%，总采收率为 68.24%。

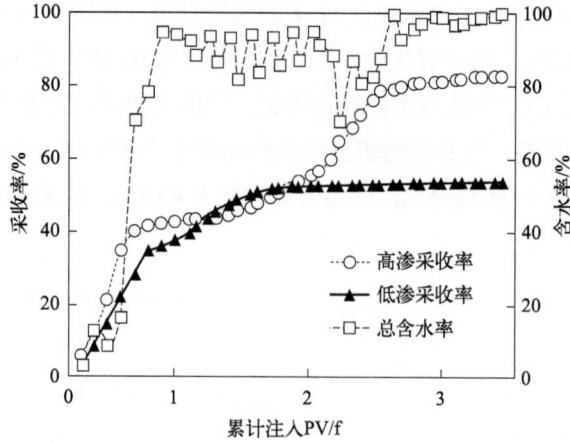

图 9-18　水驱 +CO_2- 水交替驱（气水比 1∶2）过程含水率与采收率变化线

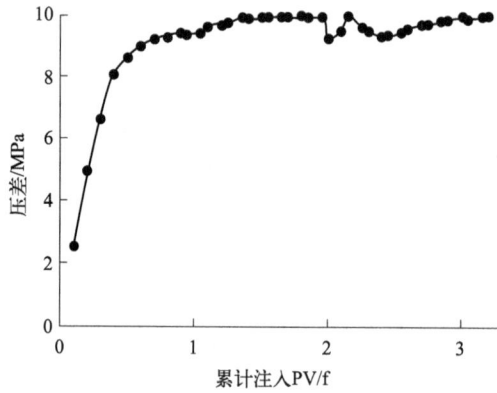

图 9-19　水驱 +CO_2- 水交替驱（气水比 1∶2）过程驱替压差变化线

图 9-20 ～图 9-24（书后另见彩图）汇总了水驱 + 连续 CO_2 驱、水驱 +CO_2- 水（不同段塞体积比）交替驱实验结果。与水驱 +CO_2 连续驱相比，水驱 +CO_2- 水交替驱方式对应的高渗管、低渗管原油采收率均有一定程度提高，水段塞不仅一定程度延缓了驱替压差的降低，同时强化了 CO_2 对低渗管内原油的动用。随着 CO_2- 水段塞比的减小，驱替过程水段塞对 CO_2 的调剖效果更好，驱替压差更稳定，最终表现出的高渗管、低渗管岩心原油采收率更高。

9.2.4.3　水驱 + 不同段塞体积 CO_2- 水交替驱实验结果及分析

接下来进行水驱 +CO_2- 水交替驱（不同段塞体积）长岩心实验，考虑的流体段塞尺寸包括 0.05PV、0.1PV 和 0.15PV。

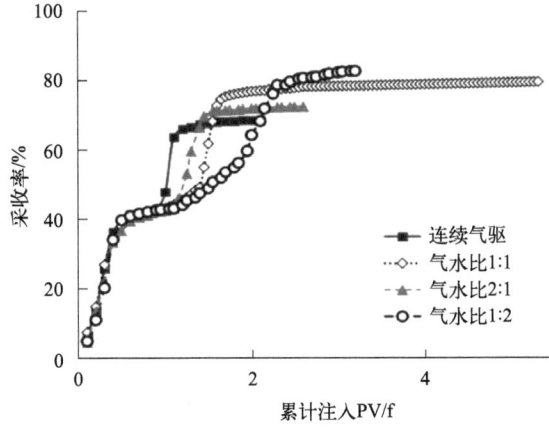

图 9-20　相对高渗管采收率对比图

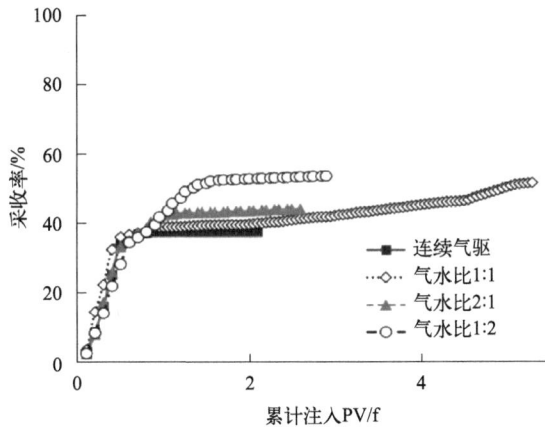

图 9-21　低渗管采收率对比图

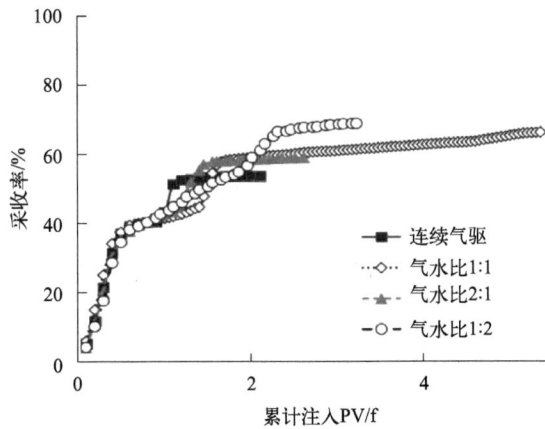

图 9-22　总采收率对比图

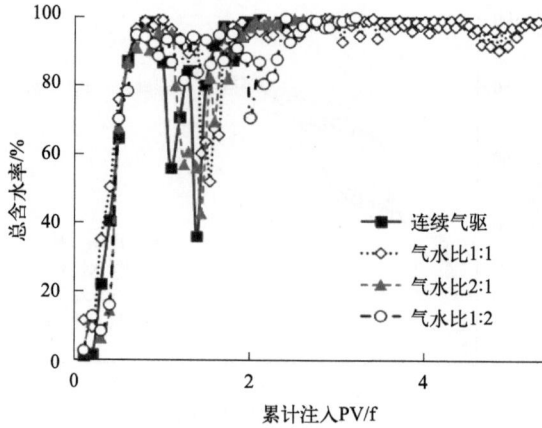

图 9-23　总含水率对比图

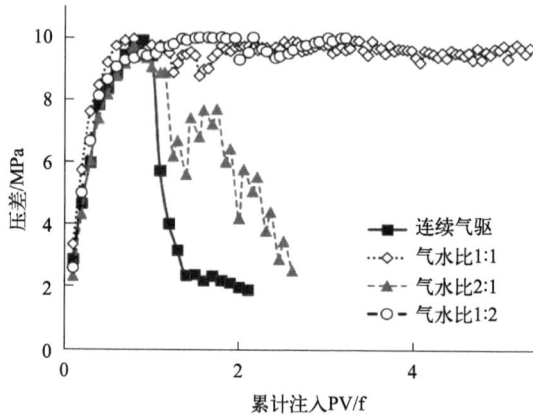

图 9-24　驱替压差对比图

　　图 9-25、图 9-26 给出了段塞体积为 0.05PV 下的实验结果。如图 9-25 所示，与前述实验一样，随着水驱进行，两个岩心管原油采收率均开始呈线性增长，压差也快速增大，在 0.8PV 时达到最大（图 9-26）。注水 0.85PV 后采出流体中含水率超过 98%，开始进行 CO_2- 水交替驱，此时高渗管原油采收率为 42.12%，低渗管原油采收率为 37.16%。注入 1.45PV 总流体后 CO_2 突破相对高渗管岩心。此后，高渗管采收率快速增加，低渗管采收率缓慢增加，驱替压差并无明显变化。累计注入 5.3PV 流体后实验结束，高渗管最终采收率为 79.4%，低渗管采收率为 51.28%，原油总采收率为 65.66%。

　　图 9-27、图 9-28 给出了段塞体积 0.1PV 下实验结果。如图 9-27 所示，注水 0.9PV 开始进行 CO_2- 水交替驱，驱替至 1.2PV 时气体突破，气体突破后，高渗管采收率快速增加，低渗管采收率缓慢增加，0.9PV 时压差达到最大，之后呈波浪式减小。累计注入 3.4PV 流体后实验结束，高渗管最终采收率 75.73%，低渗管采收率为 45.23%，原油总采收率为 60.82%。

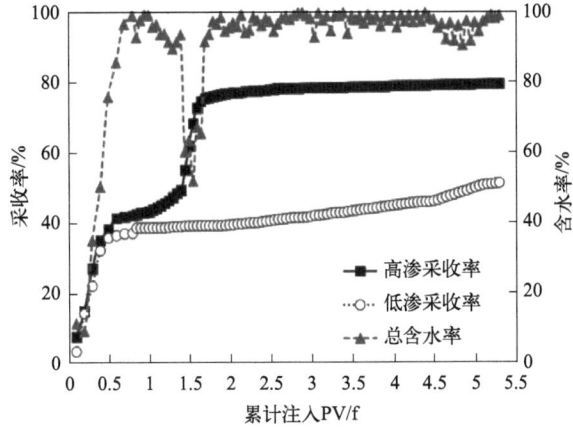

图 9-25　水驱 +CO₂- 水交替驱（0.05PV 段塞大小）过程含水率与采收率变化线

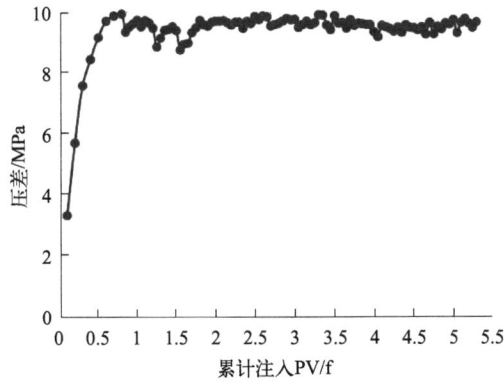

图 9-26　水驱 +CO₂- 水交替驱（0.05PV 段塞大小）过程驱替压差变化线

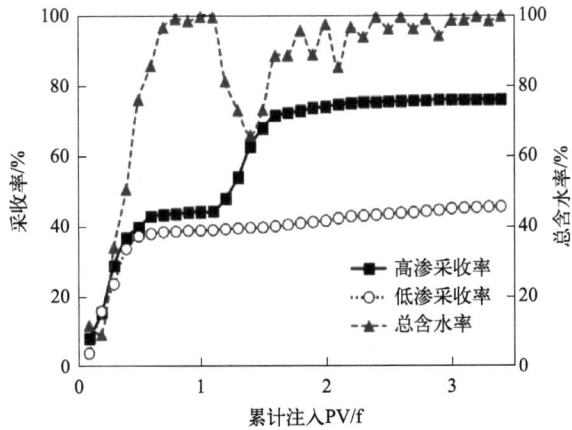

图 9-27　水驱 +CO₂- 水交替驱（0.1PV 段塞大小）过程含水率与采收率变化线

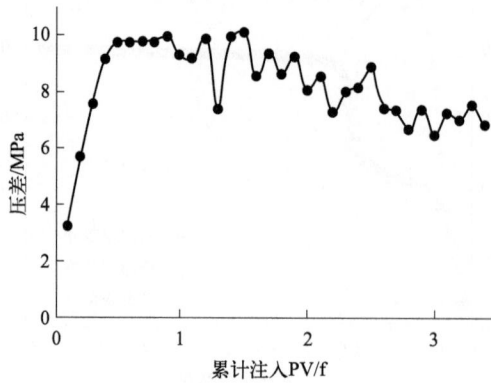

图 9-28 水驱 +CO_2- 水交替驱（0.1PV 段塞大小）过程驱替压差变化线

图 9-29、图 9-30 给出了段塞体积为 0.15PV 下实验结果。如图 9-29 所示，连续注水 0.95PV 后开始 CO_2- 水交替驱，注入总流体 1.1PV 后 CO_2 突破相对高渗管岩心，之后驱替压差呈近波浪式缓慢降低。累计注入 4.1PV 流体后实验结束，高渗管最终采收率 70.11%，低渗管采收率为 40.96%，总采收率为 55.87%。

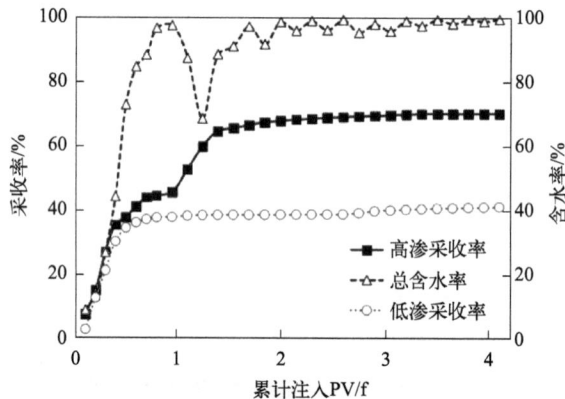

图 9-29 水驱 +CO_2- 水交替驱（0.15PV 段塞大小）过程含水率与采收率变化线

图 9-31 ～图 9-35（书后另见彩图）汇总了不同段塞体积下水驱 +CO_2- 水交替驱实验结果。可以看出，注入流体段塞相对越小 CO_2 突破时间越晚，最终高渗管、低渗管原油采收率相对越高。这是因为流体段塞越小，气 - 水 - 油之间产生的毛管阻力相对更大（对应更大、更稳定的驱替压差），水段塞对 CO_2 段塞调剖效果更好，提高了 CO_2 的驱油效率。实际应用过程注入流体段塞越小，对注入设备的切换操作要求更高，在经济成本方面需要进一步综合考虑。

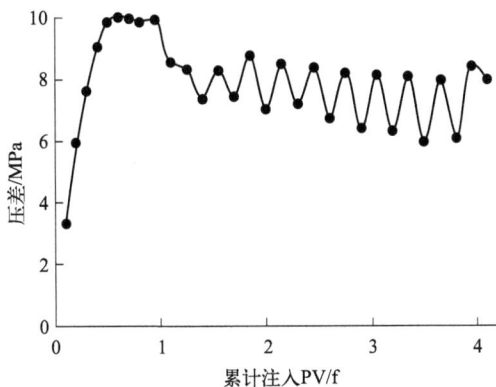

图 9-30　水驱 +CO₂- 水交替驱（0.15PV 段塞大小）过程驱替压差变化线

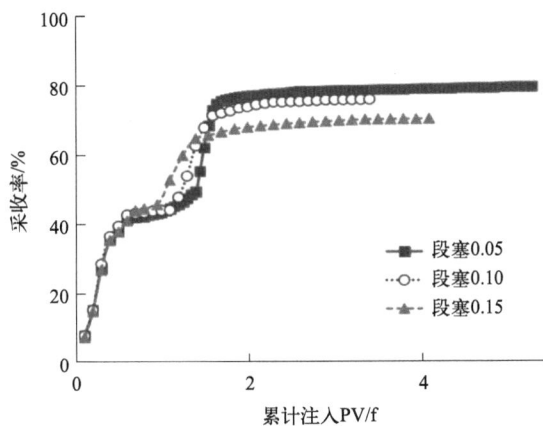

图 9-31　相对高渗管采收率对比图

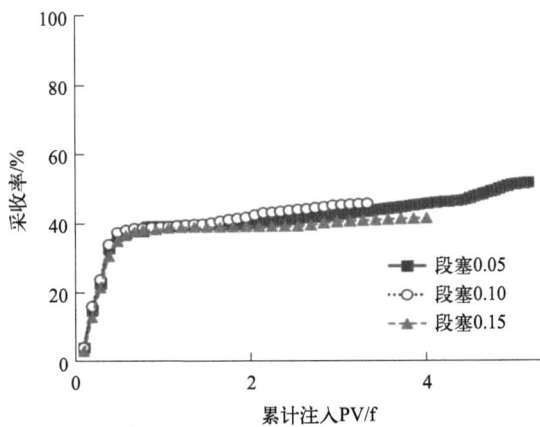

图 9-32　低渗管采收率对比图

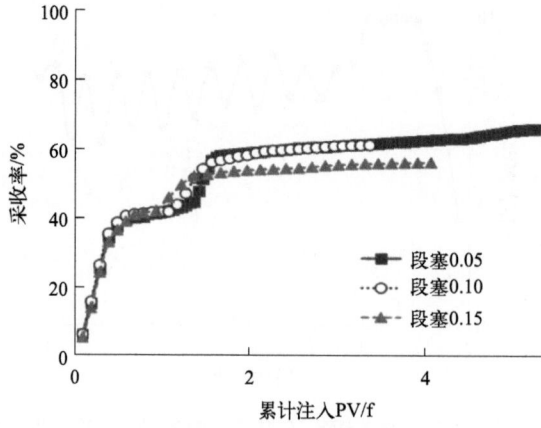

图 9-33　总采收率对比图

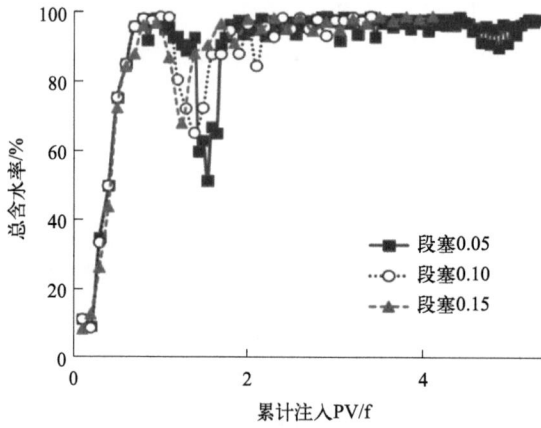

图 9-34　总含水率对比图

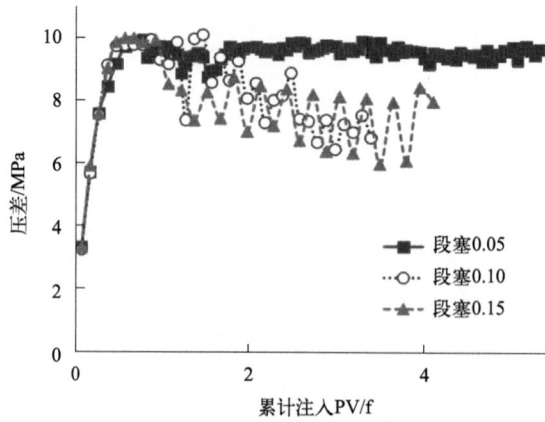

图 9-35　驱替压差对比图

9.2.4.4　不同含水率下开展 CO₂- 水交替驱实验结果及分析

对比 9.1 部分单管长岩心连续 CO₂ 驱和本节双管并联长岩心水驱 +CO₂- 水交替驱实验结果，直接地连续 CO₂ 驱驱油效率更高。前面的双管长岩心实验都是在水驱结束后开始 CO₂- 水交替驱，因此对水驱 +CO₂- 水交替驱方式，进一步考察不同含水率下开始注 CO₂ 效果。

图 9-36、图 9-37 给出双管并联长岩心直接 CO₂- 水交替驱实验结果，其中流体段塞体积比为 1∶1，段塞大小为 0.1PV。如图 9-36 所示，随着流体注入，两个岩心管原油采收率均呈现近线性增长，驱替压差快速增大。注入 0.7PV 流体时 CO₂ 突破相对高渗岩心管，此时驱替压力还在进一步缓慢增大，原油采收率继续较稳定增长。

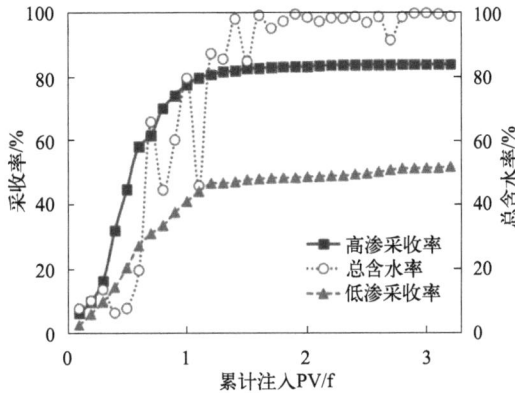

图 9-36　CO₂- 水交替驱过程含水率与采收率变化线

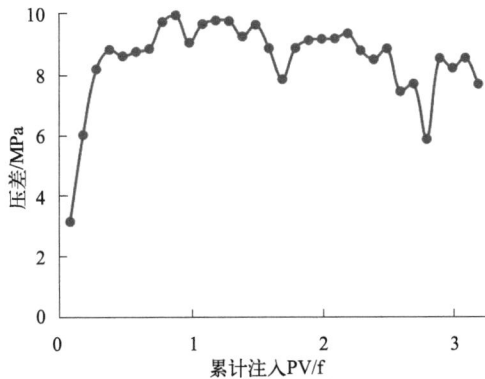

图 9-37　CO₂- 水交替驱过程驱替压差变化线

注入 1.1PV 流体后，CO₂ 突破相对于高渗岩心管，驱替压差也出现缓慢降低。累计注入 3.2PV 流体后实验结束，高渗管最终采收率为 83.68%，低渗管采收率为 51.84%，原油总采收率为 68.13%。

图 9-38、图 9-39 给出了水驱后含水率 60% 条件下继续开展 CO₂- 水交替驱实验结果。如图 9-38 所示，注水 0.45PV 后采出液体中含水量达到 60%，驱替压差升至 9.68MPa 左右，此时高渗管采收率为 35.22%，低渗管采收率为 19.56%。开始进行 CO₂- 水交替驱，随着流体注入驱替压差继续上升，高渗管原油采收率增长变缓，因为 CO₂ 作用的原油还未到达岩心出口端；低渗管原油采收率继续升高。总注入流体 0.85PV 后 CO₂ 突破高渗管岩心端面，此时高渗管原油采收率再次快速增加，驱替压差明显减小，低渗管原油采收率增长变缓。累计注入 2.45PV 流体后实验结束，高渗管最终采收率 79.34%，低渗管采收率为 48.31%，原油总采收率为 64.18%。

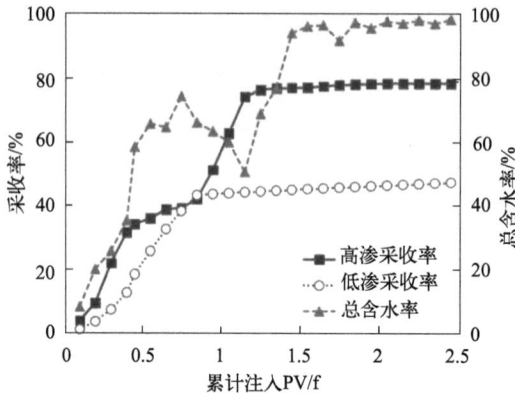

图 9-38   含水 60% 后 CO₂- 水交替驱过程含水率与采收率变化线

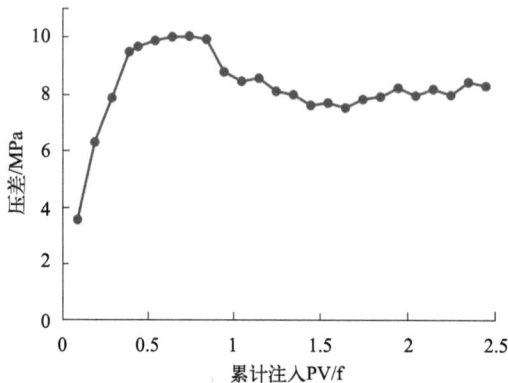

图 9-39   含水 60% 后 CO₂- 水交替驱过程驱替压差变化线

图 9-40、图 9-41 给出了水驱后含水率 80% 条件下继续开展 CO₂- 水交替驱实验结果。如图 9-40，注水 0.7PV 后采出液体中含水率达到 60%，驱替压差升至 9.63MPa 左右，此时高渗管采收率为 42.01%，低渗管采收率为 32.6%。开始进行 CO₂- 水交替驱，注入 1.0PV 流体后 CO₂ 突破相对高渗岩心管，此时高渗管采收率再次快速增加，驱替压差呈阶梯式减小，低渗管原油采收率缓慢增加至趋于近不变。累计注入

2.1PV 流体后实验结束，高渗管最终采收率 77.62%，低渗管采收率为 47.19%，原油总采收率为 62.75%。

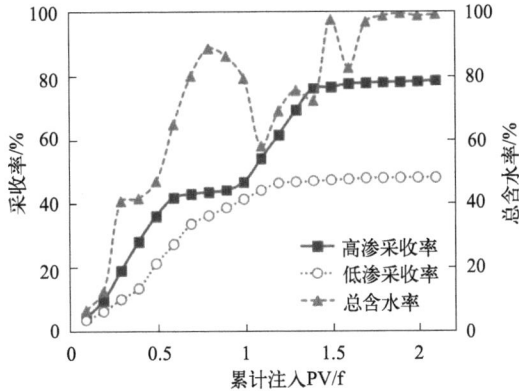

图 9-40 含水 80% 后 CO$_2$- 水交替驱过程含水率与采收率变化线

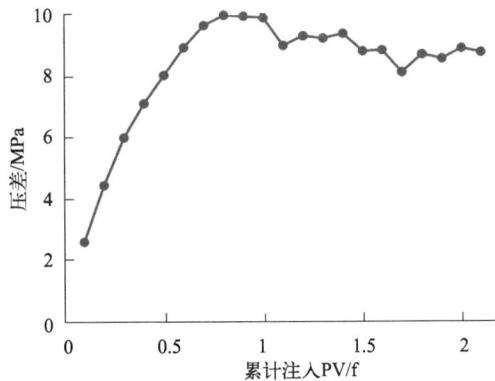

图 9-41 含水 80% 后 CO$_2$- 水交替驱过程驱替压差变化线

图 9-42 ～图 9-46 汇总了采出流体中不同含水（0、60%、80%、100%）情况下开展 CO$_2$- 水交替驱实验结果。可以看出，CO$_2$- 水交替驱开始越早，最终驱油效果越好。这是因为交替驱开始越早往岩心中注入的 CO$_2$ 总量越多。与水驱相比，CO$_2$ 驱的驱油效率要高，同时 CO$_2$ 在原油中的溶解对后者具有一定的膨胀增能和降黏效果。实际应用过程需要进一步综合考虑气源成本等其他条件。

9.2.4.5 不同驱替压力下长岩心实验结果及分析

在 9.1 部分单管长岩心驱替实验过程已经明确驱替压力越高，利用 CO$_2$- 原油的混相效果越好，原油采收率会相对更高。对于双管并联水驱 +CO$_2$- 水交替驱方式，同样进一步考察驱替压力的影响。实验过程当采出液体中水含量超过 98% 后再开展 CO$_2$- 水交替驱实验。

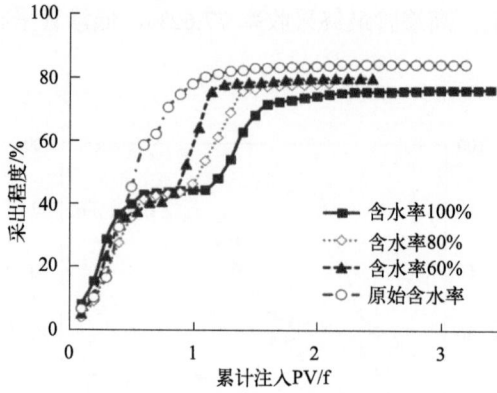

图 9-42 相对高渗管采出程度对比图

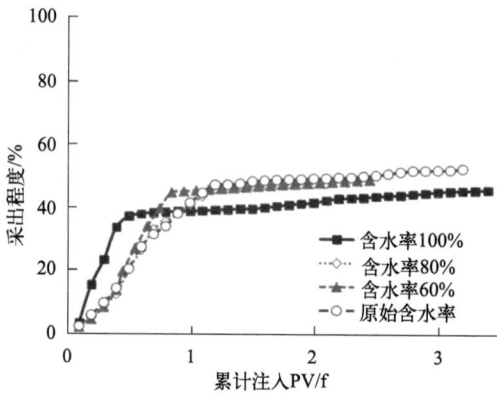

图 9-43 低渗管采出程度对比图

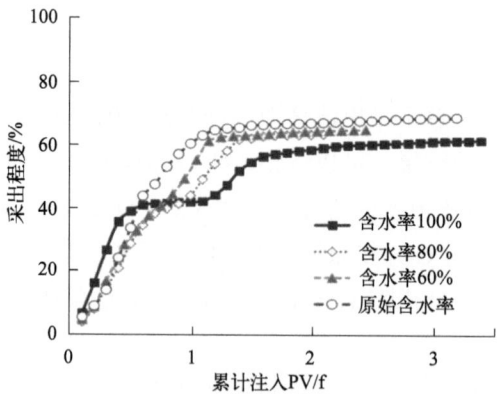

图 9-44 总采出程度对比图

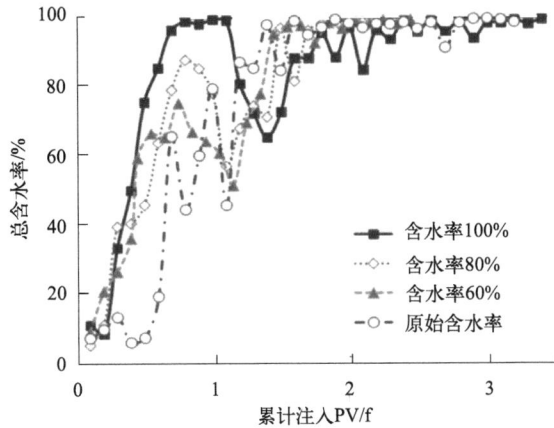

图 9-45　总含水率对比图

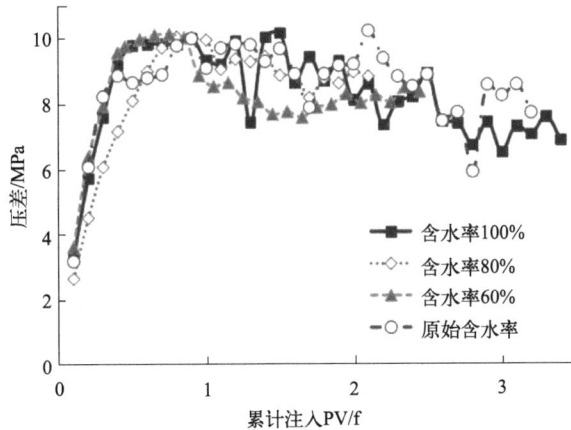

图 9-46　驱替压差对比图

图 9-47、图 9-48 给出了初始驱替压力为 25MPa 时实验结果。如图 9-47 所示，注水 0.7PV 后水驱结束，此时高渗管采收率为 41.01%，低渗管采收率为 33.45%。开始进行 CO_2- 水交替驱，注入 1.2PV 流体时 CO_2 突破相对高渗管岩心端面，此时高渗管原油采收率快速增加，压差逐渐降低，低渗管采收率保持缓慢增加。累计注入 4.1PV 流体后实验结束，高渗管最终采收率为 70.89%，低渗管采收率为 40.98%，原油总采收率为 56.28%。

图 9-49、图 9-50 给出了初始驱替压力为 28MPa 时实验结果。如图 9-49 所示，注水 0.8PV 后采出液体中含水超过 98%，此时高渗管采收率为 41.74%，低渗管采收率为 34.5%。开始进行 CO_2- 水交替驱，驱替至 1.1PV 时 CO_2 突破，高渗管采收率再次快速增加，低渗管采收率缓慢增加，压差逐渐减小。累计注入 3.9PV 流体后实验结束，高渗管最终采收率为 73.36%，低渗管采收率为 41.08%，原油总采收率为 57.59%。

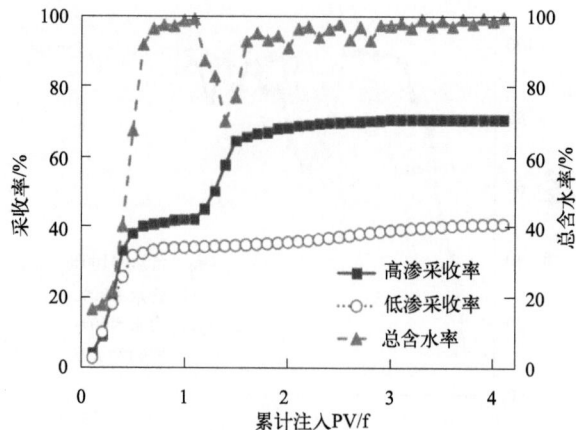

图 9-47　初始驱替压力 25MPa 下含水率与采收率变化线

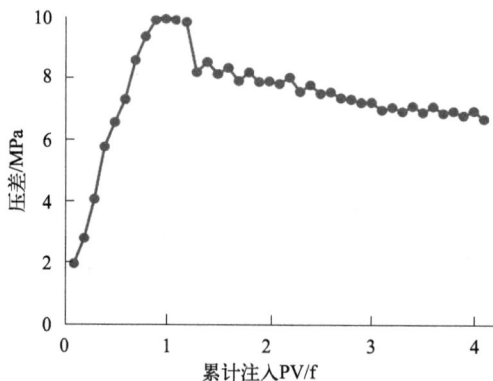

图 9-48　初始驱替压力 25MPa 下驱替压差变化线

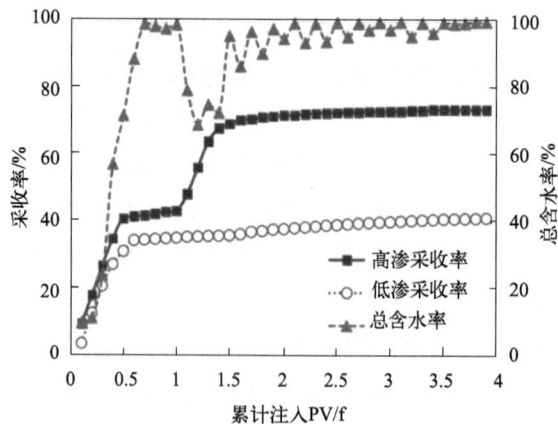

图 9-49　初始驱替压力 28MPa 下含水率与采收率变化线

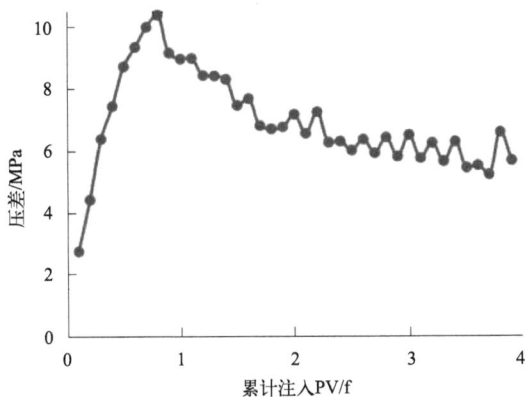

图 9-50　初始驱替压力 28MPa 下驱替压差变化线

图 9-51、图 9-52 给出了初始驱替压力为 31MPa 时实验结果。如图 9-51 所示，注水 0.8～0.9PV 后采出液体中含水率超过 98%，此时高渗管采收率为 43.32%，低渗管采收率为 38.17%。注水 0.9PV 后开始进行 CO_2- 水交替驱，驱替至 1.2PV 时气体突破，气体突破后，高渗管采收率快速增加，低渗管采收率缓慢增加，驱替压差逐渐减小。累计注入 3.4PV 流体后实验结束，高渗管最终采收率为 75.73%，低渗管采收率为 45.23%，原油总采收率为 60.82%。

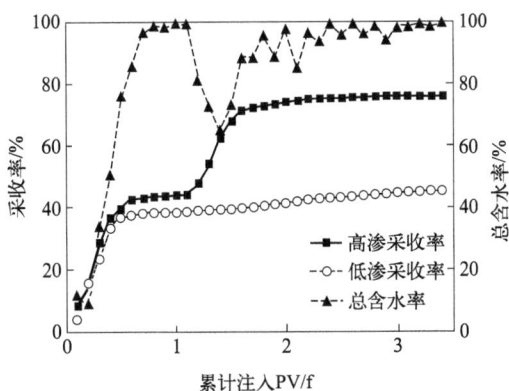

图 9-51　初始驱替压力 31MPa 下含水率与采收率变化线

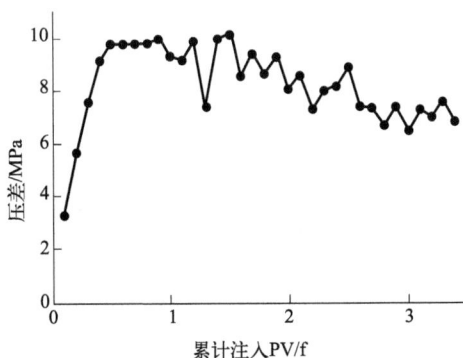

图 9-52　初始驱替压力 31MPa 下驱替压差变化线

图 9-53、图 9-54 给出了初始驱替压力为 35MPa 时实验结果。如图 9-53 所示，注水 0.9PV 后水驱结束，此时高渗管采收率为 43.31%，低渗管采收率为 40.3%。开始进行 CO_2- 水交替驱，驱替至 1.3PV 时 CO_2 突破岩心管，此时高渗管原油采收率再次快速增加，低渗管采收率缓慢增长，驱替压差逐渐减小。累计注入 3.3PV 流体后实验结束，高渗管最终采收率为 77.19%，低渗管采收率为 46.72%，原油总采收率为 62.3%。

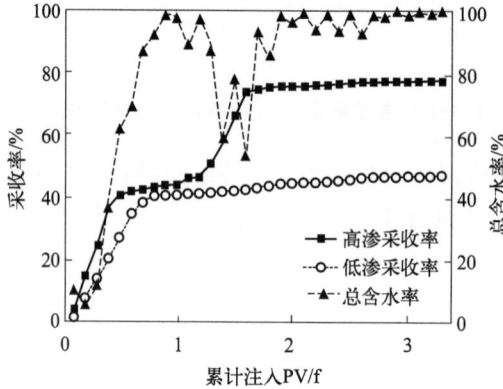

图 9-53　初始驱替压力 35MPa 下含水率与采收率变化线

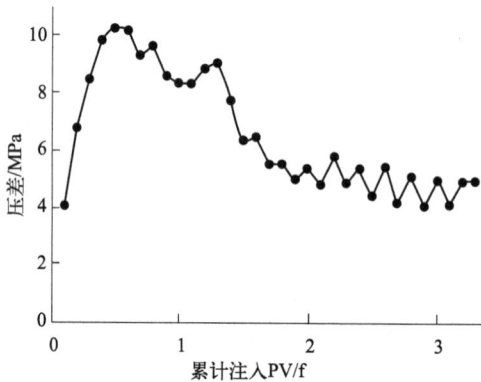

图 9-54　初始驱替压力 35MPa 下驱替压差变化线

图 9-55、图 9-56 汇总了不同驱替压力下水驱 +CO_2- 水交替驱双管并联长岩心实验结果。可以看出，初始驱替压力越高，驱替压差也越大，使得水驱过程水突破岩心越晚、交替驱过程 CO_2 突破岩心的时间也越晚，提高了流体的驱油效率。其中初始驱替压力从 28MPa 提高到 31MPa 后，原油采收率有一个明显提升，而进一步升高到 35MPa 后采收率增长不明显。考虑到注气压力越高对应更高的操作难度和成本，基于实验结果优选注气压力为 31MPa 左右。

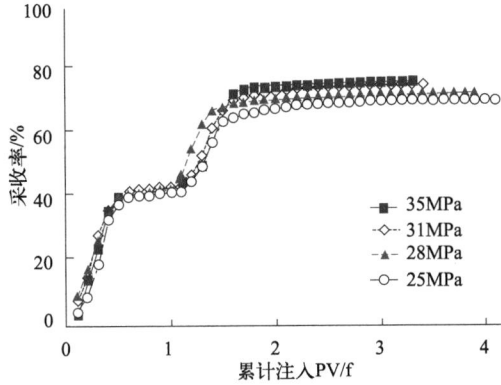

图 9-55　相对高渗管采收率对比图

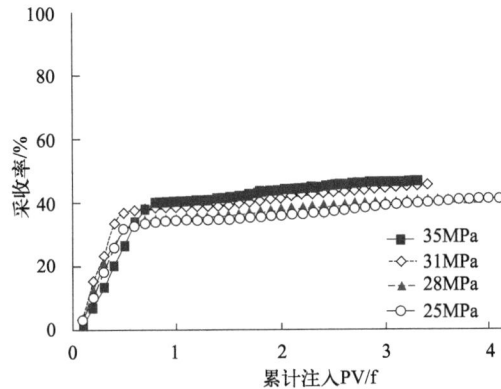

图 9-56　低渗管采收率对比图

综合不同操作条件下水驱 +CO_2- 水交替驱双管长岩心实验（图 9-57 ～图 9-59），水驱后进一步的 CO_2- 水交替驱能进一步有效提高低渗岩心内原油采收率，特别是对相对高渗管岩心。虽然受韵律的影响，对低渗管岩心内原油提采有限，但还是明显优于水驱 +CO_2 连续驱方式。从操作参数来看，对于水驱 +CO_2- 水交替驱方式，交替驱开始的时间越早、流体段塞越小、注入压力越大，对应的最终驱替效果相对越好。

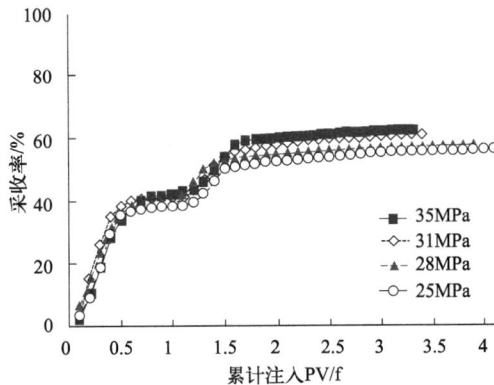

图 9-57　总采收率对比图

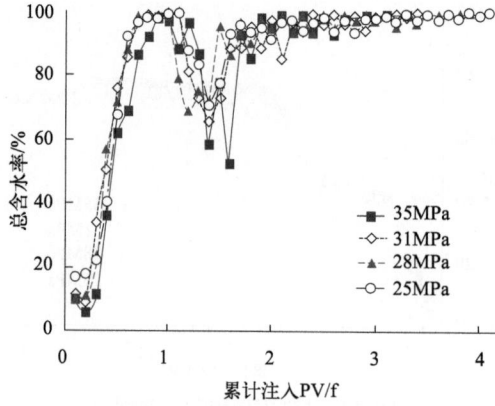

图 9-58　含水率对比图

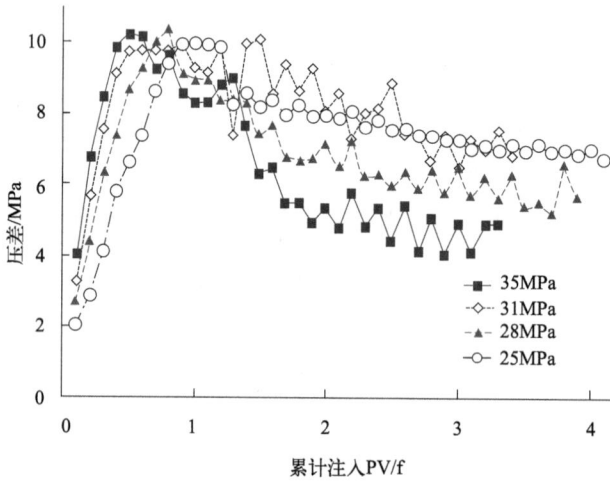

图 9-59　驱替压差对比图

9.3　泡沫剂改变水驱及水驱 +CO₂- 水交替驱效果评价

在 9.2 部分水驱 +CO₂- 水交替驱过程已经明确，受两管岩心渗透率极差的影响，水驱后进一步的 CO₂- 水交替驱对低渗管原油提采不太理想，单纯的水段塞对 CO₂ 流体的阻隔调剖作用有限，这部分拟往水段塞中加入商用 CO₂ 起泡剂，评价泡沫的调剖效果。

9.3.1　实验装置

实验装置采用 7.3.1 部分的高温高压长岩心驱替装置（见图 7-14）。

9.3.2　实验样品

实验样品包括流体样品和实验岩心，流体样品包括脱气油、伴生气、地层水、商用 CO_2 泡沫剂，实验岩心具体参数见表 9-8 和表 9-9，地层水、油样及气样与 9.2.2 部分采用的流体样品一致。

9.3.3　实验步骤

实验步骤与 9.3.3 部分实验步骤基本一致，在 CO_2- 水交替驱阶段，提前往水溶液中添加了起泡剂。

9.3.4　结果及分析

9.3.4.1　水驱 +CO_2 泡沫驱实验结果

该组实验注入流体初始压力（回压阀工作压力）为 31MPa、实验温度为 125℃。水驱结束后，按气液比 1∶1 交替注入 CO_2 气体和含 0.5% 起泡剂的水溶液。

如图 9-60 和图 9-61 所示。注入 0.8PV 水后采出液体中水含量超过 98%，开始 CO_2- 含起泡剂水溶液交替驱，累积注入 2.4PV 流体后 CO_2 突破相对高渗管岩心，较前面未添加起泡剂实验明显延后。最终注入 2.9PV 流体实验结束，高渗管采收率为 67.73%，低渗管采收率为 39.63%，原油总采收率为 54.00%。

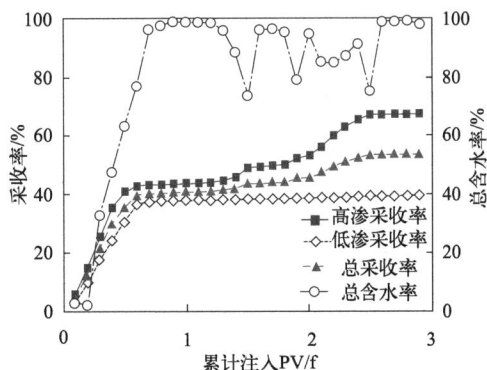

图 9-60　水驱 +CO_2 泡沫驱过程原油采收率与含水率变化

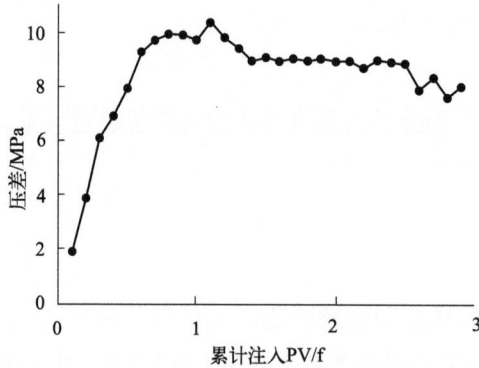

图 9-61　水驱 +CO$_2$ 泡沫驱过程驱替压差变化

虽然加入起泡剂后 CO$_2$ 突破时间变晚，且驱替压差也有一定程度提高，但不同渗透率岩心管原油最终的采收率较未加剂之前反而出现了降低。相关原因是岩心内泡沫生成过程需要消耗 CO$_2$，这反过来相当于降低了与原油作用的 CO$_2$ 总量，弱化了 CO$_2$ 的驱油效果。

9.3.4.2　水驱 +CO$_2$ 泡沫段塞 +CO$_2$- 水交替驱实验结果

为了同时利用泡沫调剖和 CO$_2$ 的驱油效果，进一步开展水驱 +CO$_2$ 泡沫段塞 +CO$_2$- 水交替驱实验，其他实验条件与前一组一致，实验结果示于图 9-62 和 Z 图 9-63 中。注入 0.8PV 水后采出液体中水含量超过 98%，开始交替注入 CO$_2$- 含起泡剂水溶液，此时高渗管和低渗管原油均有一定程度增加，驱替压差基本维持在 9MPa 以上。总注入 1.3PV 流体后两管原油采收率增长减缓，进一步转为 CO$_2$- 水交替驱。累计注入约 1.6PV 流体后 CO$_2$ 突破相对高渗管岩心，总注入约 2.3PV 后 CO$_2$ 突破了低渗管，CO$_2$ 突破岩心时携带出的原油让两管采收率均出现明显增长。最终注入 3.1PV 流体实验结束，高渗管采收率为 85.86%，低渗管采收率为 54.19%，原油总采收率达到 70.39%。

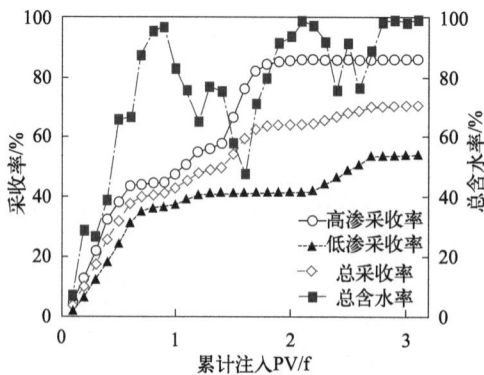

图 9-62　水驱 +CO$_2$ 泡沫段塞 +CO$_2$- 水交替驱过程采收率和含水率变化

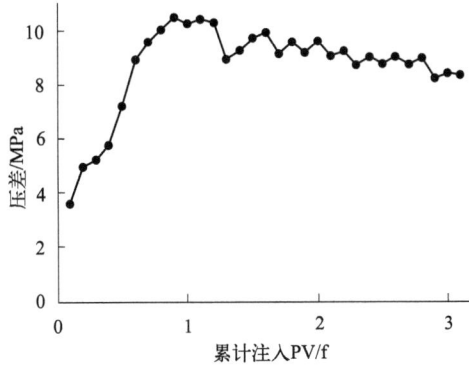

图 9-63　水驱 +CO_2 泡沫段塞 +CO_2- 水交替驱过程驱替压差变化

9.4　三种不同 CO_2 注入方式驱油效果对比

表 9-10 进一步汇总了不同驱替方式、不同驱替参数、不同驱替介质下实验结果。整体来看，CO_2- 水交替驱利用水段塞的调驱作用要明显优于连续气驱，此时流体段塞相对越小、注气时机相对越早驱替效果越好，但受极差影响明显，对低渗管岩心内原油提采不明显。水段塞中加入起泡剂后能有效延缓 CO_2 突破岩心时间，维持较高驱替压差，但起泡过程要消耗一定量 CO_2。因此，在水驱和 CO_2- 水交替驱之间加入 CO_2 泡沫段塞能同时利用泡沫调剖和 CO_2 驱原油效果，该种驱替方式下对岩心极差适应性高，能同时有效提高不同渗透率岩心管内原油采收率，效果相对最好。

表 9-10　不同驱替方式实验结果

实验类型	主控因素	压力 / 渗透率 / 含水率 / 体积	采收率 /%	气体突破时间 /HCPV
水驱 +CO_2- 水交替驱	不同段塞比	连续气驱	53.28	1.0
		气水比 1∶1	60.82	1.2
		气水比 2∶1	58.45	1.15
		气水比 1∶2	68.24	1.95
	不同段塞体积	0.05PV	65.66	1.45
		0.10PV	60.82	1.2
		0.15PV	55.87	1.1
	不同含水率	原始含水率	68.13	0.7
		含水率 60%	64.18	0.85
		含水率 80%	62.75	1.0
		含水率 100%	60.82	1.2
	不同驱替压力	25MPa	56.28	1.2
		28MPa	57.59	1.1
		31MPa	60.82	1.2
		35MPa	62.30	1.3

续表

实验类型	主控因素	压力/渗透率/含水率/体积	采收率/%	气体突破时间/HCPV
水驱 +CO_2 泡沫驱	加入泡沫段塞式	31MPa，气-泡沫段塞比 1∶1	54.00	2.4
水驱 +CO_2 泡沫段塞 +CO_2-水交替驱	加入泡沫段塞式	31MPa，气-水比 1∶1	70.39	1.6

参考文献

[1] 王正茂，廖广志.长庆油田低渗透油藏三次采油意义及发展方向 [J].低渗透油气藏，2010，15（3/4）：81-85.

[2] 张忠林，王成俊.延长油田特低渗油藏新型驱油剂研究进展 [J].应用化工，2018，47（6）：1246-1249，1253.

[3] 胡文瑞，魏漪，鲍敬伟.中国低渗透油气藏开发理论与技术进展 [J].石油勘探与开发，2018，45（4）：646-656.

[4] 何江川，廖广志，王正茂.油田开发战略与接替技术 [J].石油学报，2012，33（3）：519-525.

[5] 袁士义，王强，李军诗，等.注气提高采收率技术进展及前景展望 [J].石油学报，2020，41（12）：1623-1632.

[6] 张本艳，党文斌，王少朋，等.鄂尔多斯盆地红河油田长 8 储层致密砂岩油藏注 CO_2 提高采收率 [J].石油与天然气地质，2016，37（2）：272-275.

[7] 史云清，贾英，潘伟义，等.低渗致密气藏注超临界 CO_2 驱替机理 [J].石油与天然气地质，2017，38（3）：610-616.

[8] Yu W, Lashgari H R, Wu K. CO_2 injection for enhanced oil recovery in Bakken tight oil reservoirs[J]. Fuel，2015，159（1）：354-363.

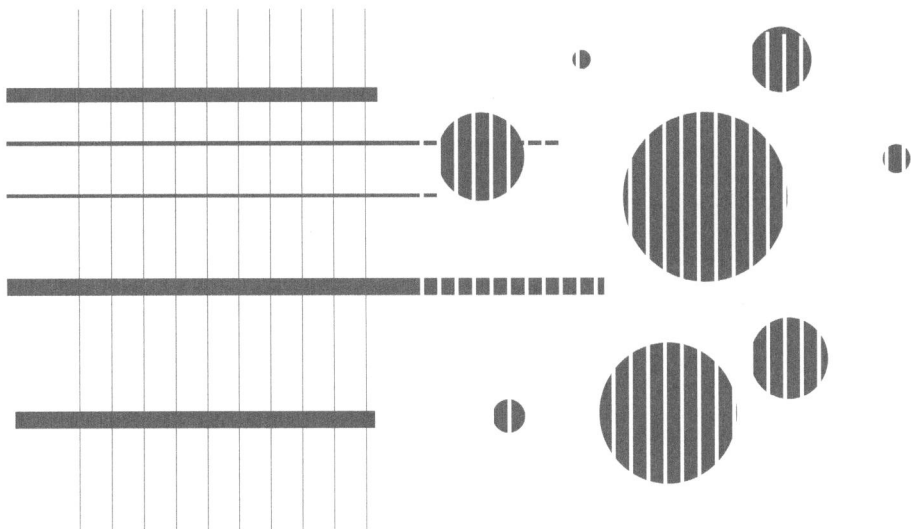

第 10 章

结论与趋势分析

10.1　结论及创新

实现对烟道气、沼气、IGCC 等混合气中 CO_2 高效捕集，推进 CO_2 在油气藏开发中资源化利用具有重要的环保、经济和现实意义。本书针对这两个方面进行了技术开发和机理分析。将传统吸收分离方法分别和水合分离、吸附分离方法进行耦合，突破了单一水合分离或吸附分离方法的一些技术瓶颈，显著提高了 CO_2 捕集效率。揭示了注 CO_2 提采低渗油气藏过程气 - 气、气 - 油之间传质、扩散和驱替机理，掌握了注气参数影响程度，建立了相态理论模型，取得了如下结论和认识。

10.1.1　结论

① 水合物生成条件下采用水 / 柴油乳液分离 CO_2/CH_4 混合气时，要想生成足够量的水合物，需要较高的分离操作压力（> 3MPa），综合考虑分离成本和分离效果，采用水 / 柴油乳液分离沼气混合气这一技术还有待进一步改进。对于 IGCC 混合气的分离，通过引入水合物促进剂 CP 和 TBAB，大幅提高了水 / 柴油乳液体系的 CO_2 捕集能力，所得 CO_2 相对 H_2 的分离因子最高达到 103，远大于单独水合分离过程所表现出的 CO_2 分离因子。进一步采用 FBRM 和 PVM 激光粒度测定技术对分离过程体系中颗粒弦长进行测量时发现，TBAB 的存在使得分离平衡后水合物 / 柴油浆液分布更均匀，其中水合物颗粒的平均弦长只有 3.5μm，远小于没有 TBAB 存在条件下浆液中水合物颗粒弦长，甚至较乳液中水滴粒径还小，说明 Span20 和 TBAB 的复配是一种优秀的水合物阻聚剂。

② 基于吸收 - 水合耦合分离技术所表现的效果，提出了吸收 - 吸附耦合分离技术思路：选择合适的多孔介质和液体介质混合形成悬浮浆液来分离气体混合物，利用气体分子在液体介质中溶解度不同和溶解气进一步被液体介质中分散多孔介质选择性吸附而达到一个吸收、吸附叠加分离的效果。为了验证吸收 - 吸附耦合分离技术的可行性，考察了一系列不同类型多孔介质［活性炭（纳米、微米级），分子筛（3A、4A、5A），石墨烯，MOFs 材料（ZIF-8、ZIF-11、ZIF-68、ZIF-69、MIL-53、MIL-101）］与液体介质（水、乙醇、乙二醇、环戊烷等混合所形成浆液）对 CO_2/N_2、CO_2/CH_4 混合气的分离效果。研究结果表明大部分的多孔介质在液体介质中均失去了吸附活性，其原因是液体分子进入了多孔介质的孔道中占据了后者的气体吸附位。发现 ZIF-8/ 水和 ZIF-8/ 乙二醇两种浆液表现出了较高的 CO_2 分离因子，达到了吸收 - 吸附耦合分离的效果，同时两种浆液体系分散均匀，表现出了优秀的稳定性。

③ 系统研究了 ZIF-8/ 水、ZIF-8/ 乙二醇浆液的 CO₂ 捕集性能。虽然 ZIF-8/ 水浆液表现出了极高的 CO₂ 分离因子（＞3000），但 ZIF-8、水和 CO₂ 三种物质共同存在条件下发生了不可逆化学反应，表明 ZIF-8/ 水浆液不适合用于对 CO₂ 的捕集。而当采用 ZIF-8/ 乙二醇浆液作为分离介质时，浆液体系不仅同样表现出了很高的分离因子，同时捕集了 CO₂ 的 ZIF-8/ 乙二醇浆液还在常温、真空条件下能够实现再生，浆液体系表现出了良好的重复利用性和稳定性。进一步研究发现往 ZIF-8/ 乙二醇浆液中加入单独的 2- 甲基咪唑晶体能大幅提高 CO₂ 在浆液中的溶解能力。常温、常压下 CO₂ 在 ZIF-8/ 乙二醇 -2- 甲基咪唑混合浆液中的溶解度系数为 12.5mol/ (L·MPa)，远高于 CO₂ 在纯水和已报道离子液体中的溶解度系数，达到了与部分醇氨溶液相同的吸收效果。与此同时整个浆液体系所表现出的 CO₂ 分离因子得到了进一步提高。303.15K下，CO₂ 相对 N₂、CH₄ 和 H₂ 的分离因子分别达到 394、144 和 951。进一步的研究表明 CO₂ 在 ZIF-8/ 乙二醇 -2- 甲基咪唑混合浆液中的吸收热只有 -29kJ/mol，整个浆液能在常温、真空条件下实现完全再生，表现出了优秀的稳定性和可重复利用性。

④ 结合 ZIF-8/ 乙二醇浆液的分散状态、宏观 / 微观分离实验，揭示了 ZIF-8/ 乙二醇 -2- 甲基咪唑浆液捕集 CO₂ 机理：得益于乙二醇分子和 ZIF-8 之间良好的亲和性以及乙二醇分子之间的氢键作用，乙二醇分子会在 ZIF-8 表面富集而形成膜状结构，这种乙二醇膜的存在一方面促进了 ZIF-8 在浆液中的分散，消除了 ZIF-8/ 水浆液所表现出的粘壁现象；另一方面乙二醇膜的存在对气体分子在 ZIF-8 上的吸附起到了渗透选择性的作用，此时在乙二醇中溶解度较大的 CO₂ 在相对较低驱动力（压力）下就能穿过乙二醇膜被 ZIF-8 吸附，但 CH₄、H₂、N₂ 等由于在乙二醇中溶解度低需要在很高压力下才能穿透乙二醇膜，使得 ZIF-8/ 乙二醇和 ZIF-8/ 乙二醇 -2- 甲基咪唑浆液表现出了极高的 CO₂ 分离因子。因此整个分离过程实际上是一个液体介质吸收分离、乙二醇膜选择性渗透通过和 ZIF-8 选择性吸附三种分离机制协同的结果。这同时为多孔介质特别是 MOFs 材料的合成和应用提供了一个新的研究方向。

⑤ 研究了 PVT 筒和低渗岩心内 CO₂ 注入对天然气相态性质的影响。相同温度、压力下，CO₂ 的注入会明显降低天然气的偏差因子、提高后者的黏度和密度。相对于 PVT 筒体相，受岩心孔隙尺寸限制岩心，相同温度、压力下岩心内天然气的偏差因子稍有增长。基于实验数据，通过对 SRK 状态方程进行修正，分别建立了体相、低渗岩心孔隙内 CO₂- 天然气混合气偏差因子计算相态模型。

⑥ 采用柱塞岩样测定低渗岩心内气体吸附量代表性要好于常规的粉末吸附法。CO₂ 在低渗砂岩内的吸附量是 CH₄ 吸附量的 1.5 倍还多；随着岩心渗透减小，比表面积增大，气体吸附量稍有增长。低渗砂岩内 CO₂ 扩散系数数量级为 $10^{-8} \mathrm{m}^2/\mathrm{s}$，随着岩心渗透降低或压力升高，扩散系数减小。岩心内束缚水的存在对气体吸附和扩散都有明显影响。

⑦ 基于长岩心驱替实验，明确衰竭到 5MPa 时低渗岩心内天然气采收率能达到

79.27%，随后的 CO_2 驱替法能将天然气采收率提高至最高 93.4%。低部位注入 CO_2 能有利于利用两种流体的重力差异作用，延缓 CO_2 气窜，提高驱替效果。驱替完后进一步关井注 CO_2 至原始气藏压力，CO_2 封存量能达到 58.89kg/cm³。

⑧ 开展了 PVT 筒和低渗岩心原油注 CO_2 相态实验，受岩心孔隙束缚影响，岩心内原油饱和压力要稍低于 PVT 内结果。修正 *P-T* 状态方程，将岩心孔隙尺寸影响直接考虑到方程引力项参数中，分别建立了体相和低渗岩心限域体内原油饱和压力预测相态模型，模拟值与实验值吻合精度高。CO_2 溶解会降低原油内沥青质分子稳定性，CO_2- 原油多级接触会进一步促进沥青质的析出。

⑨ 采用长岩心法对比连续 CO_2 驱（单管、双管岩心）、CO_2- 水交替驱（双管岩心）、水驱 +CO_2- 水交替驱（双管岩心）、水驱 +CO_2- 泡沫驱（双管岩心）、水驱 + 泡沫段塞 +CO_2- 水交替驱（双管岩心）方式提高低渗油藏原油采收率效果。对于单管岩心，岩心渗透率越大、驱替压力越高，最终驱油效率越大。对于双管并联岩心，CO_2- 水交替驱利用水段塞的调驱作用要明显优于连续气驱，此时流体段塞相对越小、注气时机相对越早驱替效果越好。单一的 CO_2 泡沫驱由于大部分 CO_2 用于发生泡沫而驱油效果并不理想，但在水驱和 CO_2- 水交替驱之间加入泡沫段塞对 CO_2 的调剖效果明显改善，能同时实现对高、低渗管原油采收率的有效提高。

10.1.2 创新

① 创新了一种吸收 - 吸附耦合碳捕集方法。开发出了能对混合气中 CO_2 实现吸收 - 吸附耦合高效分离的 ZIF-8/ 乙二醇 -2- 甲基咪唑浆液，且该浆液体系同时表现出了高 CO_2 分离因子和低 CO_2 吸收热（−29kJ/mol）。突破了吸附分离只能利用固定床进行切换操作这一工艺瓶颈，同时为多孔介质特别是 MOFs 材料的合成和应用提供了一个新的研究方向。

② 揭示了注 CO_2 采低渗气藏过程气体吸附、扩散和驱替多重机理，建立了低渗岩心内 CO_2- 天然气混合气偏差因子预测理论模型。

③ 揭示了注 CO_2 采低渗油藏过程气 - 油传质、固相沉积、驱替多重机理，建立了低渗岩心内 CO_2- 原油混合体系饱和压力预测理论模型。

10.2 耦合碳捕集技术在油气开发中的应用前景

基于 ZIF-8/ 乙二醇 -2- 甲基咪唑浆液的吸收 - 吸附耦合碳捕集技术属于新型技术，虽然近期已进一步在中式装置上取得了试验成功，但在实现大规模工业化应用之前还有许多研究亟待解决：如大体积使用下浆液与待分离气体如何接触传质效果更好、浆液在碳捕集塔和再生塔之间流动参数如何设定和优化、是否存在比 2- 甲基咪唑更优秀的替代者等。注 CO_2 提采低渗、致密气藏在有效优选注气位置、时机等条件下具有很好的效果，但与室内岩心实验相比，实际储层的非均质性，特别是裂缝对 CO_2 扩散和渗流的影响如何进一步明确。注 CO_2 采油技术已经比较成熟，目前影响该项技术效果主要体现在 3 个方面：

① CO_2 窜进严重，特别是储层非均质性强或存在裂缝发育的油藏，如何有效提高 CO_2 波及效率仍是难点；

② 国内油藏原油黏度和密度普遍较高，难以与 CO_2 在储层条件下实现混相，影响了 CO_2 驱油效率，开发低成本、绿色降混剂是一条重要途径；

③ 大部分油气田存在缺乏 CO_2 气源或气源成本高的问题，需要更多的政策支持。

整体来看，现有碳捕集和碳封存两个领域相对比较独立，契合程度低。碳捕集技术研发主要依托于化工类研究院 / 校，受体主要是炼厂、发电厂和化工厂；注 CO_2 开采油气藏技术研发主要依托于石工类研究院 / 校，受体是油田。如能将两套体系有效耦合，一方面能拓宽前者的应用范围，同时能有效解决后者的碳源需求。基于 ZIF-8/ 乙二醇 -2- 甲基咪唑浆液捕集 CO_2 技术（吸收 - 吸附耦合法）为这种设想提供了切实可行的方向。ZIF-8/ 乙二醇 -2- 甲基咪唑浆液对气源压力要求低，捕集的 CO_2 效果好，捕集后释放的 CO_2 纯度高，且再生条件温和和能耗不高。具体操作有多种可供参考流程。

① 在碳排单位用 ZIF-8/ 乙二醇 -2- 甲基咪唑浆液将化工尾气中 CO_2 捕集，利用 ZIF-8 浆液的流动性，让捕集 CO_2 的浆液在低压或负压下将 CO_2 解吸出来，再将回收的 CO_2 压缩运送至油气田现场作为碳源注入储层，用于提采油气和实现对 CO_2 的封存（图 10-1）。

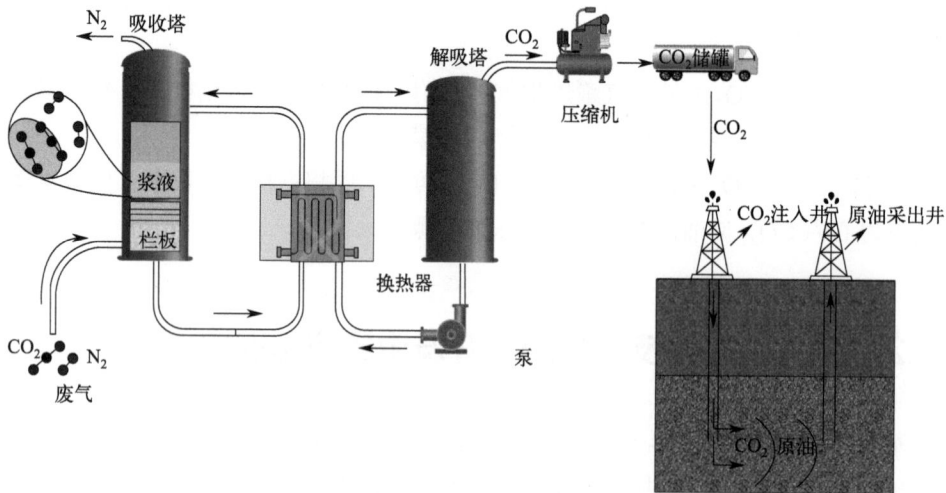

图 10-1　ZIF-8/ 乙二醇 -2- 甲基咪唑浆液捕集 / 释放 CO_2+ 提采油气藏一体化技术

② 在碳排单位用 ZIF-8/ 乙二醇 -2- 甲基咪唑浆液将化工尾气中 CO_2 捕集，直接将饱和了 CO_2 的浆液注入油藏，利用油藏高温环境在储层内浆液中吸收的部分 CO_2 会释放出来，实现一个 CO_2- 浆液复合驱油效果，利用浆液的黏度大于地层水特点，浆液能有效提高 CO_2 段塞的波及原油范围（替代了泡沫段塞的作用）。最后将随原油采出的浆液回收重复利用（图 10-2）。

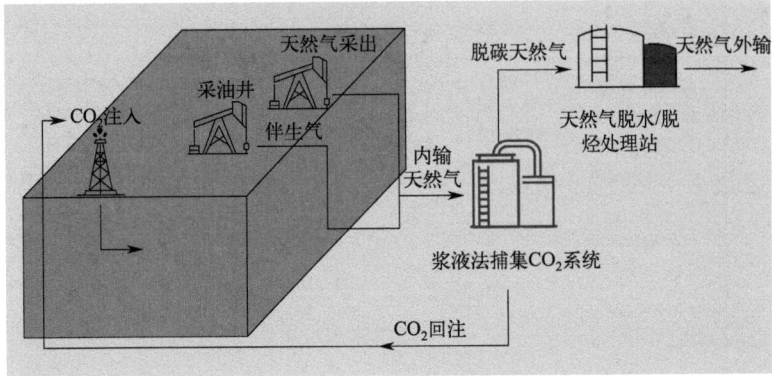

图 10-2　ZIF-8/ 乙二醇 -2- 甲基咪唑浆液捕集 CO_2+ 注入油藏提采一体化技术

(a) 分离前   (b) 分离后

图 2-3　272.15 K 下乳液和浆液体系形态

(a)   (b)   (c)

(d)   (e)

图 2-5　不同含水率条件下水 / 柴油 –CP、水（TBAB）/ 柴油 –CP 乳液和对应水合物浆液状态

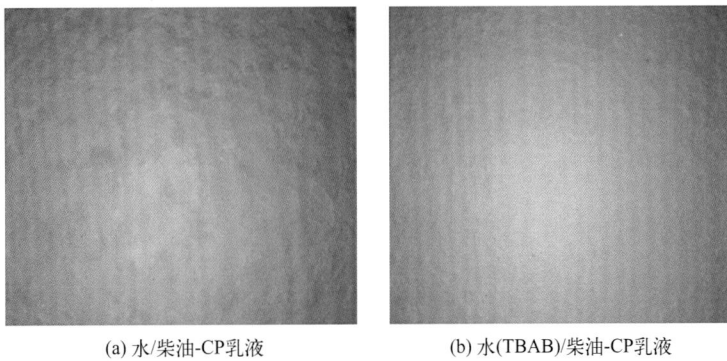

(a) 水/柴油-CP乳液   (b) 水(TBAB)/柴油-CP乳液

图 2-9　272.15K、初始推动力和含水率分别为 5MPa 和 35%（体积分数）条件下水 / 柴油 –CP 和水（TBAB）/
柴油 –CP 乳液分离 M3 混合气后水合物浆液 PVM 图片

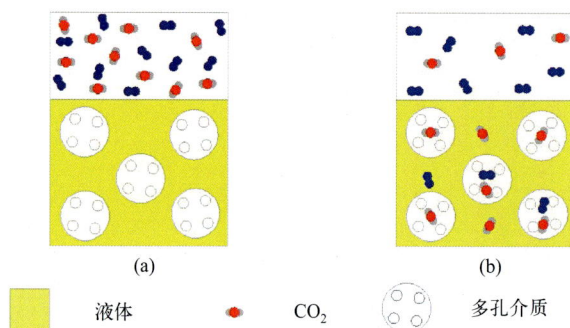

| 液体 | | CO_2 | | 多孔介质 |

图 3-1　吸收－吸附耦合法（多孔介质／液体介质复合浆液）捕集 CO_2 过程示意

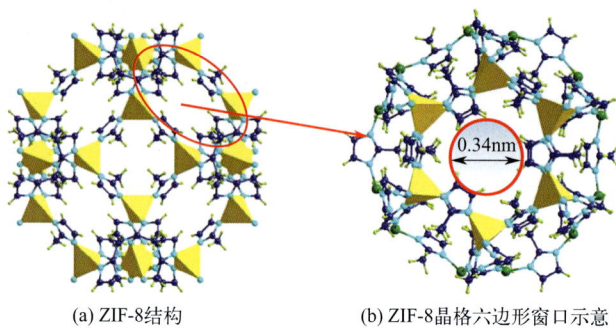

(a) ZIF-8结构　　　　　　　(b) ZIF-8晶格六边形窗口示意

图 3-4　ZIF-8 结构及其晶体六边形窗口示意

(a) 混匀状态　　　　　　　(b) 静置720min后状态

图 3-6　ZIF-8/ 水浆液状态随时间变化情况

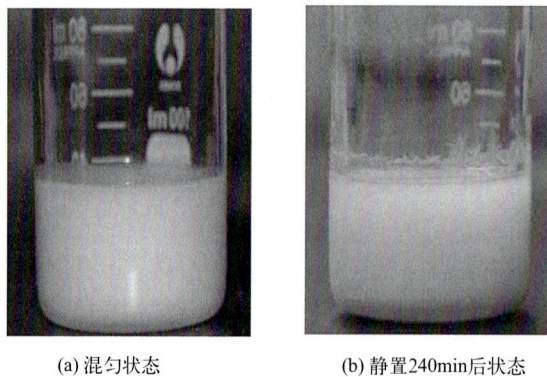

(a) 混匀状态　　　　　　　(b) 静置240min后状态

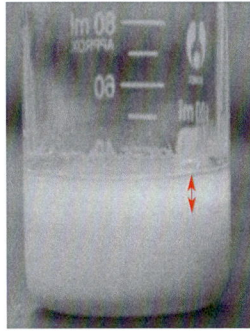

(c) 静置480min后状态　　　　　(d) 静置720min后状态

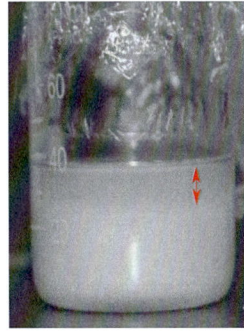

图 3-7　ZIF-8/乙二醇混合浆液状态随时间变化情况

(a) 混匀状态　　　　　　　(b) 静置1min后状态

(c) 静置5min后状态　　　　　(d) 静置20min后状态

图 3-8　ZIF-8/乙醇混合浆液状态随时间变化情况

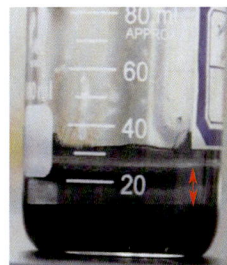

(a) 混匀状态　　　　　　　(b) 静置10min后状态

图 3-9　活性炭（粒径 50 ~ 100 μm）/水混合浆液状态随时间变化情况

(a) 混匀状态   (b) 静置5min后状态   (c) 静置50min后状态

图 3-10　活性炭（粒径 50 ~ 100 μm）/ 乙二醇浆液状态随时间变化情况

图 4-5　ZIF-8/ 乙二醇浆液状态图

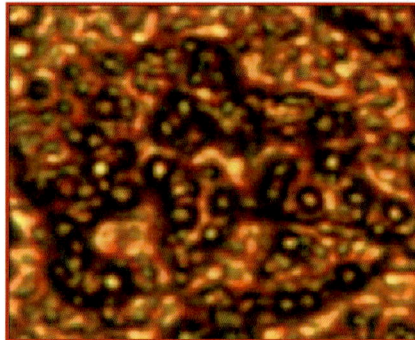

图 5-3　ZIF-8/ 乙二醇 -2- 甲基咪唑浆液微观图

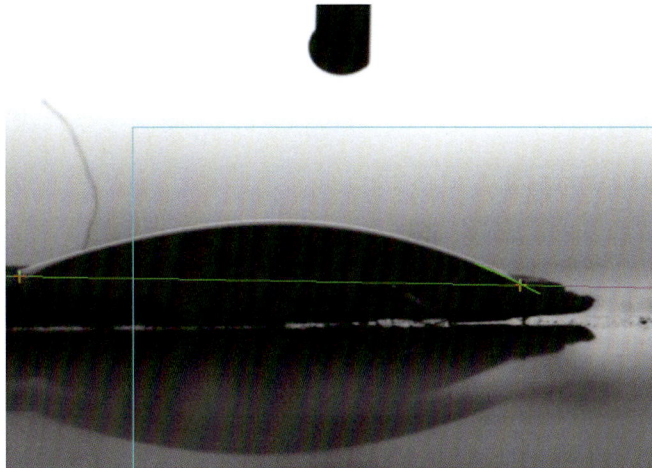

图 5-4　ZIF-8 压片－乙二醇接触图

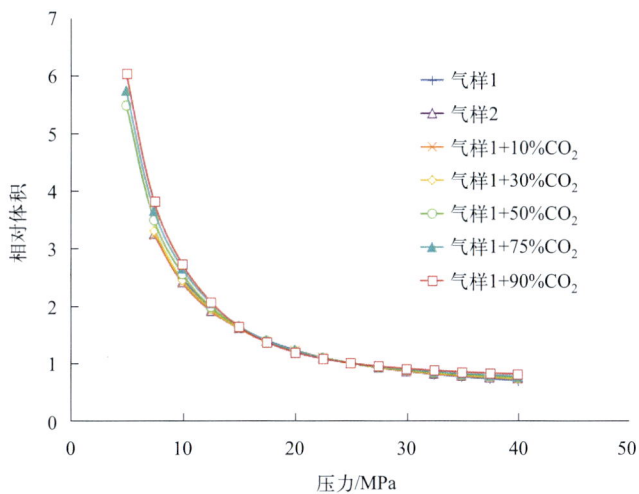

图 6-2　相对体积对比图

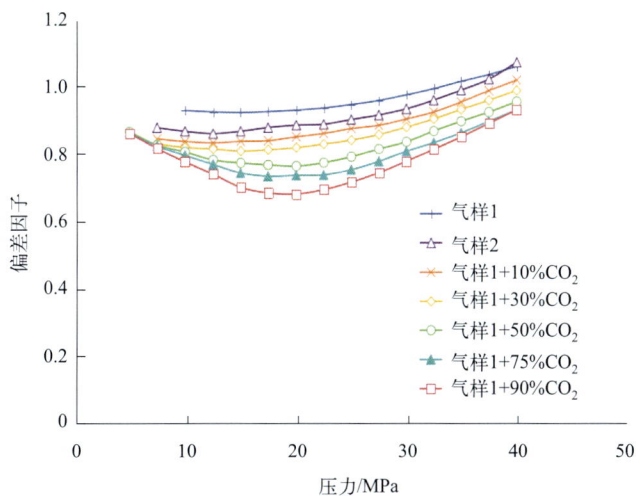

图 6-3　偏差因子对比图

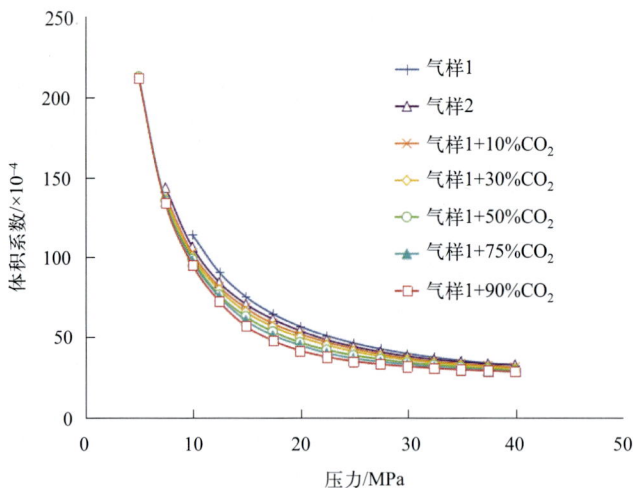

图 6-4　体积系数对比图

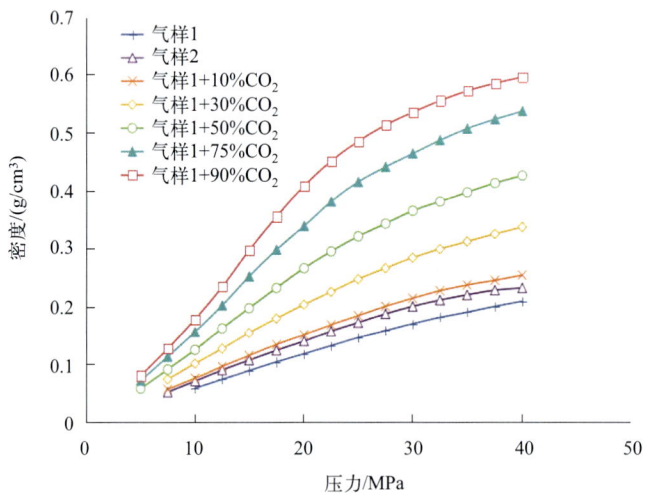

图 6-5　密度对比图

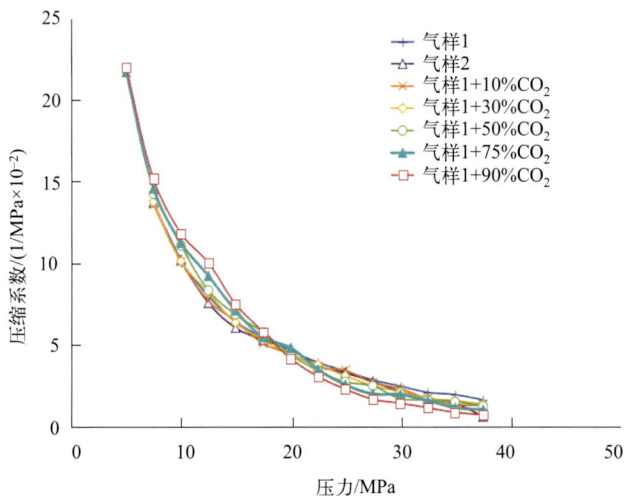

图 6-6　压缩系数对比图

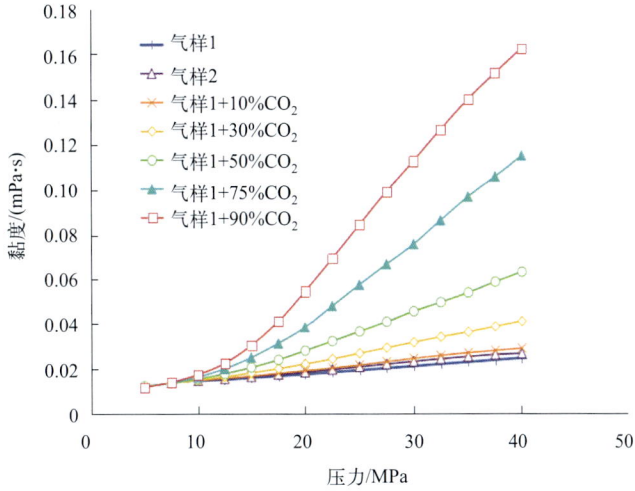

图 6-7　黏度对比图

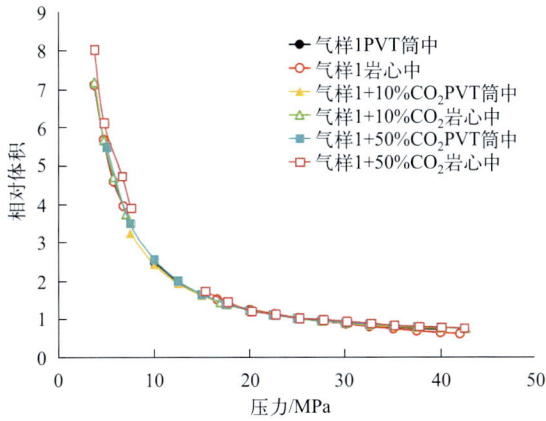

图 6-9　1mD 岩心中不同气样 $P-V$ 关系对比

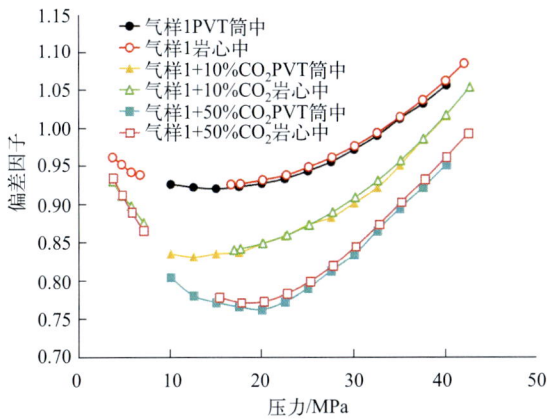

图 6-10　不同气样在多孔介质与 PVT 筒中偏差因子实验值对比

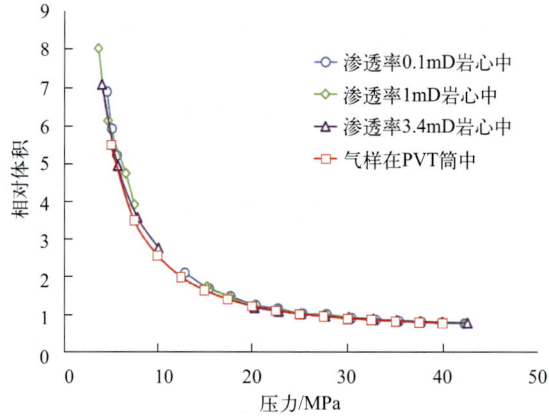

图 6-11 混合气在不同渗透率岩心中 P-V 关系对比图

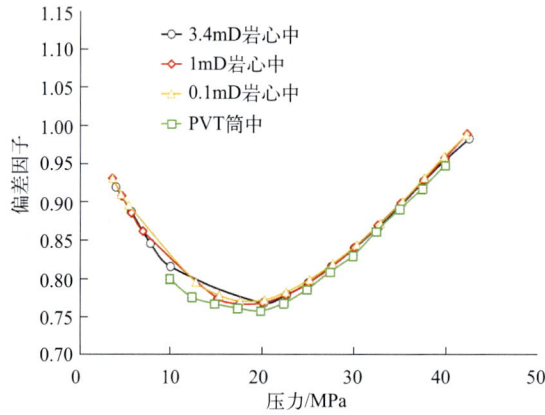

图 6-12 混合气在不同渗透率岩心中偏差因子实验值对比

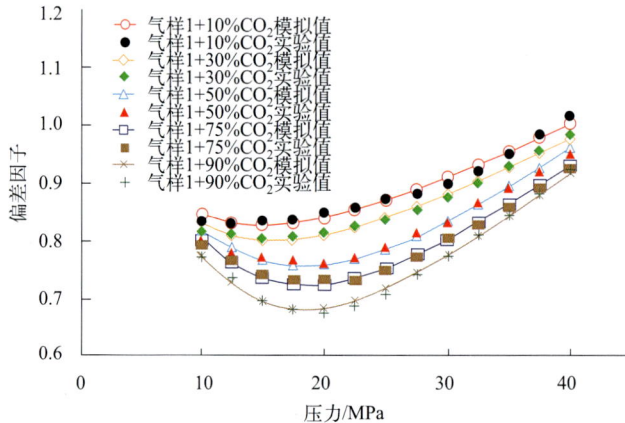

图 6-15 气样 1 与不同含量 CO_2 混合气体偏差因子实验值与模拟值对比图

图 8-5　全直径岩心照片

(a) 实验室过滤沉积物

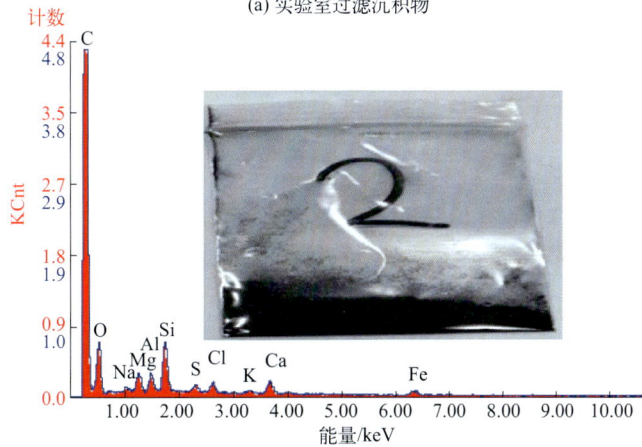

(b) 现场取得沉积物

图 8-27　实验所用沉积物

图 9-1　5mD 左右岩心图

图 9-2　10mD 左右岩心图

图 9-3　30mD 左右岩心图

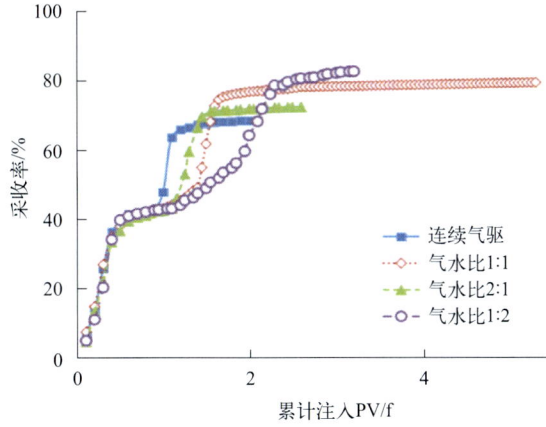

图 9-20　相对高渗管采收率对比图

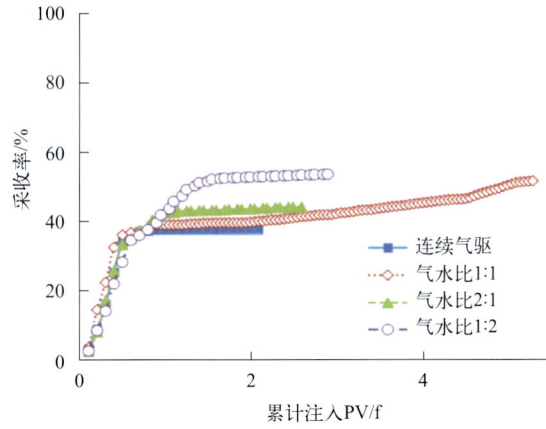

图 9-21　低渗管采收率对比图

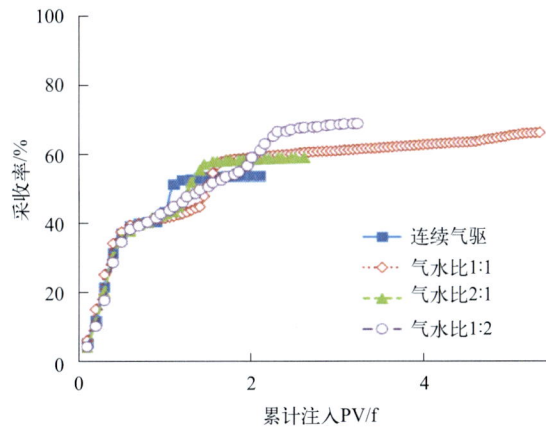

图 9-22　总采收率对比图

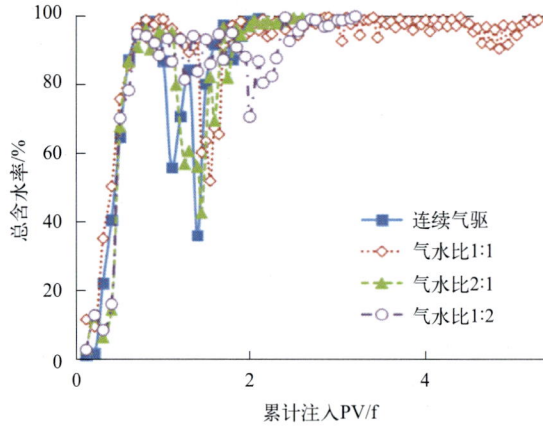

图 9-23 总含水率对比图

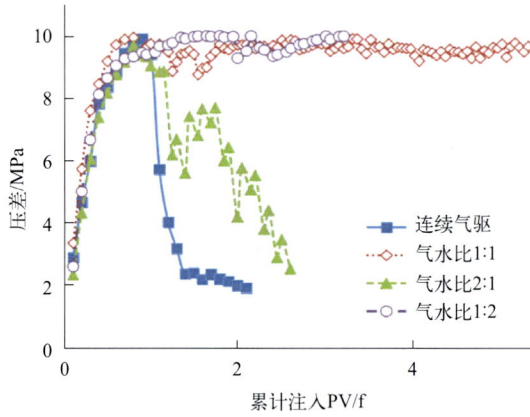

图 9-24 驱替压差对比图

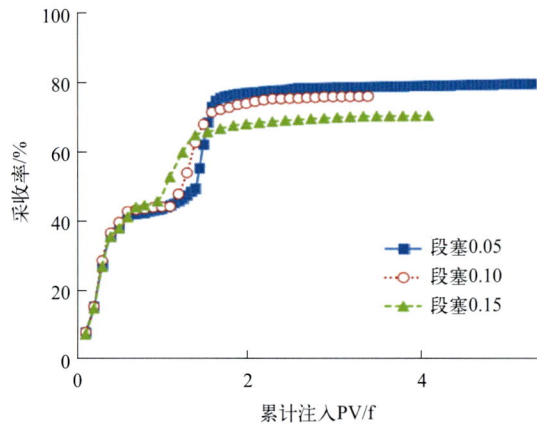

图 9-31 相对高渗管采收率对比图

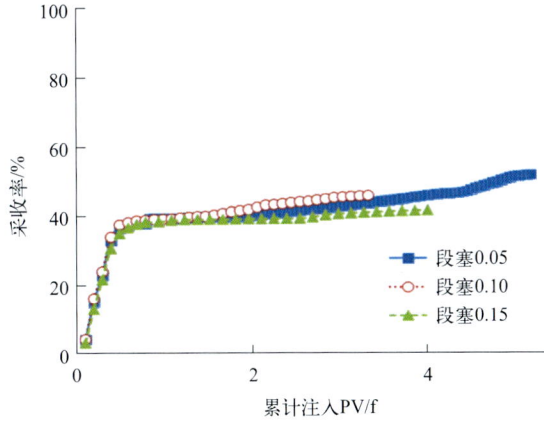

图 9-32　低渗管采收率对比图

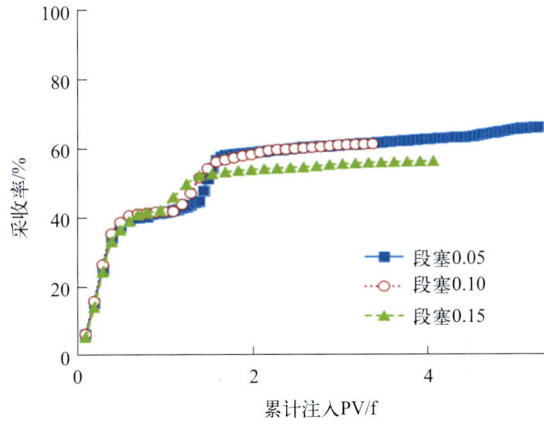

图 9-33　总采收率对比图

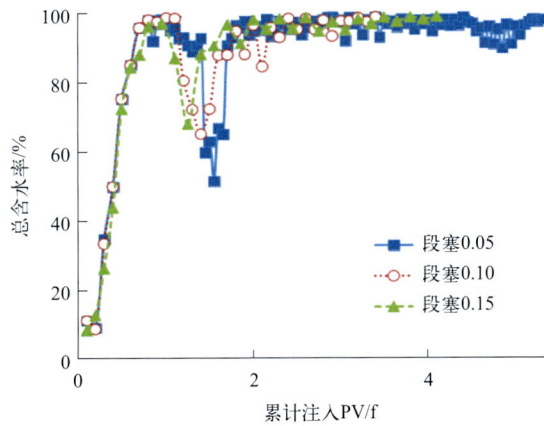

图 9-34　总含水率对比图

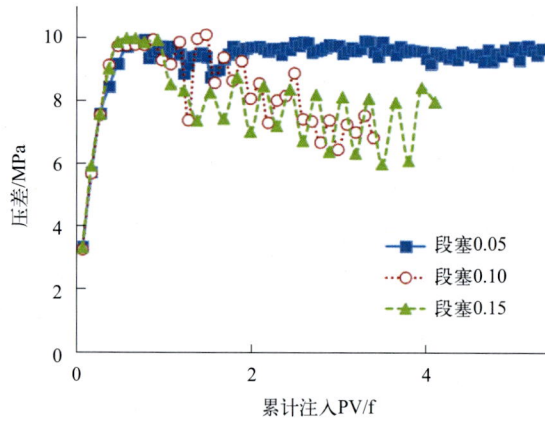

图 9-35　驱替压差对比图